유현준의
인문 건축 기행

유현준의 인문 건축 기행

발행일
2023년 5월 30일 초판 1쇄
2024년 10월 5일 초판 14쇄

지은이 유현준
펴낸이 정무영, 정상준
펴낸곳 (주)을유문화사
창립일 1945년 12월 1일
주소 서울시 마포구 서교동 469-48
전화 02-733-8153
팩스 02-732-9154
홈페이지 www.eulyoo.co.kr
ISBN 978-89-324-7489-2 03540

유현준의

인문
건축
기행

일러두기

1. 인명이나 지명 등은 국립국어원의 외래어 표기법을 따랐습니다. 일부 굳어진 명칭은 일반적으로 사용하는 명칭을 사용했습니다.
2. 건축물명은 ' '로, 도서나 잡지 등은 『 』로, 미술이나 음악 작품명은 「 」로, 영화나 TV 프로그램명은 〈 〉로 표기하였습니다.
3. 각 챕터 뒤의 안내 정보는 편집자가 작성했습니다. 자료 조사 기간 이후 변경된 정보는 반영되지 않았으니 방문 전에 운영 시간 등 최근 정보를 확인하시길 권합니다.
4. 도판 설명 글과 책 뒷부분의 주는 편집자가 쓰고, 저자가 감수하였습니다.

여는 글: 숨겨진 보물 같은 공간들

우리나라에는 7,314,264개의 건축물이 있다. 2021년도 국토교통부 통계 자료다. 5천만 인구에 이 정도의 건물이 있으니, 80억 인구에 대비해 보면 전 세계에는 대략 11억 개의 건축물이 있다고 볼 수 있다. 실로 어마어마한 숫자다. 우리가 이 세상 모든 사람을 다 만나 볼 수 없듯이, 세상의 모든 건축물을 다 보는 것은 불가능하다. 인생은 짧고 세상은 넓으니 이 중에서 골라 보는 것이 정답이다. 세상에 80억 명의 사람이 있다고 하더라도 우리가 평생 살면서 깊은 관계를 맺고 알아 가는 사람은 수십 명도 되지 않는다. 수십 명의 사람을 깊이 있게 만나며 삶을 알아 가는 거다. 건축도 마찬가지다. 수십 개 정도의 건축물을 깊이 있게 이해할 수 있다면 세상을 조금 더 알 수 있을 것이다. 이 한 권의 책 속에 내가 건축을 공부하면서 감명받은 서른 개의 근현대 건축물을 모아 보았다. 세계 곳곳에 숨겨져 있는 보물 같은 건축물들이다. 이 건축물들을 통해 독자들이 세상을 바라보는 또 하나의 시각을 만드는 데 도움이 되기를 바라면서 이 책을 썼다. 어떤 순서로 건축물들을 소개할지 고민이 많았다. 연대순으로 소개할 것인가? 아니면 지역별로 소개할 것인가? 이 책에서 소개하는 서른 개의 건축물은 스무 명의 건축가가 설계한 작품들이다. 초고를 쓸 때는 연대순으로 써 내려갔다. 하지만 글을 쓰고 나서 보니 이곳에 소개된 건축가들은 선배 건축가에게 특별히 영향을 받은 것이 아니었다. 그보다는 오히려 개인의 성찰과 깨달음과 개성이 이 건축 공간들을 만들었다는 것을 알 수 있었다. 따라서 연대순으로 쓰는 것은 큰 의미가 없어 보였다. 대신 지역별로 묶어 소개하면 독자들이 여행할 때 찾아가기 편할 것 같았다. 그래서 유럽, 북아메리카, 아시아 등의 지역별로 목차를 구성했다. 이쯤 되면 독자들은 도대체 무슨 기준으로 서른 개가 선정되었는지 궁금할 것이다.

건축물은 인간의 생각과 세상의 물질이 만나 만들어진 결정체다. 건축물은 여러 사람의 의견이 일치할 때만 완성되기에 그 사회의 반영이자 단면이다. 건축물을 보면 당대 사람들이 세상을 읽는 관점, 물질을 다루는 기술 수준, 사회 경제 시스템, 인간을 향한 마음, 인간에 대한 이해, 꿈꾸는 이상향, 생존을 위한 몸부림 등이 보인다. 건축은 이렇듯 그 시대와 사회의 반영이다. 하지만 동시에 건축은 어느 한 사람이 상상해야만 시작되는 일이기도 하다. 그런 면에서 건축만큼 한 개인의 상상력이 중요한 일도 없다. 역사 속 대부분의 건축물은 필요에 따라 만들어지고 사용되고 거래되고 사라진다. 하지만 그중 아주 드물게 남다른 영향력을 가진 건축물들이 있다. 누군가에게는 가장 높은 건축물이 큰 의미로 다가오고, 누군가에게는 가장 큰 것, 누군가에게는 가장 비싼 것이 의미를 가질 수 있다. 나에게 큰 감동을 주는 건축물은 '새로운 생각'을 보여 주는 건축물이다. '어떻게 이런 생각을 할 수 있지?'라는 충격을 주는 건축물이다.

어렸을 적 내 꿈은 발명가였다. 기발한 생각을 하는 사람이 멋있어 보여서다. 그래서 어릴 적 가장 좋아했던 만화는 『요철 발명왕』이었다. 발명가라고 해서 비행기나 컴퓨터 같은 대단한 물건을 창조하는 사람이 되기를 바라지는 않았다. 대신 평범하지만 기발한 물건을 만들고 싶었다. 예를 들어 '지우개 달린 연필' 같은 것 말이다. 연필도 이미 세상에 있었고 지우개도 세상에 있었다. 사람들은 둘 다 가지고 다니기 위해 필통이 필요했다. 초등학생 시절 지우개가 필요할 때 찾기 힘들었던 적이 한두 번이 아니다. 그런데 누군가는 지우개를 조그맣게 만들어서 연필 꼭지에 달 생각을 했다. 고무로 만들어진 지우개는 무게가 가벼워서 연필 꼭지에 달아도 필기할 때 크게 불편하지 않다. 만약에 지우개가 무거운 물질이었다면 불가능했을 일이다. 발명가는 기존 연필에 가벼운 지우개를 적당한 크기로 붙였다. 이때 둘을 붙이기 위해 얇은 철판으로 연필과 지우개를 동그랗게 감싸듯 말아서 붙였다. 그리고 철판은 적당한 모양으로 찌그러뜨려서 지우개가 빠지지 않게 만들었다. 이런 디자인은 현실 생활 속 필요에 대한 이해 위에 연필과 지우개와 철판의 물성을 완벽하게 파악하지 않고서는 나올 수 없는 디자인이다. 이처럼 세상을 이해하고 물질의 특징을 잘 파악하고 서로 다른 것을 연결해 새로운 창조를 하는 사람이 있다. '지우개 달린 연필'을 만든 발명가는 사람들이 필통을 가지고 다닐 필요가 없게 만들었고, 글을 고쳐 쓰기 편한 세상을 만들었다. 나는 그런 발명가가 되고 싶었다. TV 시리즈 〈맥가이버〉의 주인공도 그런 사람이다. 그래서 가장 좋아했던 TV 프로그램은 〈맥가이버〉였다. 통찰력을 가지고 주변에 있는 것들을 이용해서 기발한 방법으로 문제를 해결하는 맥가이버는 내 이상형에 가까웠다. 현대 사회에서 발명가는 주로 공대생들 중에서 나오는데 수학을 싫어하는 나는 공대에 가고 싶지 않았다. 그렇다고 일상의 발명품을 만드는 발명가라는 직업은 대성공을 거두기 전에는 거의 실업자나 마찬가지라 망설여졌다. 그러다가 어쩌다 보니 건축학과에 가게 되었다. 그런데 건축가가 하는 일이 바로 '지우개 달린 연필'의 발명가나 맥가이버가 하는 일과 흡사하다는 것을 알게 됐다. 벽, 창문, 지붕, 계단, 문 등은 만 년 전부터 있었던 인간의 발명품이다. 이러한 요소들을 주변 환경과 필요에 맞게 모양과 크기를 변형시켜 서로 붙이고 떨어뜨리고 배치하는 일이 건축 디자인이다. 건축가는 발명가다.

이런 생각을 가지고 있다 보니 나는 건축물을 볼 때 기발하고 창의적인 생각을 보여 주는 것들을 좋아하게 됐다. 이런 건축물들은 그저 흥미롭기만 한 것이 아니다. 새로운 생각이 들어간 건축물은 새로운 공간을 만들고, 사람들의 생각에 영향을 주고, 크게는 사회를 변화시킨다. 이 모든 것의 시작은 누군가의 머릿속에서 시작된 '기발한 생각'이다. 우리는 그것을 '영감'이라고 부르기도 한다. 천재가 되기 위해 필요한 1퍼센트의 영감 말이다. 1퍼센트의 기발한 생각을 가지고 99퍼센트의 노력으로 세상을 바꾸는 건축물을 만들어 내는 건축가들은 천재다. 이 책에서 소개하는 건축물들은 기존에 사람들이 생각지 못했던 발상의 전환에 성공한 건축물들이다. 이런 건축물이나 건축가를 발견할 때마다 새로운 장난감을 발견한 아이처럼 즐겁다. 그런 즐거움은 내가 건축을 하는 원동력이다. '나도 언젠가는 저런 건축물을 남기고 싶다'라는 생각과 함께.

이런 작품이 기발한 이유는 이전에는 생각하지 못했던, 세상을 바라보고 이해하는 새로운 관점을 제시하기 때문이다. 이진숙의 『인간다움의 순간들』이라는 책을 보면 르네상스 시대에 이르러서야 사람들은 그림에 그림자를 그려 넣고 원근법을 사용하기 시작했다고 한다. 저자는 그 이유가 관점의 전환 때문이라고 설명한다. 과거에는 '신神' 중심의 사고를 했기에 그림자가 필요 없었는데, 인간을 실존적인 존재로 보면서부터 해의 위치에 따라 다르게 만들어지는 그림자를 그렸다는 것이다. 마찬가지로 이전에는 신분에 따라 사람의 크기를 다르게 그렸다면 원근법이 나오면서부터 가까이 있는 사람은 크게, 멀리 있는 사람은 작게, '사실'에 근거한 그림을 그리기 시작했다는 것이다. 신 중심의 중세를 벗어나 사람 중심의 시대가 되었음이 그림 하나로 설명된다. 그림 속 그림자나 원근법 같은 변화는 눈치채기도 어렵고 별것 아닌 것 같다. 하지만 이 작은 변화를 통해 세상을 바라보는 사람들의 인식이 엄청나게 바뀌었음을 알 수 있다.

건축도 마찬가지다. 여기서 소개하는 건축 작품들은 하나같이 생각의 대전환을 보여 주는 작품들이다. 이전에 당연하게 받아들이던 것을 새로운 시각으로 바라보고 이전에는 없던 새로운 공간을 창조한 사람들의 흔적이다. 별생각 없이 조상이 하던 대로 따라 짓던 건축가가 아닌, 수백 년 된 전통을 뒤집거나 비트는 혁명적인 생각을 가진 사람들의 이야기다. 이 건축가들은 벽, 창문, 문, 계단 등을 이용해 세상을 바꾼 혁명가들이고 대중에게 새로운 깨달음을 준 철학자들이다. 르네상스 시대에 최초로 그림자를 그린 마사초Masaccio의 그림, 바라보고 느끼는 대로 그린 세잔Paul Cézanne의 사과 그림, 2차원 평면에 4차원 시간의 영역을 포함한 피카소Pablo Ruiz Picasso의 그림처럼 건축에서 새로운 시대를 열었다고 할 만한 작품들을 모아 봤다. 이들의 공통점은 건축을 그저 멋있고 예쁜 것을 만드는 일로 생각하지 않고 각자가 실존적인 질문을 하고, 이를 고민하고 건축으로 답했다는 점이다.

이 책에서 소개하는 서른 개의 작품은 내가 스무 살 때부터 지난 33년간 충격과 감동을 받은 건축물 중에서 엄선한 작품들이다. 이 건축물들을 통해 건축 디자인이 무엇인지 배웠다고 해도 과언이 아니다. 이 작품들 속에 담긴 기발한 아이디어를 깨달을 때마다 재미난 영화의 반전을 본 것 같은 희열을 느끼곤 했다. 그리고 설계할 때는 이 작품들 속에 담긴 생각하는 방식을 흉내 내 보려고 노력하기도 했다. 이 건축물들은 건축가로서 지금의 나를 만드는 데 큰 기둥이 되었다고 할 수 있다. 그중 여러 작품은 이미 나의 전작들인 『도시는 무엇으로 사는가』, 『어디서 살 것인가』, 『공간이 만든 공간』, 『공간의 미래』에서 언급된 작품들이다. 그리고 이 책은 지금은 절판된 『현대건축의 흐름』을 기초에 두고 여러 건축물을 추가하고 더 깊이 있게 다뤘다. 그리고 독자분들이 이 건축물들을 보실 때 도움이 될 것들을 더했다. 같은 건축물이 이렇게 중복되어 언급되는 이유는 그만큼 건축을 바라보는 나의 시각을 만드는 데 큰 영향을 준 건축물들이기 때문이다.

마지막으로 이 책이 나오기까지 도움을 주신 분들께 감사를 드린다. 이 책을 편집한 을유문화사의 김경민 편집장님이 1년 가까이 책에 나오는 이미지들을 찾고 카피라이트를 해결해 주시지 않았다면 이 책을 낼 엄두를 내지 못했을 것이다. 그리고 초교 과정에 참여해 세세하게 사실 확인을 해 주시고 교정 작업에 도움을 주신 김지연 편집자님, 이 책에 나오는 도면 등 삽화를 꼼꼼하게 그려 주신 김지현 님, 지도와 건축물 일러스트를 그려 주시고 예쁜 책 디자인을 해 주신 옥영현 실장님께 감사드린다. 이분들의 노고가 없었다면 이 책은 세상에 나오지 못했을 것이다.

재미난 드라마나 영화를 보면 친구에게 소개하고 싶어 안달 난 경험을 누구나 해 봤을 것이다. 내 기분이 지금 그렇다. 처음 책을 구상하고 목차를 선정하는 데도 상당한 어려움이 있었다. 마치 '이상형 월드컵'을 하는 것과 같다고 할까. 백 개에 가까운 쟁쟁한 후보 중에서 고르고 고른 것이 이 책에 소개한 서른 개의 작품이다. 백 년간 지어진 작품 중 서른 개만 뽑혔으니, 3년에 하나꼴이다. 4년에 한 번 나오는 월드컵 우승국 같은 건축이라 할 만하다. 여기에 들지 못한 많은 건축물은 속편을 통해 언젠가는 소개하고 싶다. 이 책 속 건축물들은 여러분이 근처를 여행하게 되면 시간을 내서 꼭 한번 들러 보면 좋겠다. 서른 개의 건축물 속에 담긴 세상을 바라보는 독특한 생각들을 보면서 내가 느꼈던 즐거움과 행복을 여러분도 함께 느낄 수 있길 바란다.

차례

1부

유럽

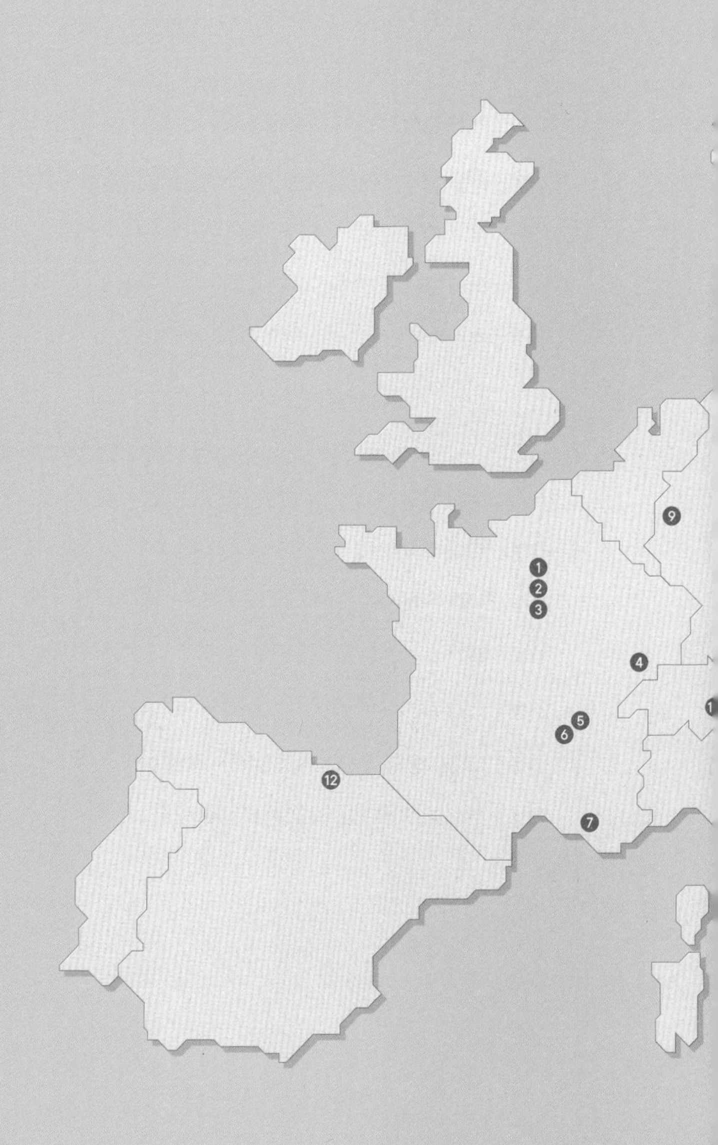

① 빌라사보아
② 퐁피두센터
③ 루브르 유리 피라미드
④ 롱샹 성당
⑤ 라 투레트 수도원
⑥ 피르미니 성당
⑦ 유니테 다비타시옹
⑧ 독일 국회의사당
⑨ 브루더 클라우스 필드 채플
⑩ 발스 스파
⑪ 퀘리니 스탐팔리아
⑫ 빌바오 구겐하임 미술관
8

었는데, 상대성 이론은 만유인력 법칙을 오래된 중고차처럼 보이게 만들었다. 1915년에 발표한 '일반 상대성 이론'으로 아인슈타인은 역사상 가장 똑똑한 지성으로 추앙받게 된다. 그가 만든 상대성 이론은 태양계에서도 적용되고 우주 끝에서도 적용되는 법칙이다. 상대성 이론으로 이제 시간과 공간은 분리된 개념이 아니라 하나로 연결된 개념으로 파악될 수 있었다. 아인슈타인은 상대성 이론에 만족하지 않고 더 나아가서 전 우주의 법칙을 하나의 이론으로 설명할 수 있는 '통일장 이론'[1]을 찾으려고 했다. 당시는 하나의 법칙이 모든 문제를 해결할 수 있다고 믿었던 시대다.

건축계의 대표 지성인 르 코르뷔지에는 '건축계의 아인슈타인'이 되고 싶었던 모양이다. 그는 전 세계 모든 건축을 해결할 수 있는 이론을 추구했다. 그것이 '근대 건축의 5원칙'이다. 훗날 이러한 생각은 전 세계에 모두 비슷비슷한 건축물이 만들어지는 결과를 낳았다. 뉴욕, 도쿄, 상하이, 런던, 방콕, 카이로, 바그다드, 나이로비에 지어지는 현대식 건축물은 모두 비슷한 모양과 형식을 가진다. 이렇게 국제적으로 모두 비슷한 디자인으로 건축되는 스타일을 '국제주의 양식'이라고 부른다. 하나의 이론으로 모든 것을 해결하려는 시도는 건축의 다양성을 파괴하여 획일화라는 새로운 문제를 가져온다. 사실 우주도 같은 문제를 가지고 있다. 우주 어디서나 통하는 중력의 법칙으로 인해 우주 전체의 행성은 모두 둥그런 형태를 띤다. 행성 디자인의 획일화인 것이다. 이것이 하나의 원리로 만들어지는 세상의 한계다. 물론 그 안에서 대기의 상태, 온도, 질량의 차이, 그에 따른 중력의 차이는 있겠지만 어쨌든 다양성에는 한계가 생긴다. 르 코르뷔지에가 만든 근대 건축의 5원칙도 다양성을 억누를 수 있는 한계를 가지고 있었다. 그럼에도

필로티 구조와 가로로 긴 창문이 눈에 띄는 '빌라 사보아'

불구하고 '빌라 사보아'는 근대 건축의 5원칙이 적용된 것 외에도 많은 장점을 가진 훌륭한 디자인이다.

'빌라 사보아'는 파리 외곽에 위치한다. 주변에 보이는 것은 거의 다 자연이어서 공원 한가운데 위치한 주택이라고 보면 된다. '빌라 사보아'의 디자인에는 근대 건축의 5원칙이 모두 적용되었다. 다른 말로 하면 이 주택은 지극히 논리적이고 합리적인 디자인을 추구한다고 할 수 있다. 따라서 주택의 형태는 건축에서 가장 기본적인 직육면체에서 시작한다. 그리고 건물의 색상은 모든 색의 기본이라고 할 수 있는 백색이다. 마치 아무런 그림이 그려지지 않은 흰색 캔버스처럼 자연 속에 가로로 긴 직사각형의 입면이 필로티 기둥 위에 떠 있다. 이 건물이 단순하게 근대 건축의 5원칙만 적용된 디자인이었다면 이렇게 역사상 가장 유명한 건축물 중 하나가 되지는 않았을 것이다. 이 건축물에는 5원칙이 모여서 만든 또 다른 가치가 있다.

마구간 대신 주차장

잔디를 가로질러 '빌라 사보아'에 이르면 필로티 하부에 주차장이 위치한 것을 볼 수 있다. 당시로서는 많이 사용하지 않았던 신문물인 자동차를 위한 주차장을 설치했다는 것은 건축가가 시대를 앞서 준비했다는 것을 보여 준다. 마치 20년 전에 전기 자동차 충전기를 설치한 주차장 이상의 모습이다. 내연 기관 자동차에서 전기차로 바뀌는 변화보다 말이 끌던 마차에서 내연 기관 자동차로 바뀌는 변화가 훨씬 더 크다. 말이 있는 마구간은 냄새 때문에 주택에서 멀리 떨어진 곳에 있어야 했지만, 자동차는 동물이 아닌 기계이기에 인간의 공간인 건물 1층 필로티에 있어도 문제가 되지 않는다. 이에 '빌라 사보아'의 주차장은 현관 입구에서 가까운 곳에 위치한다. 주차장이 주택 하부 필로티에 있는 덕분에 비가 올 때도 차에서 내린 후 우산 없이 현관까지 걸어갈 수 있다. 현관문을 열고 들어가면 2층으로 올라가는 경사로와 계단이 있다. 방문자는 경사로 또는 계단이라는 두 가지 선택권을 갖게 된다. 이는 훌륭한 디자인이다. 목적지까지 가는 길이 한 가지밖에 없는 디자인은 좋은 디자인이 아니다. 왜냐하면 경우의 숫자가 한 가지밖에 없기 때문이다. 만약에 계단과 경사로라는 두 가지 다른 선택권이 있다면 사용자는 네 가지 경우의 숫자를 갖게 된다. 계단으로 올라갔다가 계단으로 내려오는 경우, 계단으로 올라갔다가 경사로로 내려오는 경우, 경사로로 올라갔다가 계단으로 내려오는 경우, 경사로로 올라갔다가 경사로로 내려오는 경우로 단 네 가지다. 일반적으로 계단 하나만 있는 집은

'빌라 사보아' 내부의 계단(좌)과 경사로

계단으로 올라갔다가 계단으로 내려오는 단 한 가지 경우의 수만 존재한다. 따라서 집은 단조롭고 지루해진다. '빌라 사보아'의 경우 계단과 경사로라는 두 가지 다른 스타일을 두어서 사용자의 경험이 네 배로 다채로워진다. 계단은 다른 층으로 빠르게 이동할 수 있지만 경험은 단조롭다. 오르내리면서 주로 계단 디딤판과 자신의 발만 바라보게 된다. 경사로의 경우에는 자신에게 편한 보폭에 맞춰 걸어가면 된다. 오르내리면서 주변을 둘러볼 수도 있다. 이는 단순하게 두 개의 계단을 배치한 것과는 다르다. 똑같은 방식의 계단을 두 개 설치했다면 경험이 다채롭지 못했겠지만 르 코르뷔지에는 하나는 계단, 하나는 경사로를 두어서 경험의 다양성을 극대화했다. 2층에 올라가면 경사로 옆으로 옥상 정원을 볼 수 있는 창문이 있다. 경사로를 이용할 때는 이곳을 통해

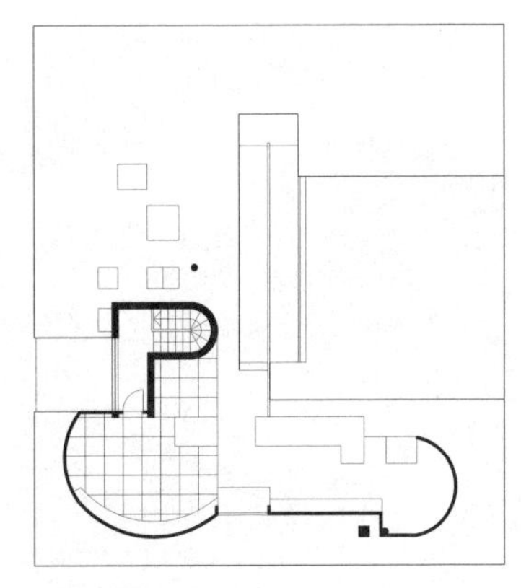

3층 평면도

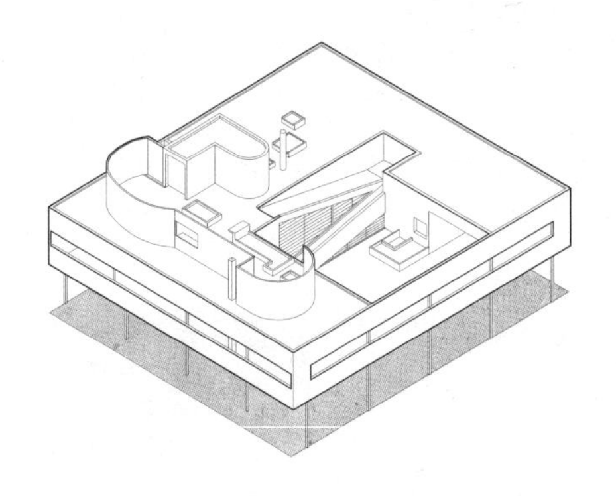

'빌라 사보아' 조감도

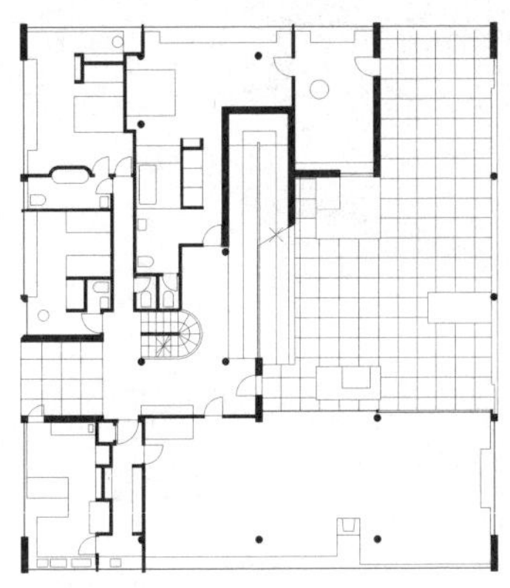

2층 평면도

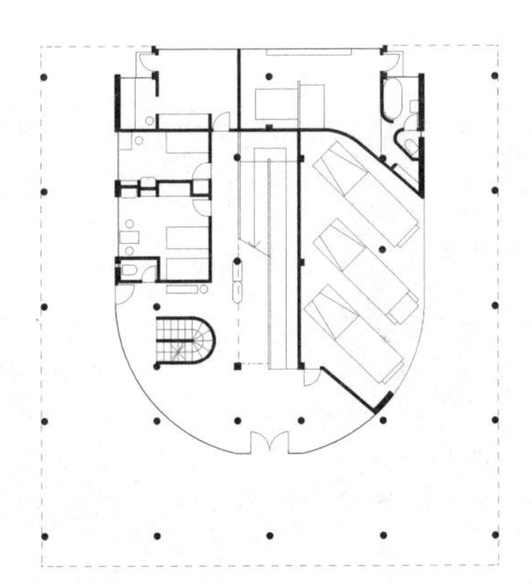

'빌라 사보아' 1층 평면도

'빌라 사보아' 거실에서 바라본 옥상 정원

'빌라 사보아' 안방 내 욕실

들어오는 햇빛과 경치를 보면서 오르내릴 수 있다. 2층에 올라가서 옥상 정원으로 나가면 연속된 경사로를 통해 3층의 옥상 정원까지 올라갈 수 있다. 모든 층은 나누어져 있지만 동시에 경사진 면을 통해 1층부터 3층까지 경계 없이 하나로 연결되어 있는 것이다.

경사로를 통해 2층으로 올라온 후 우측으로 180도 회전하면 안방으로 들어가게 된다. 안방 내부에는 화장실과 침대 사이의 경계가 없다. 특별하게 디자인된 욕조는 커다란 방의 중간쯤에 위치하고, 이를 기준으로 한쪽에는 침대가 반대쪽에는 세면대와 변기가 있다. 요즘 우리가 고급 펜션에 가서야 볼 수 있는, 침실과 욕실이 일체형으로 된 공간이다. 침대 방을 거쳐서 오른쪽으로 들어가면 서재가 나오는데, 그 서재의 창문에서 보이는 마당은 2층 옥상 정원이다. 이 옥상 정원 건너편에는 거실이 위치한다. 서재에서 문을 열고 나가면 2층 옥상 정원 마당을 가로질러 거실로 들어갈 수 있다. 이렇게 2층 공간에서는 거실-안방 화장실-안방 침실-서재-옥상 정원-거실로 연결되는 하나의 순환 동선이 완성된다. 따라서 거실에서 서재로 갈 때는 두 가지 길이 있다. 하나는 안방을 통해서 가는 실내 동선과 다른 하나는 옥상 정원을 가로질러 가는 야외 동선이다. 후자의 길을 택하면 마당을 가로질러 가면서 서재가 별채처럼 느껴지게 된다. 훌륭한 평면 디자인이다.

2층 옥상 마당의 공간감도 특별하다. 하늘로 열려 있는 야외 공간이지만 주변은 4면으로 둘러싸여 있는데 그 벽들이 각기 다른 형식이다. 시계 방향으로 살펴보면, 바깥 경치를 볼 수 있는 유리창 없는 가로로 긴 창, 커다랗고 투명한 거실 유리창, 3층 옥상 정원으로 올라가는 경사로, 서재의 창문이다. 이렇게 다양한 벽으로 공간이 프레임되어 있다 보니 네 방향 어느 곳을 바라보아도 지루하지 않다. 네 개의 벽 중에서도 가장 특별한 것은 바깥 경치를 볼 수 있는 가로로 긴 창이다. 이 벽과 창이 없었다면 이 중정은 일반적인 발코니와 별반 다를 게 없다. 하지만 이 벽과 창 덕분에 중정 같은 느낌이 난다. 그리고 반대쪽에 있는 경사로를 통해 3층 옥상 정원으로 올라가면 이번에는 또 다른 높이에서 주변 경치를 감상할 수 있다.

벌집 같은 '빌라 사보아'

지금 소개한 다채로운 공간 외에도 부엌 옆의 발코니나 숨겨진 작은 침실 등이 있다. 이 집은 사각형의 평면 안에 다양한 공간이 퍼즐처럼 끼워져 있어서 공간을 돌아다닐 때 지루함을 느낄 틈이 없다. 어제 완공되었다고 가정해도 훌륭하고 세련된 디자인이다. 물론 지금 보면 창틀의 단열, 차음, 방수도 제대로 되지 않고 난방 설비도 부실하다. 하지만 반대로 생각해 보면, 이 정도 건축 설비 기술밖에 없던 90년 전에 이런 혁신적인 디자인이 나왔다는 게 소름 끼친다. 르 코르뷔지에 하면 콘크리트 건물을 유행시켜 건축을 망가뜨린 사람이라고 이해하는 분도 많다. 하지만 그 장소에 가서 실제로 그의 작품을 보면 그러한 삭막한 공간은 보이지 않는다. 대신 공간이 하도 다채롭고 새로워서 콘크리트로 공간의 교향곡을 만들었다는 생각이 든다. 삭막한 국제주의 양식은 능력 없는 후배들이 무작정 따라 하다 보니 만들어진 것이지 르 코르뷔지에의 문제는 아니었다. 그는 재료의 혁신으로 새 시대를 연 건축을 했을 뿐 아니라, 공간 디자인 자체만 놓고 보더라도 기존의 주택에서는 찾아볼 수 없는 혁신을 이룬 건축가다. 그의 설계를 보면 그는 당대 사람의 사고방식과 다르게 요즘 시대 사람처럼 생각했던 것 같다. 그 이유는 르 코르뷔지에가 이 시대를 열고 만든 사람이기 때문일 것이다. 그는 진정한 선각자이자 개척자다.

산업 혁명 이후 시대에 건축을 기계로 바라보았던 건축가가 디자인한 주택이 '빌라 사보아'다. 르 코르뷔지에가 "집은 살기 위한 기계"라고 말한 배경에는 20세기 초반에 팽배했던 과학과 기계 문명에 대한 무한한 긍정 사고가 깔려 있다. 하지만 반대로 산업화와 기계화에 불안감을 느끼는 사람들도 있게 마련이다. 지금도 유전 공학, 인공 지능, 메타버스, 블록체인, NFT(대체 불가능 토큰) 같은 새로운 기술이나 개념을 긍정적으로 바라보는 시선도 있지만, 반대로 인간성 파괴와 자연에 대한 도전으로 받아들이며 불안감을 느끼는 사람도 있다. 건축에서도 마찬가지다. 기계 문명을 인류를 구원할 희망으로 바라보던 르 코르뷔지에와는 반대의 시각으로 건축을 행했던 건축가가 대서양 건너편 미국에서 활동하고 있었다. 그는 땅에 뿌리를 내린, 자연에 근거한 건축을 추구했다. 그는 프랭크 로이드 라이트Frank Lloyd Wright라는 미국 건축가다. '빌라 사보아'는 필로티 구조로 집을 땅에서 띄워 공중에 지은 것이다. 르 코르뷔지에가 이상을 가지고 공중에 떠 있는 집을 짓는 벌과 같다면, 반대로 라이트는 땅속에 집을 짓는 개미에 비유할 수 있다. 그 이야기는 2부인 북아메리카 편에서 다뤄 보겠다.

빌라 사보아
Villa Savoye

건축 연도 1928~1931년
건축가 르 코르뷔지에, 피에르 잔느레Pierre Jeanneret
위치 프랑스 파리 외곽 푸아시
주소 82, rue de Villiers 78300 Poissy, France

운영 화요일 - 일요일 10 a.m. - 5 p.m.
월요일 휴관

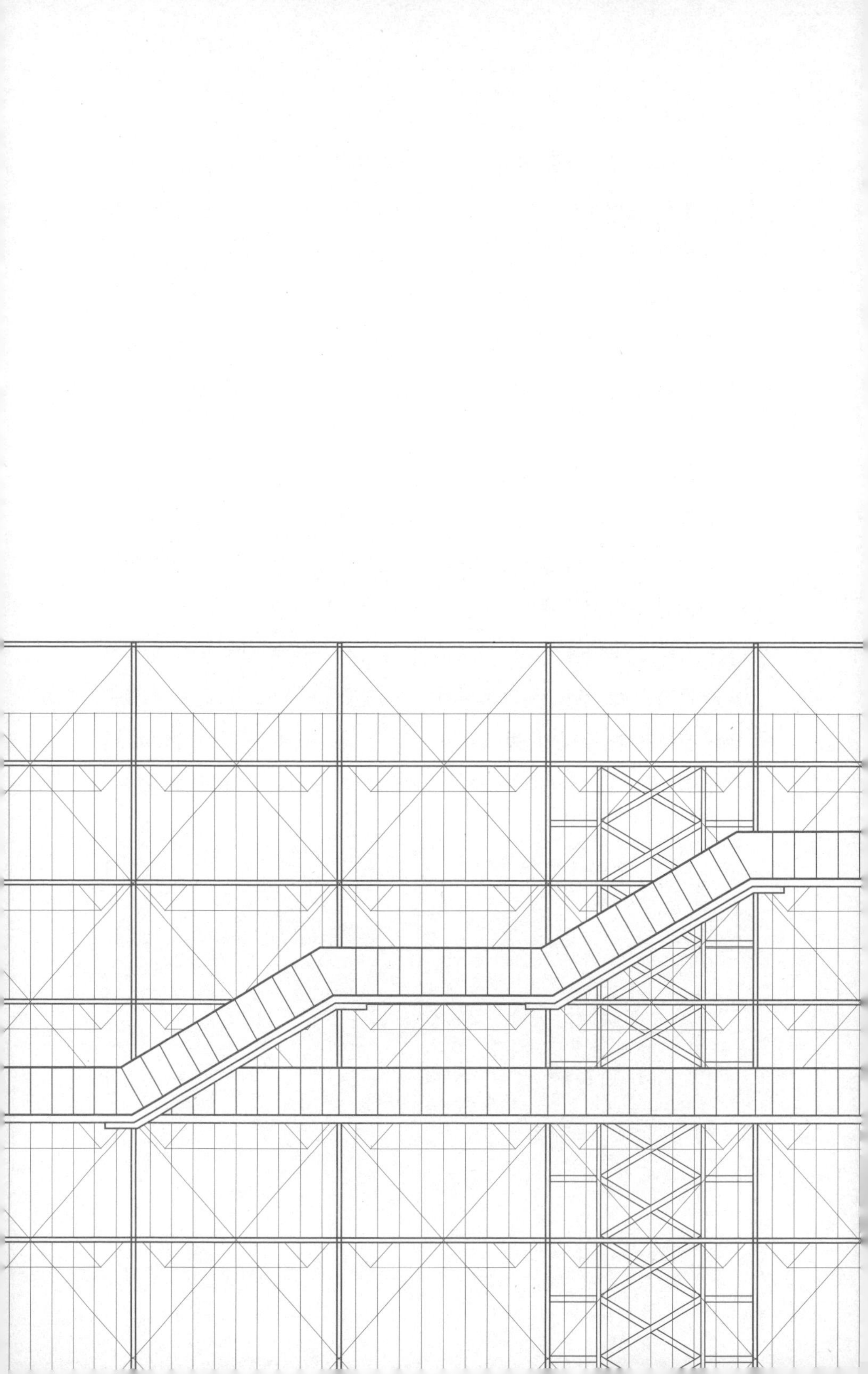

2장	퐁피두 센터
1977년: 건축의 본질은 무엇인가?	

인체 해부 모형 같은 건축

1969년 프랑스 정부는 파리의 낙후된 지역을 재개발하기 위해 미술관을 짓기로 하고 국제 공모전을 개최했다. 33세의 이탈리아 건축가 렌초 피아노Renzo Piano와 37세의 영국 건축가 리처드 로저스Richard Rogers는 로저스의 아내 수Su 로저스의 소개로 만났고, 그녀의 권유로 함께 '퐁피두 센터Pompidou Center' 현상 설계에 지원한다. 681개의 출품작 중에 이 두 사람의 작품이 선정되었고, 두 젊은 건축가는 하루아침에 국제적인 명성을 얻었다. 나를 포함해서 나이 50을 넘긴 건축가들은 20세기 후반 최고의 건축가 루이스 칸Louis Kahn이 60세에 건축계의 주목을 받기 시작했다는 이야기에 큰 용기를 얻는 반면, 33세에 세계적인 건축가가 된 렌초 피아노의 이야기에는 의기소침해진다.

'퐁피두 센터' 디자인을 처음 본 사람들은 충격을 받는다. 나도 학창 시절 이 건물을 보고, 짓다 만 창고 같은 이 건축물을 왜 그렇게 칭찬

구조체가 노출된 '퐁피두 센터' 외관

하는지 의아했다. 그도 그럴 것이, 이 건축물의 외관은 우리가 흔히 공사 현장에서 보는 쇠 파이프로 만들어진 건설 보조 설비들처럼 보인다. 그뿐 아니라 한쪽에는 각종 설비 파이프라인들이 노출되어 있다. 마치 피부가 벗겨진 채 내부의 근육과 핏줄과 뼈가 다 노출된 인체 해부 모형 같은 건축물이다. 이렇게 건축물의 구조체와 기계 설비를 그대로 드러내 보여 주는 스타일을 하이테크 건축이라고 한다. 철골 구조체가 그대로 드러난 '에펠탑'도 큰 의미에서는 하이테크 건축이라고 할 수 있겠다. 파리에 '에펠탑'이 처음 만들어졌을 때 파리 시민들이 싫어했던 것처럼 1977년에 '퐁피두 센터'가 처음 지어졌을 때 사람들의 시선은 곱지 않았다. 하지만 지금은 '에펠탑'이 프랑스의 상징이 되었듯 '퐁피두 센터' 역시 프랑스 국민이 가장 사랑하는 현대 건축물 순위에서 2위를 차지하고 있다. 참고로 1위는 르 코르뷔지에의 '롱샹 성당 Notre-Dame du Haut, Ronchamp'이다.

미술이나 음악 같은 다른 예술 장르와 건축의 가장 큰 차이점은 무엇일까? 음악에서 하모니가 중요하듯 건축에서도 조화가 중요하다. 음악에서 리듬이 중요하듯 건축에서도 창문이나 기둥의 리듬감이 중요하다. 그림에서 색상과 비례가 중요하듯 건축에서도 색상과 비례가 중요하다. 하지만 건축에 하모니, 리듬, 비례가 없다고 해서 건축이 안 되는 것은 아니다. 그러니 이러한 요소들이 건축의 필수 요소라고 할 수는 없다. 그렇다면 건축에서 가장 기본이 되는 명제는 무엇일까? 바로 중력을 이겨야 한다는 점이다. 중력은 우주 어디에나 있는 자연의 가장 기본적인 힘이다. 그러니 우리가 우주 어디에 가더라도 건축을 하려면 중력을 이겨야 한다. '건축'이라는 단어의 한자는 '세울 건建'과 '쌓을 축築'이다. 건축은 말 그대로 세우고 쌓는 것이다. 기초와 기단을 쌓고 그 위에 기둥을 세우는 일이다. 쌓고 세우는 일은 모두 중력을 거스르는 행위다. 건축물이 중력을 이기지 못하면 무너지고 쓸모없어진다.

중력을 이기려는 노력은 무척 힘들다. 헬스장에서 무거운 기구를 사용해 웨이트 트레이닝을 하는 분은 잘 아실 거다. 따라서 우리가 의식을 하든 못 하든 건축물의 중력을 이기기 위한 노력은 우리에게 감동을 준다. '피라미드'나 고딕 성당의 기둥이나 '판테온'의 돔 지붕을 보면서 감동하는 이유 중 하나는 이 모든 것이 중력을 이기고 꿋꿋이 서 있기 때문이다. 그리고 근대 이전의 건축물들이 더 감동을 주는 것은 건축물의 모습 자체에서 중력을 이기는 방법이 있는 그대로 드러나기 때문이다. 우리가 바라보는 '피라미드'의 돌이 쌓여 있는 모습은 '피라

여러 가지 색 파이프가 노출돼 있는 '퐁피두 센터' 외관

미드'가 중력을 이기는 방법을 알려 준다. '판테온'의 돔 지붕은 로마식 콘크리트로 만든 돔이 어떻게 중력에 효과적으로 대응하는지 있는 그대로 보여 준다. 하지만 현대 건축물을 볼 때 우리는 그것이 어떻게 중력을 이기는지 알 수가 없다. 100층이 넘는 '롯데월드타워'는 엄청난 구조체지만 실제 중력을 이기는 철골 구조와 철근 콘크리트 기둥들은 모두 마감재에 가려서 안 보인다. '롯데월드타워'에는 전기, 상하수도, 엘리베이터 같은 많은 기계 설비가 작동하고 있다. 하지만 이런 설비들도 다 가려지고 숨겨져 있다. 현대 건축에는 엄청난 기술이 담겨 있지만, 이런 본질적인 기능들이 모두 가려져 있어서 건축물이 원초적으로 전달하는 감동이 덜하다. 이러한 현대 건축의 흐름에 반기를 든 건축 양식이 바로 '하이테크' 건축이다. 하이테크 건축이란 말 그대로

높은 기술력을 보여 주는 건축이다. 일반적으로 기술이 발달하면 우리는 그 기술을 눈에 보이지 않는 곳으로 숨긴다. 핸드폰에 있던 키보드는 스마트폰이 발명되면서 화면 속으로 숨겼다가 필요할 때만 찾아서 사용한다. 이러한 디자인 전략의 대표는 아이폰이다. 스마트폰 초기에 삼성 갤럭시는 배터리를 분리할 수 있게 디자인했지만 아이폰은 충전이 불편해도 배터리를 내부에 숨겼다. 에너지원을 숨겨 아이폰이 어떻게 작동하는지 보여 주지 않으려는 의지다. 지금은 갤럭시도 배터리를 분리하지 않고 숨겨 놓는다. 이렇듯 기술은 발전할수록 숨겨지게 마련인데 하이테크 건축에서는 반대로 이런 기술을 노출한다. 쉽게 말해 이 건물이 어떤 기둥으로 서 있는지, 어떤 상하수도 공조 시스템을 가지고 있는지를 밖으로 노출해서 보여 준다. 그 원조가 되는 건축물이 지금 설명할 파리의 '퐁피두 센터'다. 철골 트러스[2] 구조로 만들어진 이 건물은 모든 구조체가 노출되어 있다. 상수도관 파이프들은 녹색 페인트로 칠해져서 건축물의 뒷면에 모두 노출되어 있다. 또 공기를 순환시키는 공조 덕트들은 파란색으로, 전기선이 들어간 파이프들은 노란색으로 칠해진 상태로 노출되어 있다.

기둥 없는 전시 공간

구조와 설비를 외부로 노출한 디자인을 하게 된 첫 번째 이유는 전시 공간인 '퐁피두 센터' 내부에 기둥을 없애기 위해서였다. 내부에 기둥 같은 설비가 들어가면 추후 다양한 전시 공간을 기획할 때 제약이 된다. 그런 일을 피하기 위해 기둥과 에스컬레이터를 비롯한 각종 설비를 실내 공간에서 모두 건물 외부로 빼내는 식으로 설계했다. '퐁피두 센터'가 하이테크 디자인의 원조라면, 하이테크 디자인의 조상은 바로

루이스 칸의 '리처드 의학연구소'

루이스 칸의 '리처드 의학연구소Richards Medical Research Laboratories'다. 펜실베이니아대학교에 있는 '리처드 의학연구소'는 칸이 건축계에 두각을 나타내기 시작한 출발점에 있는 작품이다. '리처드 의학연구소'의 특징은 각종 파이프, 덕트, 엘리베이터, 계단실 같은 설비 시설을 평면도 바깥으로 빼내는 방식으로 디자인했다는 점이다. 서비스를 받는 공간과 서비스를 하는 공간을 분리하기 위해 만들어 낸 루이스 칸의 설계 방식이다. '퐁피두 센터'도 '리처드 의학연구소'와 비슷하게 서비스 시설들을 모두 외부로 빼냈다. 이처럼 '퐁피두 센터'가 '리처드 의학연구소'와 비슷한 디자인 철학을 가지고 있는 이유는 단순하다. '퐁피두 센터'를 설계한 렌초 피아노가 루이스 칸의 사무실에서 2년간 실무를 익히며 영향을 받았기 때문이다. 렌초 피아노가 '퐁피두 센터' 이후 완성한 작품인 텍사스의 '메닐 미술관Menil Collection'은 루이스 칸이 텍사스에 지은 명작 '킴벨 미술관Kimbell Art Museum'과 동일한 건축 개념을 담고 있다. '메닐 미술관'도 '킴벨 미술관'처럼 텍사스의 작렬하는 태양을 지붕의 천창으로 받아들이고 반사판에 반사시켜서 자연 채광을 이용한다. '킴벨 미술관'은 2부 북아메리카 편에서 자세하게 설명하도록 하겠다. 제자는 스승에게서 좋은 교훈을 얻고 자기 스타일대로 약간의 변형을 가했다. 다름 아닌 재료의 변화다. 루이스 칸은 콘크리트를 이용한 습식 공법을 사용했다면 렌초 피아노는 철을 이용한 건식 공법을 사용했다는 차이점이 있다. 습식 공법은 시멘트에 물을 넣고 섞어야 하는 콘크리트처럼 재료에 물을 사용하는 공법을 말한다. 콘크리트를 거푸집에 붓는 것 같은 과정은 현장에서 주로 이루어진다. 반대로 건식 공법은 물을 사용하지 않고 공장에서 제작한 것을 현장에서 조립만 하는 방식이다. 이렇게 조립식으로 만든 건물은 언제든지 철거하고 다른 곳에서 조립해 재사용할 수 있다. 따라서 친환경을 생각하는 최근 기조에는 건식 공법이 더 알맞다. 나무를 깎고 조립해서 만드는 한옥의 방식도 큰 의미에서는 건식 공법이고, 기둥과 서까래가 노출되어 있어서 어떻게 만들어졌는지 보인다는 면에서 하이테크 건축과 궤를 같이한다고 볼 수 있다.

노트르담 대성당 vs 퐁피두 센터

'퐁피두 센터'처럼 구조체를 노출하고 기둥 사이의 간격을 넓히는 디자인 기법은 그리 새로운 것은 아니다. 특히나 프랑스는 오래전부터 하이테크 건축에 일가견이 있다고 할 수 있다. 13세기 프랑스에서는 고딕 성당을 건축하면서 스테인드글라스 창을 크게 만들고 싶어 했

루이스 칸의 '킴벨 미술관' 외부와 내부

'메닐 미술관' 외부와 내부

외벽을 지탱하는 반 아치형의 석조 구조물 '플라잉 버트레스'

다. 문제는 지붕을 받치고 있는 구조체인 벽에 창문을 크게 뚫으면 건축물이 무너진다는 것이다. 이를 해결하기 위해 지붕 하중의 일부를 밖으로 뽑아서 벽의 외부에 독립된 기둥을 만들었다. 이때 지붕과 기둥을 연결하는 보가 '플라잉 버트레스flying buttress'다. 이름에 '플라잉'이 들어간 이유는 하늘을 나는 것처럼 보만 떠 있기 때문이다. 이러한 플라잉 버트레스와 기둥은 건물 외부에 구조체가 복잡하게 노출된 형태로 보인다. 마치 구조체 트러스와 기둥이 밖으로 노출되어 있는 '퐁피두 센터' 입면과 비슷하다. 다른 점이 있다면 고딕 성당은 당시에 구할 수 있는 가장 단단한 재료인 돌로 만들어졌고, '퐁피두 센터'는 20세기에 구할 수 있는 가장 단단한 재료인 강철로 만들어졌다는 점이다. 20세기에 철로 만든 고딕 성당 같은 '퐁피두 센터'는 대표적인

하늘에서 바라본 '퐁피두 센터'. 옥상의 파란색 구조물들이 눈에 띈다. 그리고 강 건너편에 '노트르담 대성당'이 보인다.

고딕 성당인 파리 '노트르담 대성당'에서 몇 블록 떨어진 가까운 곳에 있다. 두 건축물 사이에는 7백 년이라는 세월이 있지만, 공간적 거리는 멀지 않은 것이다. 한 지역이 비슷한 혁신을 두 번이나 만들어 냈다는 점은 흥미롭다. 같은 프랑스인이기에 이러한 혁신을 이룰 수 있었던 것이 아닐까 생각된다. 건축은 역시 그 사회의 결정체라는 말이 맞는 것 같다.

고딕 양식인 '노트르담 대성당'과 하이테크 양식인 '퐁피두 센터'의 차이점은 재료 말고도 하나 더 있다. 이 차이는 재료의 물성 때문에 만들어진다. 돌로 만들어진 '노트르담 대성당'은 압축력으로만 구조가 만들어졌다면 '퐁피두 센터'는 당기는 힘인 인장력도 사용되었다. 오래된 대형 건축물들은 단단한 구조를 위해 돌을 사용했다. '피라미드'도 돌을 한 장 한 장 쌓아서 만들었는데, 이때 돌은 압축력만 받게 된다. 돌로 실내 공간을 크게 만들기 위해서는 기둥 사이의 간격이 넓어야 한다. 그러기 위해서 인간이 발명해 낸 방식이 아치 공법이다. 아치에서는 구조적으로 돌과 돌이 서로를 누르는 압축력만 존재한다. 그렇게 수천 년을 이어 왔다. 19세기에 들어서 인간은 철을 이용해 다리를 만들고 '에펠탑' 같은 철탑을 짓기 시작했다. 철은 당기는 힘에 잘 견디는 재료다. 비로소 인간은 대형 건축에서 당기는 힘인 인장력을 사용하기 시작한 것이다. 돌은 누르는 힘에는 잘 견디지만 당기는 힘에는 쉽게 깨지는 특징이 있다. 따라서 돌이나 벽돌을 사용할 때는 인장력을 이용한 건축 구조가 불가능하다. 엄밀하게 따지면 오래전부터 인장력을 이용해서 건축을 하던 사람들이 있기는 하다. 바로 유목민들이다. 유목민들은 텐트를 칠 때 끈을 이용한 인장력을 써서 기둥과 지붕을 지탱했다. 우리가 운동회를 할 때 치는 큰 그늘막 텐트도 기둥을 세우고 그 위에 천막을 덮고 끈으로 당겨서 지탱한다. 유목민이 건축 구조에 인장력을 사용했던 이유는 최소한의 가벼운 부재[3]로 건축물을 세울 수 있기 때문이다. 그래야 양이나 염소를 치며 집을 가지고 이동할 수 있는 것이다. 우리가 등산할 때 사용하는 텐트에 인장력이 사용되는 것도 마찬가지 이유다. 건축에서 인장력을 적절한 곳에 사용하면 건축 부재의 양을 크게 줄일 수 있다. 대형 건축물에서는 끈으로 육중한 힘을 버틸 수 없으니 대신 강철봉이나 강철 케이블이 사용된다.

'퐁피두 센터'의 입면을 보면 정사각형으로 된 철골 부재 사이에 'X' 자 형태의 가느다란 강철봉이 설치되어 있다.(32쪽 사진 참조) 이 'X' 자의 '＼' 부분은 정사각형의 철골 구조가 왼쪽으로 찌그러지려고 할 때 당겨 주어 정사각형의 모양을 유지하는 부재다. 반대로 '／' 부분은 정사각형 철골 구조가 오른쪽으로 찌그러지려고 할 때 당겨 주어 모양을 유지하는 부재다. 이렇게 하지 않았다면 입면이 찌그러지는 것을 방지하기 위해서 정사각형 꼭짓점 부분의 부재가 훨씬 더 굵어야 한다. 그러면 디자인이 바뀌고 재료도 더 많이 사용해야 한다. '퐁피두 센터'의 입면 디자인은 최소한의 재료를 사용해서 가장 가벼우면서도 구조적으로 안정적인 디자인이다. 이를 위해서 강철을 이용한 인장력이 적재적소에 사용된 것을 볼 수 있다. 그리고 그 구조적 해결책이 그대로 외부로 노출되어서 입면 디자인을 완성한다. '퐁피두 센터'의 디자인은 '형태는 기능을 따른다'는 근대 건축의 명제를 완전하게 보여 주는 사례다.

기울어진 광장

'퐁피두 센터' 앞에는 광장이 있다. 아무리 중요한 건물이라고 해도 그

'퐁피두 센터' 앞 광장

앞에 건물 면적만큼의 광장을 가지는 경우는 드물다. 일반적으로 도시를 대표하는 대성당 앞, '경복궁'이나 '자금성' 같은 궁궐 앞, '런던 국립미술관' 같은 중요한 미술관 앞에 광장이 위치한다. 중요한 건물의 전체 모습을 보고 느낄 수 있도록 넓은 광장을 유지하는 경우들이 있다. '퐁피두 센터'가 사람들에게 각인된 이유 중 하나는 특이하게 생긴 입면을 정확하게 인지할 수 있게끔 그 앞에 큰 광장이 조성되었다는 점이다. 땅값이 비싼 도심을 재개발하면서 이러한 광장을 확보했다는 것은 큰 투자고, 그런 의사 결정을 내린 사람들을 칭찬해 주고 싶다. 그런데 특이한 점은 그 광장이 '퐁피두 센터'를 향해서 약간 기울어져 있다는 점이다. '퐁피두 센터'가 들어선 블록의 네 모퉁이의 높이가 다르기 때문에 기울어진 광장을 만들어야 했겠지만 건축가의 또

'푸블리코 궁전(시에나 시청)' 앞 캄포 광장. 완만하게 기울어져 있다.

다른 의도도 엿보인다. 보통 땅이 기울어져 있으면 그 광장은 방향성을 가진다. 우리는 기울어진 땅에 서게 되면 자연스럽게 낮은 쪽으로 몸을 향한다. 앉을 때는 더욱 그렇다. 그게 편하기 때문이다. 기울어진 땅에서 낮은 쪽에 엉덩이를 두고 높은 쪽을 바라보는 경우는 거의 없다. 대표적인 기울어진 광장은 이탈리아 '푸블리코 궁전(시에나 시청) Palazzo Pubblico' 앞 캄포 광장Piazza del Campo이다. 이 광장은 푸블리코 궁전을 향해서 기울어져 있고 사람들은 그 광장에 앉아 푸블리코 궁전의 정면을 바라본다. '퐁피두 센터' 앞의 광장도 '퐁피두 센터' 정면을 향해 기울어져 있어서 그 광장에 있는 사람들은 자연스럽게 '퐁피두 센터' 정면을 바라보게 된다. 그리고 땅이 기울어져 있기 때문에 광장 위의 사람들은 마치 개미지옥에 빨려 들어가듯 '퐁피두 센터'로 들어가게 된다. 반대로 '퐁피두 센터'에서 멀어지게 걸어가는 것은 어렵다. 기울어진 광장 덕분에 '퐁피두 센터'는 시각적으로나 물리적으로 사람을 빨아들인다. 만약에 '퐁피두 센터' 앞의 광장이 반대로 기울어졌다면 사람들은 광장에서 '퐁피두 센터'를 등지고 앉았을 것이고, '퐁피두 센터'의 입면은 지금처럼 강한 인상을 남기지 못했을 것이다. 이처럼 건축물의 가치는 주변 땅의 기울기에 따라 더 강조되기도 하고 약해지기도 한다. '퐁피두 센터' 앞 광장은 '퐁피두 센터'를 파리의 주요 랜드마크로 만드는 데 일조하고 있다.

퐁피두 센터

Pompidou Center(Centre Pompidou)

건축 연도 1977

건축가 렌초 피아노, 리처드 로저스, 잔프랑코 프란치니Gianfranco Franchini

위치 프랑스 파리. 메트로 11호선 Rambuteau역 부근 (도보 1분 거리)

주소 Place Georges-Pompidou, 75004 Paris, France

운영 수요일 - 월요일 11 a.m. - 9 p.m.
화요일 휴관

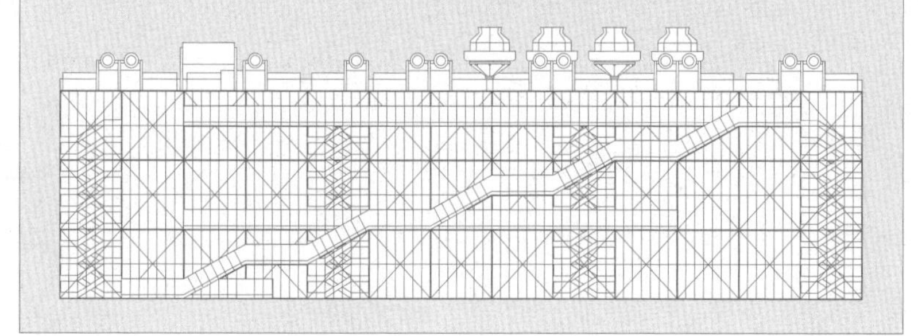

3장	루브르 유리 피라미드
1989년: 파리의 다보탑과 석가탑	

두 마리 토끼를 잡은 건축가

1984년에 '루브르 박물관Musée du Louvre' 증축 공모전에서 '유리로 만들어진 피라미드' 계획안이 선정되자 "왜 파리 한복판에 뜬금없이 이집트 디자인을 넣느냐"라는 비판이 일었다. 이 논란을 일으킨 장본인은 이오밍 페이Ieoh Ming Pei, 줄여서 'I. M. 페이'라는 이름의 건축가다. 이 작품은 중국계 미국인 건축가가 이집트의 '피라미드'를 재해석해 파리의 심장에 심어 놓은 작품이다. 한 작품 속에 중국, 미국, 프랑스, 이집트 4개국이 들어간 모습이다. 페이는 1917년 중국 광저우에서 출생했고, 당시 중국은행 임원이던 아버지가 상하이로 전근하면서 유년 시절을 상하이에서 보냈다. 18세가 되던 1935년 미국으로 유학하여 미국에서 가장 오래된 건축 학교인 매사추세츠공과대학교MIT에서 건축 공부를 시작했고, 졸업 후 하버드대학교 건축대학원에서 건축 석사를 마쳤다. 당시 미국에 있는 대부분의 중국계 이민자들은 샌프란시스코의 '금문교'나 뉴욕의 '링컨 터널' 같은 대규모 토목 공사에 단순 노동

'루브르 박물관'의 유리 피라미드

자로 이민 온 사람들이었다. 그러한 중국계 이민 노동자들과 달리 페이는 유복한 가정에서 자라나 엘리트 교육을 받은 이민자로 색다른 커리어를 가지고 있다. 그가 전 세계 건축계에 이름을 알리게 된 계기는 1964년에 존 F. 케네디John F. Kennedy 대통령을 기념하는 도서관 프로젝트를 맡으면서부터다. 이 공모전에는 루이스 칸도 초대받았는데, 루이스 칸을 이기고 프로젝트를 딴 것이 논란이 되었다. 공모전 당선 배경에는 페이의 아내가 케네디의 아내였던 재클린Jacqueline 케네디와 대학 동문이어서가 아니냐는 비난 여론도 있었다. 경력 초기에 페이는 하버드대학교에서 조교수로 일하다가 1948년에 뉴욕의 유명한 부동산 개발업자인 윌리엄 제켄도프William Zeckendorf를 만나면서 큰 전환점을 맞이한다. 그는 하버드대 교수를 그만두고 개발 회사의 건축가로 취업했고, 1955년에 자신의 사무실을 설립하기 전까지 7년간 제켄도프 밑에서 일했다. 이 7년은 건축가로서는 공백기라고 할 수도 있으나, 페이 자신은 이 시기에 비즈니스 관점에서 건축을 바라보는 시각을 배울 수 있어서 소중한 경험이었다고 이야기한다. 덕분에 그는 건축가로서의 작품성과 사업적 성공 두 마리 토끼를 다 잡은 건축가가 될 수 있었다.

기하학적 건축 디자인의 마스터

페이 건축의 가장 큰 특징은 기하학을 잘 사용한다는 점이다. 고전 건축을 보면 서양에서는 기하학을 많이 이용한 반면, 동양에서는 기하학을 잘 이용하지 않았다. 벽을 사용하는 서양 건축에서는 벽 선으로 기하학을 명확하게 표현하기 쉬웠다. 반면 동양 건축에서는 점적인 요소인 기둥을 주로 사용하여 내외부 공간의 경계가 모호했기에 기하학을 표현하기가 어려웠다. 자세한 설명은 나의 다른 책 『공간이 만든 공간』을 살펴보면 좋겠다. 중국 출신의 페이가 서양 건축의 특징인 기하학을 잘 사용한다는 것이 좀 의아하기는 하다. 그가 기하학을 얼마나 좋아하는지 살펴보려면 대표작 중 하나인 미국 워싱턴 DC에 있는 '내셔널 갤러리National Gallery of Art'를 보면 알 수 있다. 이 작품의 평면도는 모든 것이 삼각형으로 되어 있다. 이러한 삼각형 평면은 워싱턴의 도시 설계에 대한 정확한 이해에서 나온 것이다. 워싱턴 DC는 도시 설계에 따라 만들어진 계획도시인데, 격자형 도로망과 방사형 도로망이 합쳐진 도로망 구조를 갖고 있다. 격자형 도로망은 뉴욕을 비롯해 상업 도시에 주로 보이는 물류에 최적화된 도로망이다. 그리고 방사형 도로망은 파리를 비롯한 정치적인 도시에서 주로 보인다. 방

삼각형이 눈에 띄는 '내셔널 갤러리'

사형으로 도로망이 만들어지면 중심점이 생겨나고 그곳을 차지하는 사람은 권력과 상징성을 가질 수 있기 때문이다. 파리의 방사형 도로망의 중심점에 위치한 '개선문'이 대표적인 사례다. 워싱턴의 경우 여러 개의 방사형 교차점 중 하나에 국회의사당이 위치한다. 워싱턴에는 격자형과 방사형 도로망이 섞여 있기 때문에 블록 모양도 직사각형과 삼각형이 섞여 있다. '내셔널 갤러리'가 위치한 대지는 38도 예각의 삼각형 모양이다. 페이는 이 땅의 기하학적 특징을 이용해 예각의 날이 선 모양의 건물 덩어리(매스mass)를 디자인했다. 시공 회사에서는 38도의 날카로운 예각 부분의 모서리가 깨질 것을 염려하여 모서리를 뭉뚝하게 만들자고 제안했다. 하지만 페이는 기술자들의 반대에도 불구하고 날카로운 예각을 살려서 이전에는 없던 새로운 느낌의 건물을

날카로운 모서리가 독특한 느낌을 만드는 '내셔널 갤러리'

만들었다. 그렇게 만들어진 모서리를 많은 사람이 좋아했고, 사람들이 하도 만져서 지금은 손때가 시커멓다.

고층형 피라미드

그의 삼각형 사랑은 1990년에 완성된 홍콩의 '중국은행 타워Bank Of China Tower'에서도 볼 수 있다. 뉴욕과 더불어 수많은 마천루로 유명한 홍콩에는 이미 노먼 포스터Norman Foster가 1985년에 완성한 '홍콩 상하이 은행Hong Kong and Shanghai Bank'이 있었기에 페이가 이 건물을 디자인할 때 부담감이 적지 않았을 것이다. 하지만 페이는 여기서도 본인 특유의 기하학적인 아름다움으로 승부했다. 그는 '피라미드'를 쌓

홍콩의 '중국은행 타워'

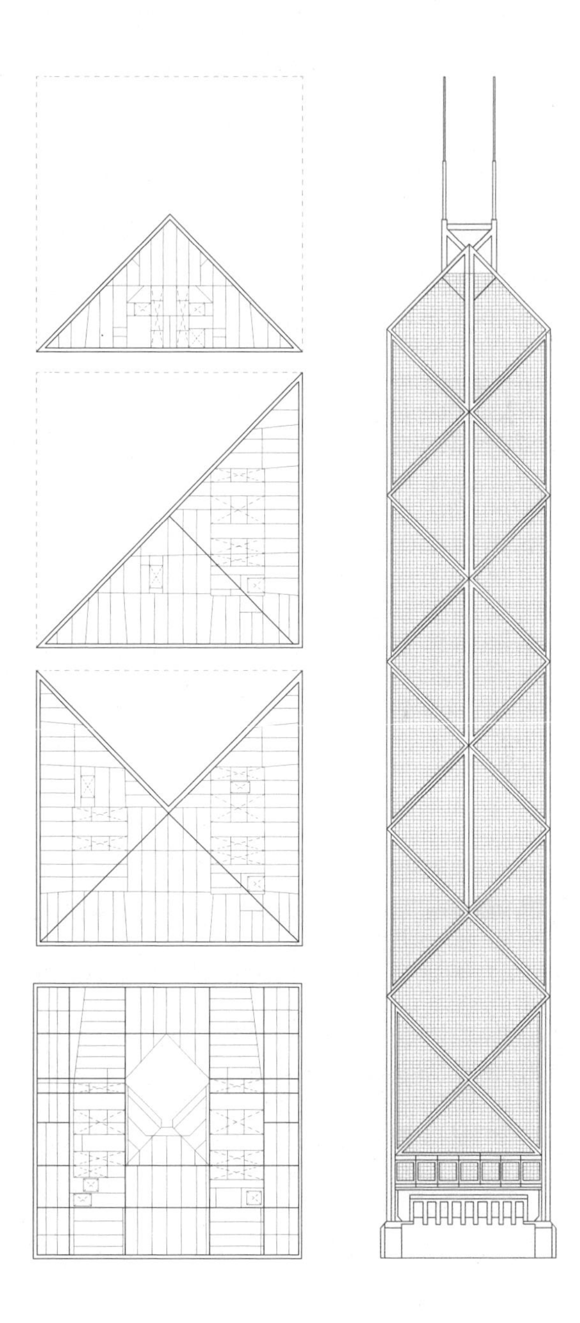

‘중국은행 타워’의
입면과 각 층 평면 도면

아 올려서 만든 듯한 형태의 마천루를 완성하였다. 이 작품에서 페이는 정사각형 평면에 대각선을 그어 네 개의 삼각형 평면으로 쪼갠 다음, 높은 층으로 올라갈수록 삼각형이 한쪽씩 사라져 가는 형태의 평면을 구성했다. 덕분에 건물의 저층부, 중층부, 고층부가 모두 다른 평면을 가지게 되었다. 덩어리가 사라지면서 만들어지는 부분의 지붕은 평지붕으로 하지 않고 경사지게 해서 입면에서도 삼각형이 보이게 처리했다. 이렇게 함으로써 기하학적으로 아름다운 입면이 만들어졌다. 건물의 입면을 보면 정사각형에 'X' 자 형태로 보가 지나간 것을 볼 수 있다. 정사각형 입면을 네 개의 삼각형으로 나눈 것이다.(55쪽 도면 참조) 이렇게 한 이유는 삼각형 도형의 반복을 보여 주려는 의도도 있지만, 구조적인 이유도 있다. 입면에 대각선 보를 놓으면 지진이나 바람같이 옆에서 오는 횡압력을 견디기 좋은 구조가 된다. 또 고층 건물 내부에 기둥을 줄일 수 있다.

'중국은행 타워'의 입면 디자인은 미학적으로나 구조적으로나 효율적인 디자인이다. 지금은 중동의 두바이에 초고층 건물이 줄지어 들어섰지만, 수십 년 전만 해도 세계적인 마천루의 도시로 홍콩과 뉴욕이 양강 구도를 이루었다. 19세기 대표 제국인 영국은 당시 자신들의 조차지였던 홍콩에, 20세기 대표 제국인 미국은 자국의 경제 수도인 뉴욕에 현란한 마천루를 지어 경쟁했다. 그런 홍콩의 마천루 경관에서 가장 눈에 띄는 작품이 페이의 '중국은행 타워'다. 복잡한 도시나 자연 속에서 백색으로 지어진 리처드 마이어Richard Meier의 작품이 눈에 띄는 이유는 여러 가지 색이 있을 때 백색은 가장 명쾌한 규칙으로 대비되기 때문이다. 마찬가지로 규칙을 찾을 수 없는 복잡한 홍콩의 풍경 속에서 '중국은행 타워'가 보여 주는 단순한 삼각형 기하학은 눈에 확 띈다. 단순함은 복잡함을 이긴다. 인류는 과거 수십만 년 동안 사냥꾼으로 살아남기 위해 복잡한 숲속 풍경 속에서 규칙이 있는 패턴을 찾는 훈련이 되었을 것이다. 그것이 동물의 발자국이든, 나를 바라보는 포식자의 두 눈이든 규칙적 패턴을 찾아야 살아남을 수 있었다. 기하학은 자연에서는 찾을 수 없는 명쾌한 패턴이고 우리는 이런 기하학을 어려서부터 학교에서 배웠다. 마천루의 숲 같은 홍콩의 풍경에서 규칙적인 삼각형 패턴은 사냥꾼의 후예인 우리 눈에 강하게 들어온다. 페이는 아주 단순한 기하학적 디자인으로 명쾌한 해결책을 제시하는 건축가다. 그의 기하학 사랑의 결정체가 바로 '루브르 유리 피라미드Pyramide du Louvre'다. 그는 아름다운 건물이 넘쳐나는 파리에서도 기하학의 원조인 '피라미드' 디자인을 이용해 가장 눈에 띄는 건축물을 남겼다.

투명한 피라미드

1980년대에 프랑스 미테랑François Mitterrand 대통령은 자신의 임기 중 주요 건축물의 설계를 국제 공모전을 통해 선정했는데, 그중 중요한 프로젝트가 '루브르 박물관' 증축이었다. 파리는 로마 식민 시대 때 만들어진 병참 기지로 시작되었는데, '루브르궁'이 있던 자리에는 12세기 후반에 북쪽의 침략을 막기 위한 성곽이 구축되었다. 훗날 그 자리에 지금의 '루브르 박물관'의 전신인 '루브르궁'이 건축된 것이다. 지금도 '루브르 박물관' 지하에 가면 12세기에 만들어진 성곽의 유적을 볼 수 있다. 17세기에 들어서 태양왕 루이 14세가 귀족 세력을 약화시키려는 정치적 목적으로 파리 외곽에 '베르사유궁'을 건축하고 왕궁을 '루브르궁'에서 '베르사유궁'으로 옮겼다. 이후 '루브르궁'은 왕실의 여러 예술 작품을 보관하는 보물 창고 역할을 했다. 1789년 프랑스 대혁

'루브르 박물관' 중정에 있는 '유리 피라미드'

명이 일어났고, 4년 후인 1793년에 왕실의 보물 창고였던 '루브르궁'이 시민들에게 개방되면서 지금의 세계적인 박물관이 되었다.

1980년대 '루브르'는 넘쳐나는 컬렉션 때문에 더 많은 전시 면적이 필요했고 1981년에 건물 증축을 위해 국제 공모전을 열었다. 이 역사적인 건축물의 해결책으로 페이는 가로 110미터 세로 220미터 크기의 '루브르 박물관' 중정에 가로 35미터, 세로 35미터, 높이 22미터 크기의 '유리 피라미드'를 만드는 계획안을 출품했다. 그의 계획안이 선정되었을 때 프랑스의 대표적인 전통 건축물에 이집트를 상징하는 '피라미드'는 어울리지 않는다는 논란이 제기되었다. 하지만 페이가 디자인한 '피라미드'는 형태는 같지만 재료가 달랐다. 그는 무거운 돌로 만든 '피라미드'가 아닌, 유리로 만든 투명한 20세기의 '피라미드'를 만들었다.

이를 위해 유리를 붙잡는 경량의 알루미늄 트러스를 고안하고, 생고뱅Saint-Gobain이라는 유리 회사에 무색의 투명 유리를 특별 주문했다.

루브르의 다보탑과 석가탑

사실 이 '유리 피라미드'는 대단한 건물이라기보다는 지하로 증축된 '루브르 박물관'의 유리 현관문일 뿐이다. '루브르 박물관'에 들어가려면 누구나 이 마당 중앙에 위치한 '유리 피라미드'를 통해야 한다. 이 '유리 피라미드'는 댄 브라운Dan Brown의 베스트셀러 소설 『다빈치 코드』를 통해 일반인에게 더 많이 알려졌다. 『다빈치 코드』는 이야기의 시작과 끝이 '루브르'에 있는 두 개의 다른 '유리 피라미드'를 배경으로 전개된다. 페이가 '루브르 박물관'에 만든 '유리 피라미드'는 총 두 개다. 하나는 위로 솟은 전통의 '피라미드' 모양이다. 또 다른 하나는 조금 떨어진 위치에 지면에서는 안 보이게 지하로 파고 들어가 거꾸로 선 '유리 피라미드'다. 보는 나는 개인적으로 이 디자인이 흥미롭다. 페이는 왜 양각陽刻의 '피라미드'를 짓고 그 옆에 음각陰刻의 '피라미드'를 만들었을까? 나는 그가 중국인이기 때문이라고 생각한다. 중국의 전통 사상인 도가 사상에서 중요한 개념이 음양陰陽의 조화다. 음이 있으면 양이 있어야 하고, 양이 있으면 음이 있어야 한다. 세상은 그 둘의 조화로 이루어진다. 그래서 우리나라 태극 문양도 붉은색과 파란색이 서로 소용돌이치듯이 조화를 이루게 디자인된 것이다. 통일 신라 시대에 만들어진 경주 '불국사'에는 '다보탑'과 '석가탑' 두 개의 탑이 있다. 이 둘은 디자인 스타일이 완전히 반대다. '다보탑'은 화려하게 장식이 많고 '석가탑'은 단순한 미니멀 디자인이다. 이 두 탑은 경내에 들어서면 좌우 대칭으로 놓여 있는데, 이렇게 반대되는 디자인

지하에 역삼각형으로 설치된 '유리 피라미드'. 아래에 돌로 만든 작은 피라미드가 닿을 듯 말 듯 서 있다.

을 병치한 이유는 음양의 조화를 추구하는 도가 사상에 근거한 것이라고 생각된다.

마치 '불국사' 마당에 '석가탑'과 '다보탑'을 기획했던 김대성처럼 I. M. 페이는 파리의 '루브르 박물관' 마당에 두 개의 다른 음과 양의 '피라미드'를 건축한 것이다. 하나는 주 출입구이자 채광창으로, 다른 하나는 천창으로 사용하고 있다. 이 음陰의 '유리 피라미드'에서 또 하나 흥미로운 것은 거꾸로 만들어진 '피라미드' 아래에 돌로 만들어진 양각의 작은 '피라미드'가 놓여 있다는 점이다. 이 두 '피라미드'는 꼭짓점이 닿을 듯 말 듯하게 배치되어 있다. 크기로 치면 '유리로 만든 양의 피라미드'가 제일 크고, 그다음이 '유리로 만든 음의 피라미드', 가장

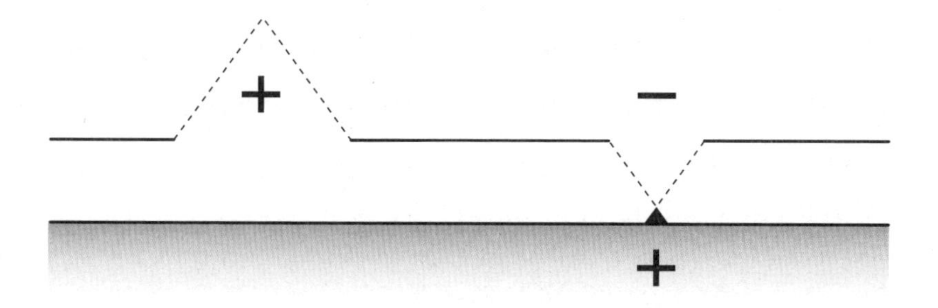

'루브르 박물관'의 양각과 음각의 피라미드 구조

작은 것이 '돌로 만든 양의 피라미드'다. '음의 피라미드'의 투명한 유리와는 대조적으로 작은 '양의 피라미드'는 묵직하고 불투명한 돌로 만들어져 있다. 이 작은 '피라미드'를 왜 이렇게 놓았을까? 호기심을 유발하는 흥미로운 배치다. 아마도 계속해서 진행되는 음양의 순환을 보여 주기 위해서가 아닐까 추리해 본다. 지금 '루브르 박물관'에 있는 돌로 만들어진 작은 '피라미드'는 5천 년 전 이집트에 돌로 만들어진 '피라미드'의 일부고, 거대한 '피라미드'가 땅에 묻혀서 조그만 꼭대기만 올라와 보인다고 상상해 보자(60쪽 사진 중앙 하단 참조). 그리고 그것을 받아서 꼭짓점을 맞대고 있는 것은 거꾸로 선 '음의 유리 피라미드'다. 그리고 다시 지상에는 정문으로 사용되는 거대한 '양의 유리 피라미드'가 지어진 거다. 5천 년 전의 '돌 피라미드'부터 세월이 흘러서 20세기의 '유리 피라미드'까지 음양이 반복되어서 나타나고 있다. 20세기의 '유리 피라미드'를 만들기 위해서는 중간 과정으로 '음의 피라미드'가 필요했던 것이다. 그래서 마당 한편에 돌로 만들어진 '피라미드'와 세트로 만든 것이 아닐까 추리해 본다. 동양의 윤회적 사상이 반영된 디자인 프로세스라는 생각이 든다. 페이가 그렇다고 말한 것을 읽거나 들어 본 적은 없다. 하지만 보는 이로 하여금 호기심을 자극하여 추리하게 만드는 디자인임에는 틀림없다. 그래서 소설가 댄 브라운도 그런 호기심에 『다빈치 코드』에서 이 작은 피라미드를 중요한 엔딩 요소로 사용했을 것이다.

미테랑의 유산

사실 '유리 피라미드' 완공의 일등 공신은 미테랑 대통령이다. 1980년대는 현대 건축에서 포스트모더니즘과 해체주의 건축이 판을 치던 시대였다. 해체주의 건축은 해체주의라는 현대 철학을 건축에 적용해 보려던 노력으로, 거의 폭탄 맞은 것같이 해체된 형태의 디자인을 하는 흐름이다. 포스트모더니즘은 뉴욕의 고층 건물을 지을 때도 '파르테논 신전' 비슷하게 디자인하는 이해하기 힘든 사조였다. 어쩌면 페이가 '루브르 박물관'에 '피라미드'라는 인류 역사의 가장 오래된 건축 디자인을 도입한 배경에는 포스트모더니즘 시류가 영향을 미쳤을 수도 있다. 하지만 이 작품은 다른 포스트모더니즘 건축과 다른 점이 있다. 일반적인 포스트모더니즘 건축들은 돌을 재료로 사용하고 크게 만들 수 있는 창문도 일부러 옛 건물처럼 작게 만드는 식으로 '고전 건축 무작정 따라 하기'를 했다. 반면 페이는 '피라미드'의 형태는 가져왔지만 유리와 날씬한 알루미늄 트러스라는 완전히 새로운 첨단 기술을 접목한 디자인을 선보였다. '유리 피라미드' 디자인은 너무 파격적이어서 사람들의 반대가 심했지만 미테랑 대통령이 이 계획안을 너무

필립 존슨이 포스트모더니즘 양식으로
디자인한 뉴욕의 'AT&T 빌딩'

좋아해서 반대를 무릅쓰고 밀어붙였다. 미테랑 대통령에게는 혼외 관계로 딸을 낳고 죽기 전까지 숨어서 연애를 한 안 팽조Anne Pingeot라는 연인이 있었다. 그녀의 직업은 예술 역사가인데 미테랑 대통령의 예술에 대한 깊은 조예에 큰 영향을 끼쳤을 것 같다.

미테랑은 1980년대 당시 건축계의 사조에 휘둘리지 않고 공모전을 통해서 훌륭한 계획안들을 선정한 것으로 유명하다. 파리 라데팡스의 '그랜드 아치 빌딩', '라빌레트 공원', '파리 국립 도서관'이 그의 재임 기간 중 선정된 작품들이다. 하나같이 유행으로 그치지 않고 역사에 남을 훌륭한 작품들이다. 그중에서도 가장 중요한 프로젝트가 '루브르 박물관'의 '유리 피라미드'다. '루브르궁' 마당에 '유리 피라미드'를 짓는 일은 '경복궁' 마당에 '유리 피라미드'를 짓는 것과 마찬가지다. 우리나라에서 이런 일을 진행했다면 아마도 문화재청을 비롯한 여러 단체와 사람들이 엄청난 반대를 했을 것이다. 마찬가지로 '루브르 박물관'에 '유리 피라미드'를 지을 때 프랑스 국민의 반대도 만만치 않았지만 미테랑은 뚝심 있게 밀어붙였고, 지금은 프랑스를 문화 대국으로 만든 중요한 건축 프로젝트 중 하나로 자리매김했다. 지금은 '유리 피라미드'를 뺀 '루브르 박물관'은 상상할 수 없다. 좋은 공공 건축물이 나오려면 안목이 좋은 정치가나 행정가가 필요하다. 우리나라에는 언제쯤 좋은 안목을 가진 지도자가 나올까? 그런 사람이 나오기 위해서는 우리가 먼저 안목을 갖춘 유권자가 되어야 한다.

루브르 피라미드

Pyramide du Louvre/Louvre Pyramid

건축 연도 1989

건축가 이오밍 페이

위치 프랑스 파리. 지하철 팔레 루아얄Palais Royal metro station
루브르 박물관 (1호선과 7호선) 피라미드 (14호선)

주소 75001 Paris, France

운영 목요일, 토요일 – 월요일 9 a.m. – 6 p.m.
수요일, 금요일 9 a.m. – 9:45 p.m.
화요일 휴관

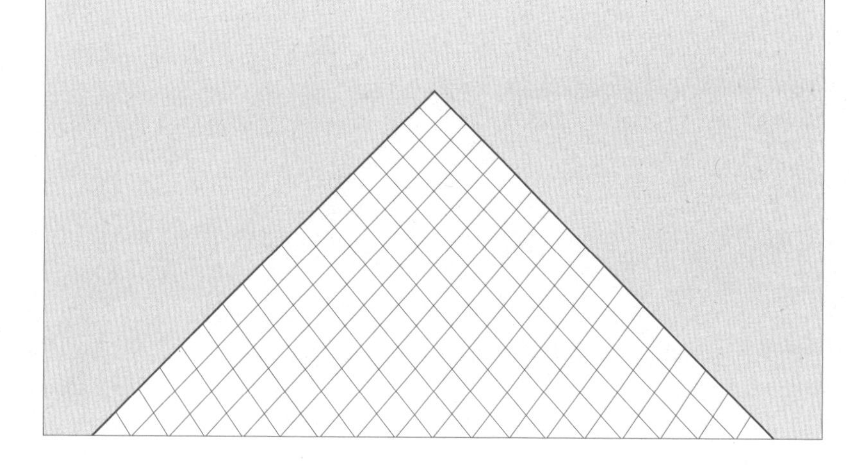

4장	롱샹 성당
1955년: 결국 자연으로 돌아간다	

건축가의 성지 순례

르 코르뷔지에는 '집은 살기 위한 기계'라고 생각했다. 20세기 전반기에 산업 혁명이 바꾼 세상을 보면서 성장한 그는 기계가 인간을 구원할 것이라는 장밋빛 미래를 꿈꾸던 시대의 사람이었다. 그는 합리적이고 논리적인 설계를 통해 기능적인 건축을 추구해 왔다. 그렇게 철근 콘크리트로 유토피아를 만들 수 있을 것이라 믿었던 사람이다. 그런데 누구나 그렇듯 살다 보면 생각이 바뀐다. 살면 살수록 자신이 계획하지 않았던 일들이 일어나고, 논리적으로 설명되지는 않지만 직관적으로 마음이 가는 경험도 한다. 대표적으로 자연에 대한 느낌이 그렇다. 자연은 인간이 디자인하지 않았다. 자연은 인간이 세상에 나오기 전부터 있어 왔다. 그리고 자연의 모든 것이 논리적으로 설명되지는 않지만 자연의 디자인은 그냥 좋다. 르 코르뷔지에도 말년에 그러한 느낌을 받았던 것 같다. 혈기 왕성하게 세상 모든 것을 자신이 계획한 대로 만들 수 있다고 믿었던 젊은 시절과는 달리 나이가 들어서는 자연의 디자인에 심취했다. 젊어서 파리 시내 중심부의 건물들을 때려 부수고 콘크리트 고층 아파트를 지어 새로운 도시를 만들려고 했던 사람이 나이가 들어서는 말라비틀어진 나뭇가지를 줍고 모래사장의 소라를 주워서 그 모양을 감상하는 사람이 되었다. 때로는 솔방울도 그의 관심을 끌었다. 그는 말년에 자연이 만들어 낸 형태의 아름다움에 매료되었다. 건축가의 감성이 바뀌면 디자인도 바뀐다. 젊어서는 차가운 직육면체의 '빌라 사보아'를 디자인하던 사람이 말년에는 직선이라고는 찾아보기 힘든 곡면의 '롱샹 성당'을 디자인했다. 르 코르뷔지에가 일흔 가까운 나이가 됐을 때 완공된 '롱샹 성당'은 기존의 르 코르뷔지에가 보여 주던 디자인과는 사뭇 다르다.

'롱샹 성당'은 프랑스 시골의 작은 마을에서도 한참 들어간 곳에 있다. 자동차를 타지 않고는 찾아가기 힘든 곳이다. 건축 전공자들 중에는 학창 시절에 건축 답사를 위해 유럽으로 배낭여행을 떠나는 경우가 많다. 그런데 그때는 비용 절감을 위해 기차를 타고 다니다 보니 기차역이 있는 대도시를 중심으로 볼 수밖에 없다. 시골에 위치한 '롱샹 성당'은 나중에 나이가 들어서 시간과 돈에 여유가 생긴 다음에야 자동차를 대여해서 찾아갈 수 있는 곳이다. 나 역시 건축을 한 지 30년이 지나고 나서야 볼 수 있었다. '롱샹 성당'은 건축가에게는 성지 순례지다. 경건한 마음을 가지고 찾아간 '롱샹 성당'에서 처음 마주하게 되는 것은 파리의 '퐁피두 센터'를 설계한 렌초 피아노가 만든 수녀원 건물이다. 수도회는 '롱샹 성당'이 관광지로 전락하는 것을 방지하기 위해서 '롱샹 성당'에 수녀원을 유치하여 '롱샹 성당'과 주변을 관리할 수 있게 기획했다. 하지만 신축되는 수녀원 건물이 '롱샹 성당' 앞에 만들어지면 유네스코 세계문화유산으로 지정된 '롱샹 성당'에 피해를 줄 수 있다.

롱샹 성당

이를 방지하기 위해 렌초 피아노는 대부분의 건축물을 땅에 묻는 설계를 하였다. 건물이 땅에 묻히다 보니 땅속의 습기와 물이 문제가 된다. 따라서 방수를 위해 콘크리트 옹벽을 만들어야 했다. 그러다 보니 본의 아니게 노출 콘크리트를 많이 사용하는 일본 건축가 '안도 다다오安藤忠雄가 설계한 건물이 아닌가?'라는 생각이 들 정도로 비슷한 건축 언어가 나왔다.

최대한 자세를 낮추고 땅의 일부가 된 수녀원을 거쳐 언덕을 올라 두 번째로 마주하게 되는 것은 단층짜리 집이다. 경사 지붕을 가진 소박한 이 집은 '롱샹 성당'을 건축할 때 인부들이 묵는 숙소로 지어진 건물이다. 그런데 심지어 이 건물도 훌륭하다. 디테일을 일일이 말하자면 끝도 없지만, 일단 흥미로운 디테일은 마당에서 건물로 들어가

'롱샹 성당' 앞 건물. 마당에서 건물로 들어가는 계단이 설치되어 있는데, 건물과 계단 사이에 철망이 있는 기능적인 디자인이 돋보인다.

는 계단이다. 세 칸 정도의 계단이 있는데, 콘크리트를 부어서 한 개의 덩어리로 만든 이 계단은 건물에서 40센티 정도 떨어져 있고, 틈 위에 발판으로 사용하는 금속 그릴이 얹혀 있다. 보통 건물에 들어가기 전에 신발에 묻은 흙을 털기 위해서 발판 같은 것들을 둔다. 그런 발판은 오랫동안 흙이 쌓이면 치워야 하는 일이 생기는데, 르 코르뷔지에는 이를 해결하기 위해 아예 건물과 계단 사이를 띄우고 그 사이에 튼튼한 철망을 얹어서 흙이 마당으로 곧장 떨어지게 디자인하였다. 주변이 온통 흙으로 된 시골에서 공사를 하다 보면 인부들 신발에 흙이 많이 묻게 마련인데, 그 신발을 신고 집 안으로 들어오면 건강에 해롭다. 이 문제를 해결하기 위해서 르 코르뷔지에는 단순하면서도 기능적인 디자인을 창안해 냈는데 상당히 감동적이다.

비대칭 공간의 의미

예배당을 설계할 때 가장 중요한 점은 신과 인간의 관계를 공간적으로 어떻게 정립하느냐다. 어떤 공간에 가면 신이 나를 압도하는 두려운 존재로 느껴지고, 어떤 곳은 신이 편안하고 친근하게 느껴진다. 이러한 차이는 설계자의 의도에 따라 결정된다. 일단 '롱샹 성당'은 권위를 깨는 디자인이다. 일반적인 종교 건축 공간은 좌우 대칭으로 구성된다. 좌우 대칭은 권위를 만들기 때문이다. '광화문 광장', '자금성', '베르사유궁' 모두 좌우 대칭의 구조를 가지고 있다. 좌우 대칭은 자연 속 유기체에서 찾을 수 있는 가장 기본적인 기하학적 규칙이다. 우리 눈에 보이는 자연 풍경에는 좌우 대칭이 거의 없다. 비바람에 의해 자연스럽게 만들어진 풍경은 대체로 좌우 비대칭이다. 하지만 생명체는 다르다. 우리의 몸도 좌우 대칭이고 다른 대부분의 동물도 좌우 대칭이다. 따라서 인간이 가장 쉽게 인지하게 되는 규칙은 좌우 대칭이다.

공간을 좌우 대칭으로 만들면 일단 규칙이 만들어진다. 이렇게 만들어진 규칙은 누군가가 기획하고 만든 공간임을 암시하며, 이는 자연스럽게 어떤 권위자의 존재를 느끼게 만든다. 그리고 이때 좌우 대칭을 나누는 축은 그 권위자의 권력을 세워 주는 선이 된다. 그래서 '광화문 광장'의 '이순신 동상'과 '세종대왕 동상'이 축선상에 위치한 것이다. 반면에 공간을 좌우 비대칭으로 만들면 이러한 권위를 깰 수 있다. '롱샹 성당'은 네 개 입면과 평면도가 모두 좌우 비대칭으로 디자인되어 있다. 심지어 신도들이 앉는 의자도 한쪽으로 치우쳐서 배치되어 있다. 기하학적 규칙을 배제한 이러한 비대칭 공간은 나에게 무언가 규칙을 심으려는 강압적인 공간이 아니라 나를 자연스럽게 품어 주는 공간이 된다. '롱샹 성당'을 밖에서 바라볼 때나 실내에 들어와서 경험할 때나 기존의 전통 건축과는 다른 무언가 특별한 느낌을 받게 되는데, 그 이유는 바로 이 비대칭성에 있다. 권위적인 종교 공간에서 탈피하고자 하는 건축가의 노력은 여기서 그치지 않는다.

높이와 거리가 만드는 권위

인류 최초의 문명인 메소포타미아 문명의 신전 '지구라트'는 제단이 50미터 높은 곳에 위치해 일반인들은 낮은 곳에서 높은 곳의 제단을 올려다보게 되어 있다. 아래에서 올려다보는 일반인들에게 제단은 함부로 범접하기 어려운 공간으로 느껴지고, 이는 자연스럽게 종교의 권위를 만든다. 무언가를 올려다보면 자연스럽게 경외심이 든다. 가장 원시적인 형태의 종교에서도 인간은 높이 하늘에 떠 있는 태양과 달을 올려다보았다. 원시 시대 사냥꾼이 사냥을 나갔을 때 자신보다 큰 동물을 만나면 올려다보게 된다. 이때 두려움을 느끼지 않고 서 있으면 죽는다. 올려다보고 두려움을 느끼고 도망친 자만이 살아남았다. 우리는 그런 도망자의 후예다. 따라서 올려다본다는 것은 경외심과 두려움을 유발한다. 이 원리를 이용해 알타미라 동굴에서는 천장에 그림을 그리고 올려다보게 하였다. 고개를 들어서 올려다봐야 하는 미켈란젤로Buonarroti Michelangelo의 '시스티나 성당' 천장화가 일반적인 벽화보다 더욱 감동적인 이유도 이것이다.

사제가 서 있는 제단을 멀리서 바라보게 하는 것도 신과 제사장의 권위를 높이는 방법이다. 예배당에서는 직사각형 공간의 좁은 쪽 변에 제단이 위치한다. 그리고 제단 앞으로 긴 의자를 줄지어 배치한다. 이때 내가 중간이나 뒤에 앉으면 앞에 수많은 사람을 사이에 두고 제단을 바라보게 된다. 그만큼 나와 제단 사이의 거리가 멀어지고 그 사이에 많은 사람이 가로막는 형세가 만들어진다. 이러한 깊은 공간감은 신과 예배자의 신분 차이를 크게 느끼게 한다. 이런 원리는 '경복궁 근정전'에서도 볼 수 있다. '근정전'의 단 위에는 왕이 앉았고, 왕 바로 앞에는 종1품 관직의 사람부터 순서대로 2품, 3품, 4품이 배치되었다. 직급이 높을수록 왕과 가까운 곳에 위치하고, 직급이 낮을수록 왕으로부터 멀리 선다. 일반적인 사무실 자리 배치를 봐도 부장과 말단 사원 사이에는 보통 과장과 대리 등이 배치되어 있다. 이처럼 나와 누구 사이에 많은 사람이 있고 공간이 깊게 느껴지면 내가 바라보는 그 대상은 나보다 더 높은 사람으로 느껴지고 경외심이 커진다. 반대로 물리적 거리가 가깝게 느껴지면 내가 바라보는 대상이 나와 더욱 가까운 존재로 느껴진다. 건축가는 디자인을 통해 공간을 깊고 멀어 보이게 할 수도 있고, 가깝게 느껴지게 할 수도 있다.

우리는 공간을 바라볼 때 투시도적으로 이해하고 깊이를 가늠한다. 따라서 투시도 기법을 잘 이용하면 공간의 깊이를 조절할 수 있다. 투시도 기법은 르네상스 시대의 건축가 필리포 브루넬레스키Filippo Brunelleschi에 의해 완성되었다. 이때부터 그림 안에 소실점이 설정되고 그에 맞추어서 공간의 깊이감이 느껴지는 그림을 그릴 수 있게 되었다. 2차원의 평면에 3차원의 공간감이 생겨난 것이다. 이 놀라운 기술은 건축에도 적용되어서 경우에 따라 투시도 기법을 이용해 착시 효과를 가져오기도 한다. 르네상스 시대에 만들어진 성당에 가 보면 평평한 천장 면에 투시도 기법으로 그림을 그려서 천국까지 뚫린 하늘을 보여 주기도 한다. 르네상스 시대까지만 해도 신은 인간이 범접해서는 안 되는 멀고 위대한 존재여야만 했다. 따라서 공간적으로 제단

'산 사티로 성당'의 제단

역시 사람으로부터 멀리 떨어져야만 했다. 때로는 좁은 공간에 교회를 짓는 경우가 있는데, 이때는 제단이 너무 가까워 보이는 문제가 생긴다. 이를 해결하기 위해 투시도를 왜곡해서 공간이 깊어 보이게 디자인한다. 예배당 좌석의 뒤쪽은 폭이 넓고 제단 쪽으로 갈수록 좁아지게 만들고, 천장도 제단 쪽으로 갈수록 낮아지게 만든다. 이렇게 하면 예배당의 뒤에서 쳐다봤을 때 10미터 깊이의 공간도 마치 20미터 깊이의 공간처럼 보인다. 좁은 공간이 넓어 보이고, 제단도 멀게 느껴지는 것이다. 그만큼 신의 위엄도 높아진다. 대표적인 사례는 도나토 브라만테Donato Bramante가 설계한 밀라노 '산 사티로 성당Santa Maria presso San Satiro'의 제단이다.

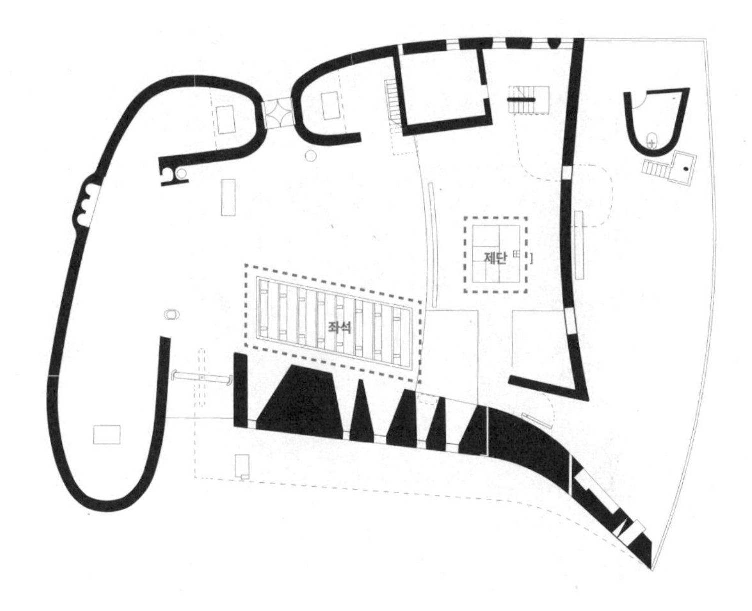

'롱샹 성당' 평면도

'롱샹 성당'에서는 이 기법을 반대로 적용했다. 평면상으로 제단 쪽이 가로로 가장 넓고, 예배자의 좌석은 뒤로 갈수록 좁아진다. 단면상으로 보아도 천장 면이 제단으로 갈수록 높아지게 설계되어 있다. 투시도 기법을 거꾸로 적용한 셈이다. 이렇다 보니 의자에 앉으면 실제 거리보다 제단이 아주 가깝게 느껴진다. 그뿐 아니라 의자를 평면상 사선으로 기울어진 벽체를 향해 배치하였다. 그렇게 함으로써 의자에 앉아 제단을 바라볼 때 앞사람의 뒤통수 너머로 보는 것이 아니라 왼쪽 10시 반 방향 정도로 틀어진 열린 공간을 통해 제단을 바라볼 수 있게 되었다. 나와 제단 사이에 조금이라도 더 적은 수의 사람이 끼어들게 한 설계다. 이렇게 함으로써 그 어느 교회보다도 예배자와 신의 관계가 가깝고 친근한 공간이 완성되었다.

'롱샹 성당' 완공을 앞둔 시점. 부서진 옛 성당의 돌을 재활용한 것을 알 수 있다.

빛을 담기 위해 춤추는 콘크리트

'롱샹 성당'이 만들어지기 전에 이 장소에는 오래된 성당이 있었다. 이 오래되어 부서진 성당을 재건하면서 만든 성당이 '롱샹 성당'이다. 중요한 사료 사진 중에 완공이 거의 다 된 시점에 주민들과 함께 찍은 사진이 있다. 이 사진을 보면 이전 성당의 돌이 '롱샹 성당'의 벽을 만드는 데 재활용되어 사용된 것을 알 수 있다. 르 코르뷔지에는 재활용 재료를 그대로 노출하지 않고 그 위에 콘크리트를 뿌려서 덮고 흰색 페인트로 칠했다. 지붕은 육중한 느낌을 그대로 전달하기 위해서 그가 주로 사용하는 노출 콘크리트 방식으로 만들었다. 이때 자칫 잘못하면 지붕이 너무 무거워서 공간을 짓누르는 느낌을 받을 수 있다. 이를 해결하기 위해서 르 코르뷔지에는 지붕과 벽이 만나는 부분에 틈을

'롱샹 성당' 내부. 지붕과 벽 사이에 생긴 틈으로 빛이 들어오는 것을 볼 수 있다.

만들어서 빛이 새어 들어오게 하였다. 이렇게 함으로써 성당 내부에서 바라보면 마치 지붕이 살짝 벽에서 떠서 날아가는 비행기 날개 같은 느낌이 든다.

'롱샹 성당'에서 빛의 효과를 극적으로 사용한 사례로 빼놓을 수 없는 것이 예배당 한쪽 벽에 있는 창문이다. 이 창문은 엄청나게 두꺼운 벽체에 구멍을 내고 그 구멍의 끝에 채색된 유리를 달아서 일종의 스테인드글라스처럼 만든 창문이다. 르 코르뷔지에가 만든 이 현대식 스테인드글라스를 제대로 이해하려면 '롱샹 성당'이 지어진 구조를 이해해야 한다. 건물의 외관 첫인상에서 보이듯이 '롱샹 성당'은 지붕이 거대하고 처마가 길게 나온 구조를 가진다. 진입부에 보이는 거대한 처

'롱샹 성당' 벽면의 창문들. 스테인드글라스처럼 보이기도 하고 그림 액자처럼 보이기도 한다.

두꺼운 벽체 때문에 미술 작품 같은 창문들이 더 다채로워 보인다.

마 공간은 실제로 마당에서 야외 예배를 할 때 사용되는 제단의 공간이기도 하다. 일반적으로 서양 건축물은 돌이나 벽돌로 만들기 때문에 비를 맞아도 방수에 문제가 되지 않는다. 그래서 서양 건축물에는 처마가 길게 나와 있지 않다. 반면 동양 건축물은 나무로 짓다 보니 비를 맞으면 나무 기둥이 썩어서 무너진다. 그래서 동양 건축물은 나무 기둥에 비가 들이치지 않게 처마가 길게 나왔다. 게다가 자주 많이 내리는 빗물 배수를 위해서 지붕이 급하게 기울어져 있다. 그렇다 보니 동양의 건축에서는 지붕이 크게 보인다. 서양 건축은 벽이 주인공이고, 동양 건축은 지붕이 주인공이다. 그게 동서양 건축의 외관상 가장 큰 차이점이다. 그런데 '롱샹 성당'은 처마가 캔틸레버[4] 구조로 길게 나와 있어서 외관상 일단 서양에서 수천 년간 지어진 여타 성당과는 크게 달라 보인다. 게다가 두껍고 짙은 회색 콘크리트로 만들어진 지붕은 약간 기울어진 형태다. 덕분에 '롱샹 성당' 지붕은 동양 건축의 경사진 지붕처럼 보이기도 한다. 이렇게 '롱샹 성당'은 일반적인 서양 전통 건축과는 달리 지붕이 주인공이 된 건축물이다. 그렇다고 '롱샹 성당'이 벽이 없는 동양적인 건축도 아니다. 벽도 두껍고 존재감 있게 만들어져 있다. 따라서 '롱샹 성당'의 디자인은 동서양의 조형적 특징이 섞여 있다고 할 수 있다.

'롱샹 성당'의 거대한 지붕 구조를 받치는 것은 무척 힘든 일이다. 르코르뷔지에는 지붕을 받치는 기둥과 보로 구성된 'ㅠ' 자 형태의 구조체를 연속으로 만들어서 지붕을 받치게 구조 계획을 잡았다. 그리고 이 기둥은 벽체에 숨기고, 보는 지붕 속에 숨겼다. 이때 기둥은 안정감을 위해서 아래로 갈수록 두꺼워지는 벽체처럼 만들어졌다. 이 때문에 이 기둥을 가리는 벽체 역시 아래로 갈수록 두꺼워진다(77쪽 사

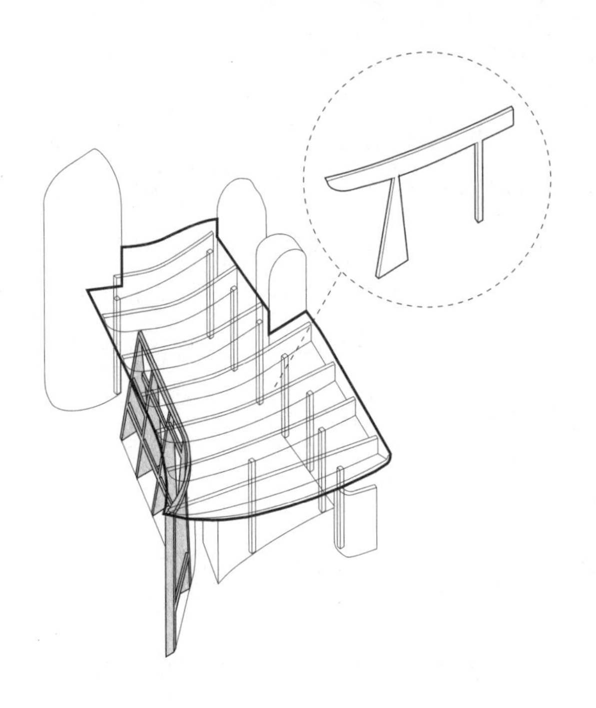

'롱샹 성당' 투시도

진 오른쪽 참조). 이러한 이유에서 예배당 좌석 옆 벽체는 아래는 엄청 두껍고 위로 갈수록 얇아지는데, 이 벽체에 창문 구멍을 뚫다 보니 아래에 뚫린 창문은 깊이가 엄청 깊고, 위로 올라갈수록 깊이가 얕아지는 모양이 만들어진다. 이렇게 뚫린 창문은 기둥을 피해 만들어져야 하는데 창문의 깊이가 더 깊어 보이게 만들고 빛의 양을 조절하기 위해 창문 바깥쪽으로 갈수록 구멍이 좁아져서 투시도적으로 더 깊어 보이게 만들었다. 자연스레 작아진 창문으로 빛의 양도 조절된다. 창문의 크기도 다르고, 깊이도 다르고, 구멍이 뚫린 측면 벽의 기울기도 다르고, 유리의 색상도 다르다. 따라서 모든 창문은 각각 다른 모양과 빛의 강도와 색상을 가지게 되는데 이러한 다양성이 엄청난 빛의 향연을 만든다.

'롱샹 성당' 뒤쪽 벽면. 벽면 상단 중앙에 돼지코 같은 모양의 빗물 토수구가 있다.

가고일

파리 '노트르담 대성당'에 가면 외벽에 괴물 모양으로 만들어진 독특한 형태의 조각상을 볼 수 있다. 비가 올 때면 이 괴물의 입에서 빗물이 쏟아져 나오는데, 이 토수구 조각을 '가고일'이라고 한다. 번역하면 '이무깃돌'인데, 원어가 느낌을 더 잘 살린다. 일본 만화를 좋아하는 독자라면 〈나디아〉라는 애니메이션을 알 것이다. 여기서 극 중 악당의 이름이 가고일이다. 일반적인 건물은 지붕에 내린 빗물이 건물 외관을 따라서 내려오는 배수구를 통해 땅까지 내려와서 배출된다. 그런데 특이하게도 성당 건축에서는 가고일이라는 조각상을 길게 뽑아서 괴물의 입에서 물을 내뿜게 해 건물 외벽에서 멀어지게 물을 배출한다. 이러한 전통적인 기법이 르 코르뷔지에의 디자인 디테일에도 보인다.

'롱샹 성당'의 뒤쪽 벽면에는 길게 나온 돼지코 같은 모양의 빗물 토수구가 있다. 이 조형적인 토수구가 더 재미난 것은 그 물이 쏟아지는 아래에 있는 조각상 때문이다. 둥그런 벽체와 '피라미드' 모양으로 만들어진 콘크리트 조각상인데, 자세히 들여다보면 위에서 떨어진 빗물이 원통 안으로 들어가고, 그 안에서 물이 어느 정도 높이까지 채워지면 중간에 뚫린 구멍으로 넘쳐흘러서 수조 안으로 들어가게 되어 있다. 그리고 그 조각 뒤쪽에 위치한 '롱샹 성당' 후면부 벽체는 배가 불룩하게 나와 있어서 호기심을 자극한다. 내부에서 확인해 보면 그 불룩한 벽체는 고해성사실이 있는 곳임을 알 수 있다. '롱샹 성당'의 재미난 디자인을 하나하나 이야기하자면 책 한 권이 나올 분량이니 이쯤에서 끝내는 것이 나을 듯하다. '훌륭한 건축가가 나이 들어서 철들고 각성하면 이 정도의 건축까지 나올 수 있구나'를 느끼게 해 주는 실로 경외심이 드는 건축물이다. 이 성당은 어떠한 기계적 합리성도 느껴지지 않고 감성 충만한 하나의 자연과도 같은 공간이다. 그렇다고 자연의 형태를 모방한 공간도 아니다. 그저 이 건축물은 빛을 담기 위해 자유롭게 춤추는 콘크리트 같다는 느낌을 받았다. 카메라를 대고 사진을 찍기만 하면 인스타 샷이 나오는 감성 공간이다. '인스타 성지는 이렇게 만드는 것이다.'라고 르 코르뷔지에가 귀에다 대고 속삭이는 듯했다. 사랑하는 사람과 함께 가서 양초라도 하나 켜 놓고 오면 좋을 것 같은 성당이다.

롱샹 성당

Notre-Dame du Haut, Ronchamp(노트르 담 뒤 오 예배당 La Chapelle de Notre-Dame du Haut)

건축 연도 1955
건축가 르 코르뷔지에
위치 프랑스 프랑슈-콩테, 롱샹
주소 13 Rue de la Chapelle, 70250 Ronchamp, France

운영 월요일 – 일요일 10 a.m. – 4:30 p.m.

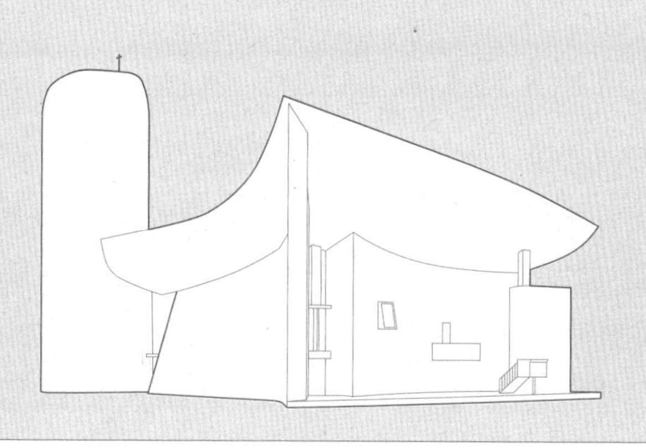

5장	라 투레트 수도원
1960년: 무림 최고의 비서秘書	

도끼 같은 건축물

또 르 코르뷔지에 건물이다. 독자들이 지겨워할까 봐 걱정된다. 건축학과 학생으로 지내다 보면 제일 많이 듣는 이름이 르 코르뷔지에다. 르 코르뷔지에는 신격화되었다고 해도 과언이 아니다. 아마도 음악에서 모차르트Wolfgang Mozart나 베토벤Ludwig van Beethoven 같은 존재일 것 같다는 생각이 드는데, 나의 경우에는 르 코르뷔지에에 대해 너무 많은 말을 듣다 보니 '뭐가 그렇게 대단한데?'라는 반감이 생기기도 했다. 내가 쓴 『공간이 만든 공간』의 전신이 『모더니즘: 동서양 문화의 하이브리드』인데, 그 책의 주요 골자는 내가 하버드대 대학원 시절 졸업 논문으로 썼던 내용이다. 젊은 시절 그 주제로 졸업 논문을 쓴 가장 큰 이유는 르 코르뷔지에의 신격화를 깨기 위해서였다. 모든 건축가가 그렇게 칭송하고 신격화한 르 코르뷔지에가 내 눈에는 그리 대단해 보이지 않았고, 존경하고 싶지도 않았던 것이 사실이다. 그러던 내가 나이 50이 넘어서 '라 투레트 수도원Convent Sainte-Marie de La Tourette'

에 처음 가 보고 생각이 바뀌었다. '르 코르뷔지에가 정말 대단한 건축가구나!'라고 인정하지 않을 수 없었다. '라 투레트'는 그 정도로 대단한 건축물이다. 수십 년 된 내 고집을 완전히 깨부숴 버린 도끼 같은 작품이다. 솔직히 이 책을 처음 구상할 때만 해도 건축가들 간의 균형을 맞추기 위해서 르 코르뷔지에의 작품은 '빌라 사보아', '롱샹 성당', '유니테 다비타시옹Unité d'Habitation' 세 개 정도만 소개하려고 했다. 그것만 해도 내가 좋아하는 프랭크 로이드 라이트, 안도 다다오, 루이스 칸의 작품보다 더 많은 숫자여서 탐탁지 않았다. 그런데 '라 투레트 수도원'과 '피르미니 성당Saint-Pierre, Firminy'을 직접 본 다음에는 이 책에 도저히 넣지 않을 수 없었다. 그렇게 르 코르뷔지에 건축물만 다섯 개다. 마음에 들지 않지만 어쩔 수 없다. 그 정도로 정말 좋았다고 생각하시면 될 것 같다.

'라 투레트 수도원'은 한마디로 20세기 현대 건축에서 보여 줄 수 있는 거의 모든 디자인 전략과 전술이 집대성된 건축물이라 할 수 있다. 내가 '라 투레트 수도원'에 가 보기 전에는 루이스 칸의 '소크 생물학 연구소Salk Institute for Biological Studies'가 학창 시절 배웠던 디자인 방법을 모두 보여 주는 집합체 같다고 느꼈었는데, '라 투레트 수도원'은 그보다 더한 종합 선물 세트라고 봐야 할 것 같다. 어떤 면에서 내가 이 건물을 너무 일찍 보지 않은 게 다행이라는 생각조차 들었다. 일찍 보았다면 너무 많은 영향을 받아서 르 코르뷔지에의 아류가 되지 않았을까 하는 생각이 든다. 이 건물을 보고 나니 우리나라의 유명 건축가들은 말할 것도 없고, 리처드 마이어, 렘 콜하스Rem Koolhaas 등 많은 현대 건축의 대가들이 르 코르뷔지에의 자녀라 해도 될 것 같다는 생각이 들었다. 이 후배들이 한 일은 르 코르뷔지에가 '라 투레트 수도원'에서 보여 준 공간 설계 전략과 전술의 디테일만 현대식으로 깔끔

하게 정리한 것에 불과하다고 해도 과언이 아니다. 무협지를 보면 무림에서 대대로 전설적으로 내려오는 비밀의 책 같은 것들이 나온다. '라 투레트 수도원'은 그런 비서秘書라고 보면 된다. 그럼 뭐가 그렇게 대단한지 중요한 핵심만 몇 개 살펴보겠다.

내가 '라 투레트 수도원'에 찾아간 날은 비가 왔다. 이곳 역시 차를 타고 한참을 가야 하는 곳인데, 고속 도로를 통해서 가는 길과 시골 농가들 사이를 거쳐서 가는 길 두 가지가 있다. 나는 후자를 추천한다. 프랑스 시골에 펼쳐진 6월의 노란색 들판을 보니 고흐Vincent van Gogh가 왜 그런 노란색으로 캔버스를 칠했는지 알 것 같았다. 우리나라 농가와 프랑스 농가 풍경의 차이는 벼와 밀의 품종 차이가 만든다. 벼는 논에 물을 담고 모내기를 해야 하니 경작지가 수평이어야 한다. 그래서 농지는 수평면이어야 하고 그렇다 보니 경사진 땅의 농지들은 계단처럼 단이 나누어지게 된다. 그렇게 나누어진 땅은 물을 담는 그릇 격인 논두렁으로 명확한 경계가 나타난다. 이 경계선들로 인해 풍경이 자꾸 끊긴다. 하지만 밀 농사는 씨를 뿌릴 때 땅에 물을 담을 필요가 없다. 그렇다 보니 땅의 경사진 모양을 그대로 살려서 농경지를 만들 수 있다. 따라서 동양의 농경지는 조각난 수평면으로 되어 있고, 서양의 농경지는 연속된 곡면으로 되어 있다. 곡면의 농지는 햇볕을 반사하는 각도가 각기 다르다. 인상파 화가들에게는 더욱 역동적인 빛의 향연이 되었을 것이다. 세잔이 활동했던 프랑스의 엑상프로방스, 고흐가 그림을 그렸던 아를 지역도 모두 이와 비슷한 풍경이다. 이러한 풍경을 가로질러서 도착한 산 중턱의 수도원이 '라 투레트 수도원'이다. 르 코르뷔지에는 '롱샹 성당'을 설계하면서 도미니크 수도회의 마리 알랭 쿠튀리에Marie-Alain Couturier 신부를 알게 되었는데, 그의 추천으로 '라 투레트 수도원'의 설계를 위임받았다.

성당과 수도원이 함께 있는 일반적인 공간 구성

수도원의 변종

수도원은 공동체 생활을 하는 사제들이 조용히 묵상하고 기도하고 찬송하고 식사하고 잠자는 장소다. 일종의 작은 집합 주거이자 도시라고 볼 수 있다. 우리나라의 절과도 비슷하다. '라 투레트 수도원'에 가면 호텔처럼 사제들의 방에서 잠을 잘 수가 있는데, 그곳에서는 대화가 지양된다. 거의 묵언 수행을 하는 느낌이다. 사제들과 같이 10분 정도 걸리는 찬송 미사에 참여하고 같은 식당에서 식사한다. 서양식 템플 스테이라고 보면 된다.

서양 수도원의 일반적인 공간 형태는 예배당 앞에 네모진 모양의 회랑이 있는 모습이다. '노트르담 대성당'같이 우리가 아는 중세 시대 대형 성당들은 창고처럼 생긴 바실리카 양식[5]의 예배당과 그 앞의 회랑으

위에서 내려다본 '라 투레트 수도원'. 네모진 회랑과 중정 등 일반적인 수도원의 공간 구성이다.

로 구성된 수도원이 나중에 재건축되면서 대형 성당이 된 경우들이 많다. '라 투레트 수도원'도 예배당과 네모진 회랑 그리고 그 안의 중정이라는 일반적인 수도원의 공간 구성을 따른다. 위에서 내려다본 '라 투레트 수도원'은 한쪽에 예배당이 있고, 네모진 중정 주변으로 사제들의 숙소가 배치되어 있다. 여기까지만 공통점이다. 이후로는 완전히 다르다. 차이가 생기는 근본적인 이유는 땅이 다르기 때문이다. 전통적인 수도원이 평지에 만들어졌다면, '라 투레트 수도원'은 기울어진 경사 대지에 만들어졌다. 전통적인 수도원이 2차원의 평면적 구성이라면, 경사 대지에 지어진 '라 투레트 수도원'은 3차원의 복잡한 공간 구성을 보여 준다.

일단 '라 투레트 수도원'으로 가는 차로는 지대의 높은 곳에서부터 건물의 3층 높이로 진입하는 구조다. 여기서부터 아래로 경사진 땅

3층으로 진입하게 되는 '라 투레트 수도원' 진입로

사진 왼쪽 3층에 있는 둥글둥글한 흰색 벽체 부분이 방문객 사무실이다.

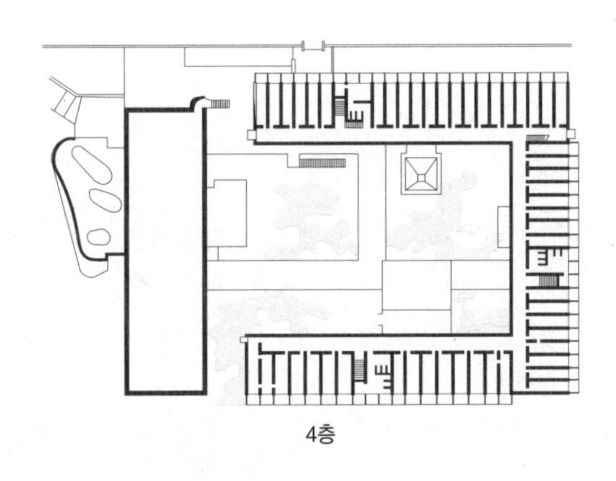

4층

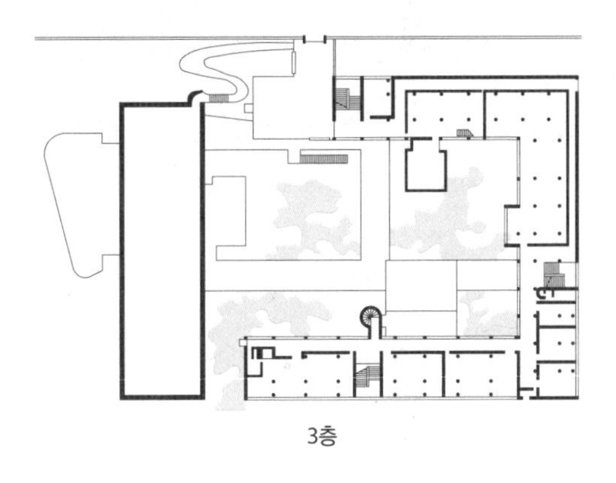

3층

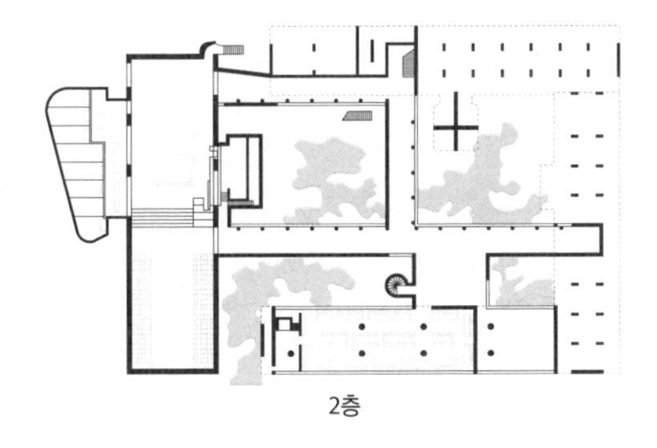

2층

'라 투레트 수도원' 평면도

옆에서 본 '라 투레트 수도원'. 경사 때문에 건물 하부를 필로티 구조로 만들었고, 경사에 따라 기둥의 길이가 다르다.

이기 때문에 이 진입하는 문에서 중정 건너 반대쪽의 건물은 두 개 층이 더 내려간다. 따라서 건물은 위에서 보면 가운데 중정이 있지만 실제로 이 중정은 나가서 지낼 수 있는 일반적인 마당이 아니라 건물의 필로티 하부를 거쳐서 관통하는 기울어진 땅이다. 4층과 5층에는 중정을 가운데 두고 주변부로 사제의 개인 방들이 배치되어 있고, 진입층인 3층에는 서재, 도서관, 세미나실 등이 있다. 특이한 점은 가운데 중정을 향해서 몇 가지 부가 시설이 있다는 점이다. 우선 크게 눈에 들어오는 것은 전통적인 프랑스 마을 교회의 종탑처럼 좁고 높은 첨두형 지붕이 있는 작은 예배실이다. 이곳은 서재에서 들어갈 수 있는데, 들어가면 지붕에 있는 좁고 긴 창문을 통해 들어오는 빛이 천장을 아름답게 비춘다. 중정에 있는 두 번째 요소는 나선형 계단이다. 이 계단

사제의 개인 방들이 배치된 숙소의 복도. 외부에서 보면 사제들의 사생활이 보호되고, 건물 내부 사람들은 밖을 볼 수 있도록 눈높이에 창문이 이어져 있다.

숙소 건물 아래층

창문턱에 있는 새 둥지

은 회전 반경이 좁아서 걷다 보면 방향 감각을 잃게 되는데, 이때 가끔 뚫린 작은 창문을 통해서 중정을 보게 된다. 이 작은 창문턱에 새들이 지어 놓은 둥지를 보는 것도 기분 좋은 놀라움이다. 세 번째 요소는 십자가 모양으로 중정을 가로지르는 복도다. 이는 예배당, 식당, 세미나실 등을 연결하는 주요 동선이다. 특이한 점은 이 복도가 기울어진 경사로라는 점이다. 주변의 땅은 한 방향으로 기울어져 있는데, 복도는 두 개의 다른 방향으로 경사져 있기 때문에 이 길을 걷다 보면 중정을 상당히 다이내믹하게 느낄 수 있다. 게다가 천장도 기울어져 있는 등 변화의 요소가 아주 많다. 덕분에 이 책에서 소개하는 다른 훌륭한 건축물의 공간에서 느껴지는 역동성이 현악 4중주 정도라면, '라 투레트 수도원'의 역동성은 「베토벤 교향곡 9번」 정도로 황홀한 수준이다.

'라 투레트 수도원'은 경사가 심해서 위치에 따라 땅과의 관계가 변한다.

기분 좋은 미로

'라 투레트 수도원'에서는 자연과 건축물이 하나로 엮여 있다. 같은 층에서 'ㅁ' 자 형태의 중정을 따라서 난 복도를 걷다 보면 어느 부분에서는 땅에 묻혔다가 좀 더 걸으면 땅에서 나와 공중을 걷게 되는 식이다. 관찰자가 건물의 어디에 위치하느냐에 따라서 때로는 땅을 밟고 있고, 때로는 땅 위에 떠 있고, 때로는 땅속으로 들어가면서 땅과의 관계가 다양하게 변화한다. 게다가 중정 내부를 다리처럼 가로지르는 공간과 방향 감각을 잃게 만드는 나선형 계단실 등이 복잡하게 얽혀 있어서 이 건물 속을 걸으면 복잡한 미로 속을 걷는 듯한 느낌을 받는다. 그런데 그 미로가 기분 나쁜 미로가 아니다. 코너를 돌 때마다 새로운 장면이 연출되어서 마치 블록버스터 영화를 보거나 컴퓨터 게임을 하는 듯한 느낌을 받는다. 〈젤다의 전설〉 같은 컴퓨터 게임처럼 '라 투레트 수도원'에서는 매번 내가 다른 선택을 하면 새로운 스토리가 연출된다. 건물 안 계단으로 걷느냐, 아니면 중정 쪽 나선형 계단으로 걷느냐, 아니면 가운데 경사로를 이용하느냐에 따라서 각기 다른 영상이 연출되면서 무한한 공간의 변주가 일어난다. 그 다양성이 상상을 초월하고 재밌다.

처음 가는 도시에서 길을 모를 때나 복잡한 미로 같은 지하 쇼핑몰을 걸을 때 우리는 불안감과 불쾌감을 느끼는 경우가 있다. 이처럼 우리는 위치 파악이 안 되는 미로 같은 공간에 있으면 기분이 나빠지고 심한 경우 공포심을 느낀다. 공간 파악이 안 되면 생명의 위협을 느끼는 것이 인간의 본능이기 때문이다. 수렵 채집의 시기에 사냥이나 채집을 나갔을 때 내 위치가 어딘지 모른다는 것은 집에 돌아갈 수 없다는 것이고, 이것은 생명의 위협을 의미하는 것이었다. 수십만 년 동안 누적된 이때의 경험이 우리의 유전자에 각인되었을 것이다. 인간은 누구나 태어나면서 시간과 공간의 제약을 받는다. 그래서 우리는 누구나 시간과 공간을 파악하고 싶어 한다. 그렇지 못하면 생존하기 어렵다. 선사 시대 때 인간은 시간적 위치를 파악하기 위해서 하늘의 해와 달을 보았다. 또 공간적 위치를 파악하기 위해서 높은 산을 보거나 밤이 되면 별자리를 보았다. 이러한 랜드마크나 기준점이 있어야 나의 시간적·공간적 위치를 파악할 수 있고 생존할 수 있다. 현대에 와서도 마찬가지다. 새로운 도시에 도착한 현대인은 시간을 파악하기 위해 해나 달 대신 시계를 본다. 위치를 파악하기 위해서는 높은 산 대신 '엠파이어 스테이트 빌딩' 같은 고층 건물을 보고, 밤에는 하늘의 별자리 대신 불 켜진 건물의 유리창이나 '타임스 스퀘어'의 LED 광고판을 본다. 위치 파악 장치가 잘되어 있는 곳에서는 위험을 덜 느끼고 빠르게 친숙해진다. 많은 사람이 빠르고 쉽게 뉴욕에 친숙해지는 이유는 시공간의 파악이 쉽기 때문이다.

'라 투레트 수도원'에서는 복잡한 미로임에도 공포감이나 불안감을 느끼지 않았는데, 그 이유는 창문을 통해 '자연'을 바라볼 수 있기 때문이다. '라 투레트 수도원'은 특별하게 밀폐된 두 개의 예배당을 제외하고는 어느 곳에서나 주변의 숲과 가운데 중정을 바라볼 수 있게 설계되어 있다. 그렇다 보니 어디에 있어도 자연을 기준점으로 나의 현재 위치를 파악할 수 있기 때문에 공포감을 느끼는 대신 즐거운 경험을 하게 되는 것이다. 똑같이 복잡한 미로 같은 공간인 지하 쇼핑몰에서는 자연을 볼 수 없기 때문에 공포스러운 것과는 반대의 경험이다. '라 투레트 수도원'의 생활 공간과는 다르게 예배당 공간은 주변의 자연을 차단하고 천창으로 들어오는 철저하게 제한된 빛을 통해 내면에 집중할 수 있도록 기획되었다. 예배당에서는 나의 내면에 있는 신을 만날 수 있고, 예배당을 벗어난 생활 공간에서는 자연 속의 신을 만날 수 있는 것이다.

창틀의 향연

다양한 공간감을 만들려면 벽과 창문을 적절하게 배치하여 건물 내부를 걸을 때 열리고 막히는 변화를 다양하게 느낄 수 있도록 해야 한다. 내가 걷는 공간의 좌우가 벽으로 막혀 있다면 오랫동안 걸어도 공간의 변화를 못 느낀다. 어디를 가나 똑같은 벽이기 때문이다. 그런데 중간에 창문이 뚫려 있으면 바깥 정원을 바라보면서 내 위치가 어디인지 파악하고, 건너편 공간을 보면서 좀 더 복잡한 공간을 상상하게 된다. '라 투레트 수도원'에서는 복도의 벽이 모두 유리창인 경우가 많은데 특이한 점은 그 창문에 수직 루버[6]처럼 창틀이 있다는 점이다. 이때

오른쪽 하단을 보면 수직 루버 같은 창틀이 보인다.

콘크리트로 만들어진 수직 창틀이 촘촘했다가 넓어지는 식으로 간격이 바뀐다. 이게 뭐가 대단할까 하는 생각이 들 것이다. 하지만 그 공간을 걸어 보면 그 차이를 단번에 느낄 수 있다. 만약에 그냥 크게 열린 창문이라면 유리창 복도의 한쪽 끝에서 다른 쪽까지 걸어가는 동안에 장면의 변화가 별로 없다. 그런데 촘촘한 수직 루버가 있으면 걷는 방향에서는 유리창이 벽처럼 막혀 보인다. 그러다가 수직 루버의 간격이 넓어지면 창문은 투명성을 가진다. 게다가 또 하나의 변수가 더 있다. 바로 고개를 돌리느냐 아니면 진행 방향으로 보느냐의 차이다. 내가 걷는 진행 방향으로 고개를 고정하고 걸으면 촘촘한 수직 루버 구간에서는 바깥 경치가 안 보인다. 하지만 그런 촘촘한 구간이라고 하더라도 고개를 돌려서 창문을 수직으로 바라보면 루버 사이로

창의 수직 루버 창틀 간격이 일정하지 않아서 보는 사람의 위치와 눈의 방향에 따라 시야 확보 정도가 다르다.

중정 풍경이 보인다. 루버 간격, 고개를 돌리는 각도, 걷는 속도, 그날의 날씨, 해의 각도라는 변수에 따라 그 공간은 늘 다른 공간이 된다. 나는 항상 공간은 절대적인 물리량이 아니라 기억의 총합이라고 말해 왔다. 이 공간은 그러한 기억의 총량이 무한대로 늘어나는 공간이 된다. 이곳에서 오랜 시간을 보내며 사는 사제라고 하더라도 같은 공간을 지루하게 반복적으로 거닌다는 생각은 한 번도 하지 않을 것이다.

빛의 대포

'롱샹 성당'에서 그랬던 것처럼 절제된 빛의 효과는 르 코르뷔지에가 예배당을 디자인할 때 중요시하는 요소다. 다른 일반적인 수도원처럼

사진 하단에 타원형 천창들이 보인다.

각각 방향이 다른 타원형 빛의 대포

타원형 빛의 대포는 내부에서 보면 천창이 된다. 이 세 개의 천창은 각도가 달라서 각각 빛이 들어오는 시간이 다르다.

'라 투레트 수도원'도 예배당이 한쪽 면을 차지한다. 자동차로 '라 투레트 수도원'에 진입할 때 가장 먼저 보이는 건물 덩어리가 이 예배당 건물이다. 전체적인 형태는 콘크리트 상자인데, 눈에 띄는 장식적 요소가 보인다. 다름 아니라 각기 다른 각도로 기울어진 콘크리트 굴뚝이다. 이 세 개의 굴뚝은 사실 타원형으로 만들어진 천창이다. 이 천창은 예배당 내부에 들어가면 볼 수 있다. 르 코르뷔지에는 세 개의 천창을 굴뚝처럼 길게 뽑고 각각의 기울기를 다르게 했다. 마치 기울기를 변화시킨 대포 같다. 그래서 이 굴뚝 모양의 천창은 '빛의 대포'라고 불린다. 실제로 그 대포를 통해서 빛이 예배당 내부로 쏟아져 들어온다. 밖으로 쏘는 대포가 아니라 외부의 빛을 내부로 쏘는 대포다.

그런데 특이하게 그 대포 내부와 제단 천장과 벽체에 빨강, 노랑,

파랑의 색이 칠해져 있다. 만약에 모양과 각도가 동일한 천창을 세 개 뚫었다면 천창으로 들어오는 빛의 효과도 동일할 것이다. 그런데 여기서는 대포가 기울어진 것처럼 천창이 각기 다른 각도로 기울어져 있기 때문에 해의 위치에 따라 각기 빛이 들어오는 시간대가 다르다. 예를 들어 오전 10시에 갔을 때는 동쪽으로 기울어진 첫 번째 천창이 가장 밝게 빛나지만 오후 3시에 가면 두 번째 천창에서 빛이 가장 강하게 들어오는 식이다. 그런데 빛의 대포는 기울어졌을 뿐만 아니라 길게 뽑혀 있기 때문에 정확하게 그 각도로 빛이 들어오는 시간대는 아주 짧다. 설사 빛의 대포 꼭대기의 유리창을 통해 빛이 들어온다 하더라도 각도가 정확하게 맞지 않으면 원통의 내부 벽을 비추어 반사되어 들어온다. 1년 중 아주 특정한 시각과 날씨에만 빛의 대포를 관통해서 직사광선이 들어올 것이다. 그리고 각각의 빛의 대포는 색상이 다르기 때문에 어느 빛의 대포를 통해서 햇빛이 들어오느냐에 따라 공간의 색상이 달라진다. 이렇게 날짜, 시각, 날씨에 따라 각기 다른 빛깔의 공간이 연출된다. 세 개의 빛의 대포는 외부에서 보면 기울어진 굴뚝 같은 장식적인 요소이면서 동시에 내부에서는 시시각각 바뀌는 태양의 변화를 건축 공간으로 변환시키는 장치이기도 하다.

최소한의 방

우리나라에는 원룸에서 생활하는 청년이 많다. 그렇다 보니 〈셜록현준〉 유튜브를 하면서 "최소한의 원룸은 어떤 모습일까요?"라는 질문을 자주 받는다. 그 질문에 대한 르 코르뷔지에의 답변은 '라 투레트 수도원' 사제들의 개인 방에서 찾아볼 수 있다. 총 1백 개의 혼자 묵는 방이 4층과 5층에 있다. 각각의 방은 가로 1.83미터, 세로 6미터, 높이

'라 투레트 수도원' 내 한 사제의 방. 세로로 긴 구조라 한쪽이 길기 때문에 같은 면적이라도 정사각형 구조에 비해 사용자가 덜 답답하게 느낀다. 작지만 사용자를 위한 발코니도 있다.

2.26미터로 만들어져 있다. 이는 서양인의 평균 키를 183센티미터로 가정할 때의 신체 모듈러[7]에 맞춰서 만들어진 치수다. 방의 가로 폭이 1.83미터인 이유는 키 183센티미터의 사람이 두 팔을 뻗었을 때의 폭이 183센티미터이기 때문이다. 레오나르도 다빈치Leonardo da Vinci의 그림 「비트루비우스 인간」을 보면 양팔을 벌리고 선 사람의 위아래와 손가락 끝이 정사각형에 맞닿는다. 다빈치가 생각하기에 이상적인 신체의 두 팔 폭은 키와 동일하다. 르 코르뷔지에는 최소한의 방의 폭은 두 팔을 뻗을 수 있는 정도면 된다고 생각했고, 그래서 방의 폭이 183센티미터인 것이다. 개인 방은 문을 열고 들어가면 먼저 복도 쪽 벽에 세면대가 부착되어 있다. 이곳에서 기본적으로 세면과 양치를 할 수 있다. 그 공간을 지나면 옷장이 있고, 옷장 뒤로는 침대가 벽면에 바짝

붙어 있다. 거기서 더 들어가면 책상이 창가로 배치되어 있고, 창문 옆 문을 열고 나가면 작은 발코니가 있다. 특이한 점은 방안에 개인용 변기와 샤워기가 없다는 점이다. 사제들은 공동 화장실과 공동 샤워실을 사용한다. 흥미로운 디테일은 복도로 나 있는 문 옆에 폭 15센티미터 정도의 세로로 길게 나무로 만들어진 좁은 문이 있는데, 그 문은 통풍을 위한 창문이다.

'라 투레트 수도원'에서 가장 감동적인 것은 건물의 투박함이다. 투박해서 멋지다는 게 아니라, 투박함에도 불구하고 멋있어 보인다는 점이다. 나는 지금껏 건축을 하면서 건물의 완성도는 디테일에 있다고 귀에 못이 박히도록 들었고 그렇게 믿었다. 그런데 디자인이 정말 혁신적이고 훌륭하면 디테일이 완벽하지 않아도 훌륭할 수 있다는 것을 '라 투레트 수도원'을 보면서 느꼈다. '라 투레트 수도원'의 모든 디자인은 처음 시도되는 오리지널이다. 그렇다 보니 단열과 방음 등의 문제점을 찾으려면 많다. 하지만 그런 것들은 중요하게 느껴지지 않을 정도로 '라 투레트 수도원'은 훌륭하다. 오리지널이기 때문이다. '라 투레트 수도원'은 20세기 무수한 건축물을 낳은 줄기세포 같은 건축물이다.

라투레트 수도원

Convent Sainte-Marie de La Tourette/Sainte Marie de La Tourette

건축 연도 1960
건축가 르 코르뷔지에
위치 프랑스 론 에브 쉬르 아브렐
주소 Route de la Tourette, 69210 Éveux, France

운영 월요일 – 토요일 10 a.m. – 6 p.m.
일요일 2 p.m. – 5 p.m.

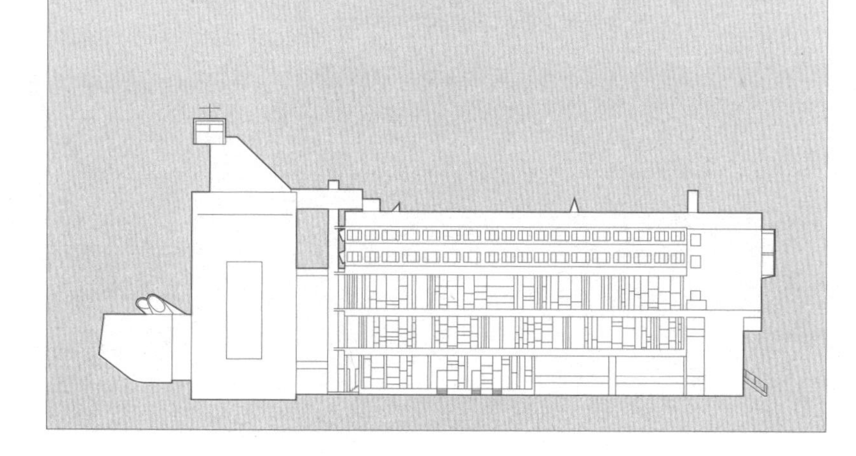

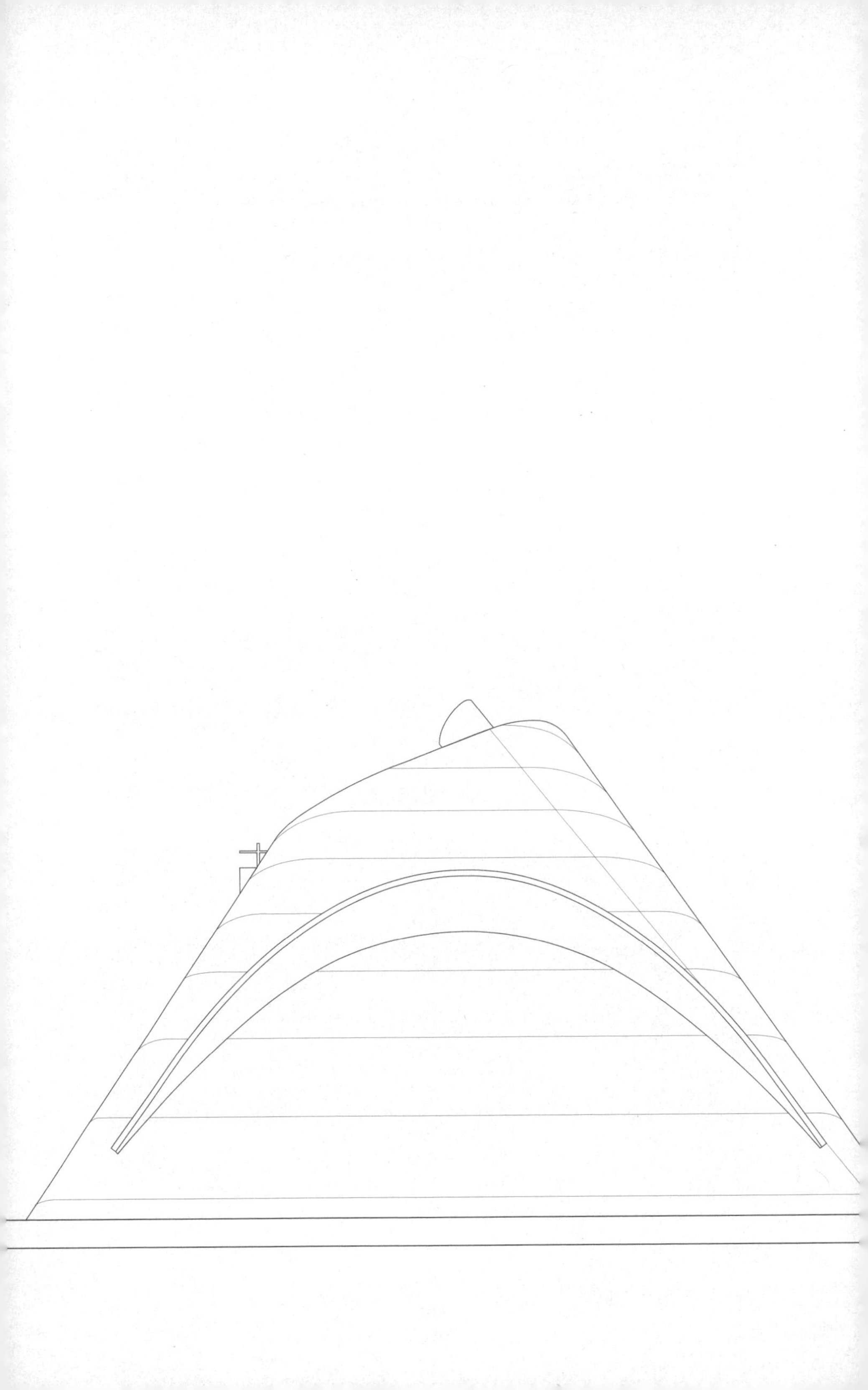

6장	피르미니 성당
2006: 성당 진화의 끝판왕	

세 개의 예배당

이 건축물은 성당 건축의 끝판왕이다. 이 책에는 종교 건축이 많다. 종교 건축은 새로운 공간을 보여 주기에 좋은 소재이기 때문이다. 물론 우리나라의 대형 교회처럼 "몇 명이 참석 가능해야 한다"라는 인원수 제한이 가장 중요한 요소였다면 이렇게 좋은 건축이 나오기 힘들었을 것이다. 이 책에 소개된 종교 건축들에는 수용 인원이라는 양적인 충족보다는 그 공간에서 무엇을 느끼게 할 것인가라는 질적인 것에 초점이 맞춰져 있기에 훌륭한 디자인이 가능했다. 이 책에는 르 코르뷔지에의 성당이 세 개 나온다. 첫 번째가 '롱샹 성당', 두 번째가 '라 투레트 수도원'의 예배당, 세 번째가 '피르미니 성당'이다. 이 세 개의 예배당은 각기 다른 목적을 가지고 있기도 하지만, 동시에 르 코르뷔지에가 예배 공간을 통해 신과 인간의 관계를 어떻게 정의 내리고 싶었는지 그의 변화하는 가치관이 디자인에 잘 드러난다.

우선 나머지 두 개와는 성격이 좀 다른 것이 '라 투레트 수도원'의

중앙선을 중심으로 좌우 대칭 구조로 되어 있는 '라 투레트 수도원' 예배당

예배당이다. 이 예배당은 일반 신자가 예배하는 공간으로 만들어졌다기보다는 수도원 사제들만 모여서 예배하는 공간이다. 그래서 말씀을 전하는 제단과 말씀을 듣는 청중석이라는 구조로 만들어지지 않았다. 대신 신을 중심으로 사제들의 공동체를 만드는 데 초점이 맞춰져 있다. '라 투레트 수도원' 예배당은 중앙선을 중심으로 좌우 대칭 구조의 평면으로 만들어졌다. 이때 가운데 중앙선은 신을 위해 예비된 공간이다. 이 중앙선의 처음과 끝에는 신을 섬기는 제단이 배치되어 있다. 그리고 그 중앙선을 사이에 두고 좌우로 마주 보는 장의자가 배치되어 있다. 마치 '영국 국회의사당'의 배치 같다. 영국 의회의 배치는 여당과 야당이 마주 보고 앉아서 격렬한 토론을 할 수 있는 구조다. 마찬가지로 '라 투레트 수도원' 예배당도 긴 의자가 마주 보고 있는 좌우 대칭 구조다. 좌우 대칭 구조는 완전한 규칙의 공간을 만든다. 완전한 규칙의 공간은 거룩한 압박의 공간감을 불러일으킨다. 그런데 의자 배치 덕분에 참석자들은 마주 보게 되고 여기서 완전한 공동체가 만들어진다. 결혼식을 예로 들어 보면, 예식의 클라이맥스에 신랑과 신부가 혼인 서약을 위해 서로 마주 보는 장면이 연출된다. 이 순간이 결혼식에서 가장 중요한, 신랑과 신부가 하나 되는 순간이다. 좌우 대칭 공간에서 중심선을 사이에 두고 마주 본다는 것은 대결 구도이거나 둘이 하나 되는 구도다. '라 투레트 수도원' 예배당의 좌우 대칭 좌석 배치를 통해 사제들은 하나의 공동체로 완성된다.

이곳에서 사제들과 미사를 드려 봤는데, 예배당 평면이 그렇게 만들어진 또 다른 이유를 알 것 같았다. 음향 때문이다. 천주교 미사에서는 그레고리오 성가를 부른다. 제한된 음역대의 단조 스타일 성가로 반주 없이 독창이나 합창으로 부른다. 이 예배당에서는 의자에 앉아 있던 사제들 중 대표자 한 명이 중앙선상에 나와서 사회를 보면 나머지 사제들이 의자에서 일어나 서로를 마주 보고 그레고리오 성가를 부른다. 성가를 합창하면서 하나 되는 예식이다. 영국 현대 미술가 올리버 비어Oliver Beer는 "모든 공간은 특유의 소리가 있다."라고 말한다. 음악을 전공했던 이 예술가는 공간에서 특유의 울림을 듣는 것이다. 이는 건축적으로나 물리적으로나 타당하다. 각각의 공간은 그 자체로 가로, 세로, 높이의 크기를 가진다. 그리고 그 공간의 마감재에 따라서 독특한 소리 반사율과 잔향이 정해진다. 이런 특징들이 모여서 그 공간만의 특별한 소리를 만든다. 우리의 예민한 귀는 특별한 소리 없이 고요 속에서도 그 공간이 만들어 내는 소리의 특징을 느낀다. '라 투레트 수도원' 예배당은 노출 콘크리트로 만들어진 가로로 긴 직육면체 공간이다. 이곳에서는 마주 보는 긴 콘크리트 벽 때문에 소리의 잔향이 길고 마주 울림과 소리 간섭은 크다. 이러한 공간적 환경은 그레고리오 성가를 더욱 장중하게 들리게 한다.

'롱샹 성당'과 '피르미니 성당'의 차이

앞선 4장에서 '롱샹 성당'의 평면도는 제단과 예배자 사이의 거리를 좁힘으로써 신과 인간의 관계를 가깝게 만들려는 시도를 보여 준다고 설명했다. '피르미니 성당'은 여기서 한 발 더 진화해 나간 모습이다. '피르미니 성당'은 르 코르뷔지에의 유작이다. 프랑스의 소도시인 피르미니에는 르 코르뷔지에가 설계한 건물들이 모여 있는 '사이트 르 코르뷔지에'라는 단지가 있다. 거기에는 1965년에 지어진 '피르미니 문화센터', 1969년에 지어진 '스타디움', 1971년에 완성된 '수영장'이 있다. 문화센터와 스타디움은 르 코르뷔지에가 설계했고, 수영장은 르 코르뷔지에가 완성한 마스터플랜에 건물 덩어리만 결정되어 있

피르미니 성당

던 상태에서 그가 세상을 떠난 후에 다른 건축가가 내부 설계를 마쳐서 완성했다. 그리고 마지막으로 2006년에 완공된 '피르미니 성당'이 있다. 이 성당의 외관은 솔직히 조잡하다. 각종 장식 요소들은 일관성이 없고 본당 건물과 진입 경사로는 조화를 이루지 못하고 따로 노는 느낌이다. 그런데 이 모든 부정적인 생각은 내부에 들어가면 눈 녹듯이 사라진다.

이 건물의 첫 번째 특징은 성당의 2층으로 연결되는 진입 경사로다. 르 코르뷔지에는 말년에 경사로에 매료되었다. 그의 또 다른 유작인 하버드대학교의 '카펜터 센터Carpenter Center for the Visual Arts'에서도 'S' 자로 휘어지는 경사로가 건물의 중앙을 관통하고 있다. 이렇듯 경사로를 사용하는 이유는 방문객들이 자신의 보폭대로 걸으면서 주변 경관을 편안하게 감상하며 건물로 진입하게 하려는 의도다. 경사로는 위로 올라가는데 반대로 경사로 옆의 땅은 내려가는 모양새다. 건축물과 땅이 반대의 멜로디로 합주하는 것 같은 느낌이다. 내가 방문했을 때는 경사로를 통해 예배당에 진입하는 문이 닫혀 있었다. 그래서 1층의 매표소 겸 선물 가게를 통해서 예배당으로 진입해야 했다. 그런데 오히려 이런 진입 방식이 더 좋았던 것 같다. 1층 매표소에서 표를 끊고 성당으로 향하는 문을 열고 들어가면 2층으로 인도하는 계단이 있다. 중간 계단참에서 한 번 방향을 180도 꺾어서 올라가면 내 시야에 천장고[8]가 아주 높은, 노출 콘크리트 마감의 성당 실내가 눈에 들어온다. 보자기처럼 둥그런 벽으로 둘러싸여 위로 올라갈수록 좁아지는 공간 형태는 기하학적이면서도 동시에 유기적으로 보인다. 그 꼭대기 천장에서 동그란 '빛의 대포' 천창으로는 노란빛이, 또 다른 네모난 '빛의 대포' 천창으로는 붉은빛이 들어온다. 그보다 더 압권은 콘크

피르미니 성당 내부

리트 벽면에 밤하늘의 별처럼 점점이 박힌 흰색 빛의 점들이다. 콘크리트에 구멍을 내서 빛이 들어오게 한 것이다. 원형 천창은 둥근 해 같고, 사각형 천창은 모양이 바뀌는 달 같으며, 점점이 박힌 흰색 작은 점들은 북두칠성, 카시오페이아 같은 별자리처럼 느껴진다. 이 정도까지만 봐도 이미 눈물이 날 것 같은 감동에 말문이 막힌다. 그런데 감동은 거기서 그치지 않는다. 예배당의 좌석 배치를 보면 르 코르뷔지에가 얼마나 인간을 잘 이해하고 있는지 느껴진다.

공동체를 완성하는 공간 설계

'피르미니 성당'의 예배당 좌석은 크게 세 구역으로 나누어진다. 첫째, 제단과 같은 층에 위치한 좌석 구역이다. 이 좌석은 제단에서 멀어질수록 오히려 내려가는 경사진 바닥에 있다. 여기에 앉으면 제단을 더 우러러보게 되는 구성이다. 신앙심이 깊은 신도들이 앉을 것 같은 자리다. 두 번째 구역은 1층 제단에서 2층으로 경사져서 올라가게 배치된 좌석이다. 여기에 앉으면 제단과의 거리는 가깝지만 제단을 내려다볼 수 있다. 하나님의 말씀은 듣지만 그렇다고 중세 시대처럼 맹목적으로 우러러보지는 않겠다는 마음가짐의 신앙인이 앉을 법한 자리다. 내 개인적인 경험을 나누어 보겠다. 대학교 1학년 때까지는 교회의 1층 앞쪽에서 예배를 드렸다. 고개를 뒤로 젖히고 목사님을 올려다보는 자리에서 예배를 드린 것이다. 신앙심과 목회자에 대한 존경심이 가장 깊은 사람들이 주로 여기에 앉는다. 그러다가 어느 정도 머리가 큰 대학교 2학년 때부터는 예배당 2층 맨 앞줄에 앉는 것을 선호했다. 목사님을 내려다보면서 편안한 자세로 예배를 드릴 수 있기 때문이다. 설교 말씀은 듣지만 우러러보면서 듣고 싶지는 않다는 무의식

이 그런 결정을 내린 것이리라 생각된다. 이렇듯 신과 나의 관계 혹은 설교자와 나의 관계에 따라서 내가 선택해서 앉는 자리가 달라진다. '피르미니 성당'에서는 예배자의 마음 상태에 따라서 맞는 자리를 선택할 수 있다. 마지막 세 번째 구역은 2층으로 올라가는 경사진 좌석이 중간에 계단으로 잘리면서 나누어진 구역이다. 제단에서 가장 멀리 떨어진 독립된 2층 좌석이다. 일반적인 예배당 2층 좌석처럼, 좌석과 제단 사이에는 빈 공간이 있다. 이 자리는 1층 제단에서 경사지로 올라간 두 번째 구역 좌석과는 확연히 구분된 2층 자리라는 느낌이 든다. 이곳에서는 제단을 위에서 내려다보게 된다. 아마도 이 세 번째 구역이 관조자가 앉는 자리일 것이다. '피르미니 성당'이 르 코르뷔지에 예배당 진화의 마지막 단계라고 생각하는 이유는 이러한 좌석 구성 때문이다. 여기서는 신과 나의 관계에 맞는 좌석을 골라 앉을 수 있으면서도 그렇다고 다른 구역에 앉은 사람들과 분열되었다는 느낌이 들지 않는다. 왜냐하면 하나의 지붕이 전체 좌석을 품고 있기 때문이다. 재료는 콘크리트지만 모양은 적절한 곡면 처리된 덕분에 마치 부드러운 담요로 따뜻하게 덮은 느낌이다. 게다가 천창이 만드는 해와 달, 은하수 별빛이 있는 공간 구성으로 '우리는 하늘 아래에 하나'라는 느낌이 들게 한다. '피르미니 성당'은 성도들 간의 다름을 인정하면서도 동시에 하나 된 교회 공동체를 완성하는 예배당이다.

예배가 끝나면 예배당 뒤편의 문이 열리고, 그곳을 통해서 나가면 도시 전경을 바라보게 된다. 그곳에서 경사로를 따라 땅으로 내려오면 마치 하늘에서 하나님을 만나고 다시 땅을 밟는 일상으로 돌아가는 느낌을 받는다. 정말 대단한 공간 시퀀스다. 흥미로운 디테일 하나는 제단 바닥에 유리창이 하나 뚫려 있는데, 이 창문은 초입의 매표소에

제단 바닥에 뚫려
있는 유리창은 초입의
매표소에서 올려다보면
천창이 된다.

서 올려다보면 천창이 된다. 예배당 지붕 꼭대기의 천창이 이데아의 천국과 예배당을 연결하는 창문이라면, 제단 바닥에 있는 이 창문은 성소 예배당과 일상의 공간인 사무실을 연결하는 창문이다. 르 코르뷔지에는 창문, 경사로, 천창, 색깔, 공간 나눔, 바닥의 기울기, 제단 제기의 디테일, 음의 잔향, 공간의 형태 등등 건축가가 다룰 수 있는 모든 요소를 현란하게 사용하여 사람의 마음을 디자인하는 경지에 이른 공간 교향곡의 작곡가라는 느낌을 받았다. 그는 진정한 마스터다.

피르미니 성당

Saint-Pierre, Firminy

건축 연도 2006

건축가 르 코르뷔지에, 호세 오브레리José Oubrerie

위치 프랑스 루아르 피르미니

주소 29 Rue des Noyers, 42700 Firminy, France

운영 수요일 - 월요일 10 a.m. - 12:30 p.m., 1:30 p.m. - 6 p.m.
화요일 휴관

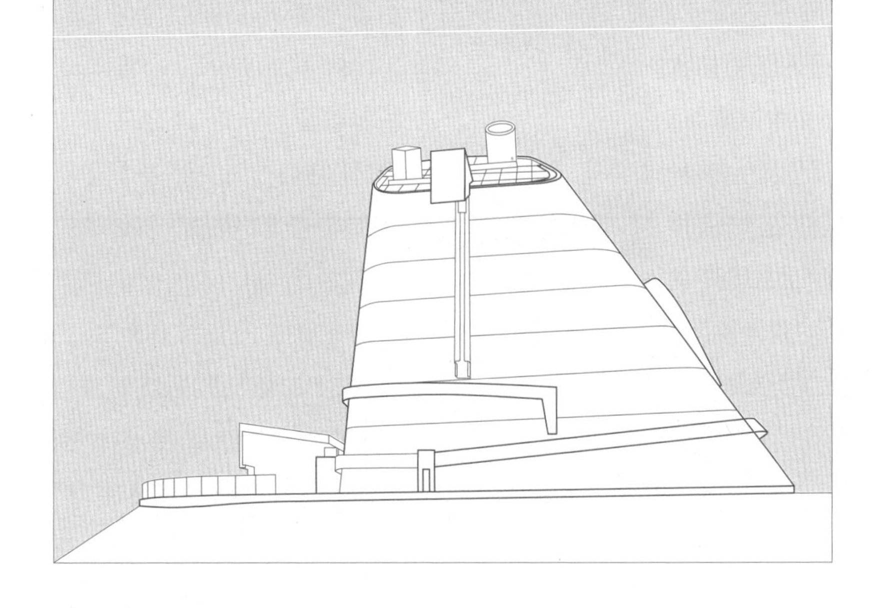

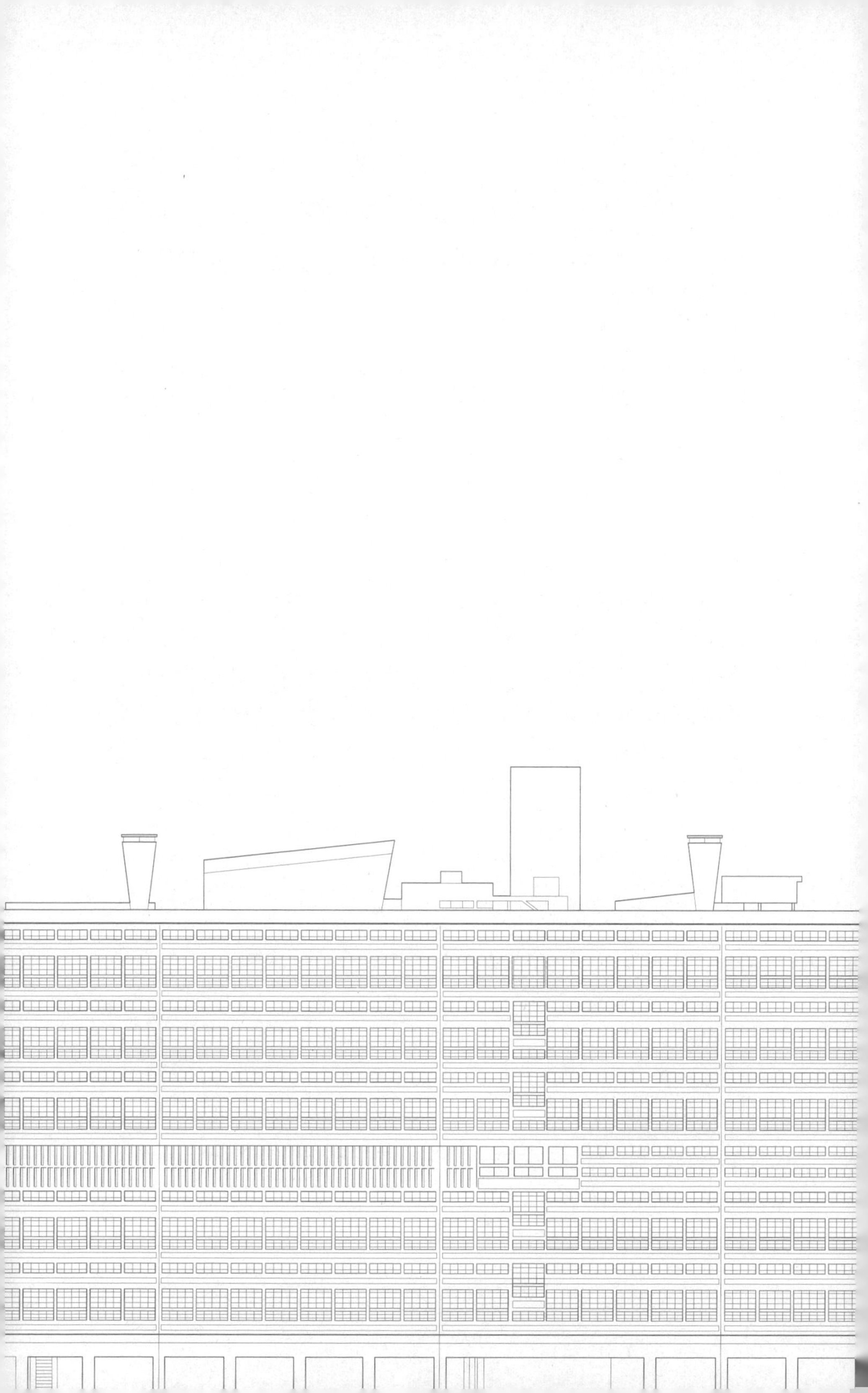

7장	유니테 다비타시옹
1952년: 건물 안에 도시를 만들겠다는 야심	

아파트의 줄기세포

또 르 코르뷔지에다. 정말 지겹게 나온다. 웬만하면 다섯 개까지는 소개하고 싶지 않았지만, 어쩔 수 없다. 이 건축물은 너무 중요하다. 건축가들에게 20세기는 여러 가지 풀어야 할 숙제가 있는 도전의 시기였다. 18세기에 시작된 산업 혁명은 자연에서 농사를 짓던 인류를 도시 속 공장에서 일하는 인류로 바꾸었다. 시골에서 도시로의 인구 이동으로 주택난은 심각했다. 엎친 데 덮친 격으로 두 차례의 세계대전이 일어났다. 제2차 세계대전의 주요 전략은 융단 폭격으로 상대 국가의 도시를 섬멸하는 것이었다. 벤 윌슨Ben Wilson의 책 『메트로폴리스』에 따르면 1943년 영국 폭격기는 독일의 바르멘 도심의 80퍼센트와 함부르크 전체 건물의 61퍼센트를 파괴했다고 한다. 독일은 런던을 폭격했다. 폭격으로 유럽 대부분의 주요 도시는 파괴되었다. 전쟁이 끝나자 유럽 건축가들에게는 빠르고 저렴하게 주택을 대량 공급해야 하는 숙제가 주어졌다. 기존처럼 벽돌을 한 장 한 장 쌓고 돌을 쪼아서 집을 만들어서는 해결하기 불가능한 숙제였다. 다행히 20세기 초반 건축가들에게는 철근 콘크리트와 엘리베이터라는 두 가지 신기술이 있었다. 덕분에 기존의 돌과 벽돌로 만들던 건축물보다 네 배 이상 높게 건물을 지을 수 있었다. 르 코르뷔지에는 1922년에 이 기술을 이용해서 고층 아파트가 줄지어 들어선 300만 명 인구의 '빛나는 도시'를 구상했다. 기존의 파리가 낮은 층수의 건물을 지면에 빼곡하게 덮는 방식으로 만들어졌다면, 르 코르뷔지에의 '빛나는 도시'는 그와 반대로 땅은 최소한으로 차지하고 대신에 건물을 고층으로 지어서 건물과 건물 사이에 공터가 많고 햇빛이 충만한 자연이 많은 도시를 만들겠다는 구상이었다. 다행히도 그의 아이디어는 채택되지 않아서 지금의 파리를 유지할 수 있었다.

르 코르뷔지에의 '빛나는 도시'는 실제로 대한민국 아파트에 많이 실현되었다. 원래 르 코르뷔지에는 아파트의 동과 동 사이가 자연으로 채워지기를 기대했지만 실제 우리나라에서 완성된 모습은 고층 아파트의 동과 동 사이가 주차장으로 가득 찬 현실이다. 그나마 2000년대 이후 지어지는 아파트들은 지하 주차장을 넣고 있어서 르 코르뷔지에의 초기 아이디어를 실현한 것 같으나 꼭 그렇지만도 않다. '빛나는 도시'의 아파트는 우리나라 아파트보다 동과 동 사이의 거리가 훨씬 더 떨어진 모습이었다. 건너편 동 거실이 보이는 정도보다는 훨씬 더 먼 거리인 것이다. 어쨌든 르 코르뷔지에는 '빛나는 도시'를 실현하지 못했다. 대신에 그는 30년이 지나서 자신의 아이디어를 하나의 건축물로나마 실현했다. 그것이 1952년 프랑스의 마르세유에 지어진 '유니테 다비타시옹'이라는 집합 주택이다. 이 건물은 아파트의 줄기세포 혹은 아파트의 시조라 할 만하다.

집합 주택 '유니테 다비타시옹'

노출 콘크리트로 만들어진 이 19층짜리 건물에는 337가구가 들어가 있다. 프랑스에서는 우리가 말하는 2층을 1층이라고 불러서 층수가 좀 헷갈리는데, 이 책에서는 우리나라에서 사용하는 방식으로 필로티 부분을 1층으로 부르겠다. 8층과 9층에는 식품점과 세탁소 같은 상가가 입점해 있어서 '유니테 다비타시옹'은 최초의 주상 복합 건물이라고 부를 만하다. 일반적으로 우리가 사는 아파트의 상가는 1층에 있는데 이 건물의 상가는 건물 중간에 위치한다. 상가의 소비자가 외부인이 아니라 건물 내 거주민임을 천명하는 것이다. 두 개 층으로 만들어진 상가는 답답한 상가의 모습이 아니다. 복층을 최대한 이용해서 다양한 천장고의 상점과 커뮤니티 시설이 들어가게 만들어져 있다. 8층의 상가 복도는 건물의 중앙에 위치한 중복도에서 시작해 창가 쪽으로 방향을 틀어서 진행되다가 큰 계단을 통해 9층의 복도로 이어진다. 이러한 변화 덕분에 상점들은 다양한 조망의 창문을 갖게 된다. 어떤 상점에서는 바깥 바다 경치가 바로 보이고, 어떤 상점에서는 내부의 복층형 복도를 통해 바다가 보이고, 어떤 상점은 창문이 복층으로 되어 있다. 이러한 다양한 변화 덕분에 건물 내부에 있는 복도임에도 불구하고 지루하지 않은 거리를 걷는 듯한 느낌을 받는다. 하지만 건물 내부의 사람만으로는 가게가 유지되기는 어려워서 실질적으로 장사가 잘되는 가게들이라고 보기는 어렵다.

건물의 중간층에 상점이 있다면 옥상층인 19층에는 어린이집, 체육관, 놀이터, 정원이 있다. 외부와 아무런 교류 없이도 자체적으로 완결된 생태계가 되는 하나의 도시 같은 건물을 짓겠다는 건축가의 의도가 숨겨져 있다. 건물의 2층은 땅에서 7미터 정도 들려 있다. 마치 땅과 아무 상관없이 떨어져서 부유하는 듯하다. 건축가가 이 건물을 증

'유니테 다비타시옹' 중간에 있는 상가 층. 다양한 조망의 창문 덕에 건물 내부에서도 변화를 느껴 지루하지 않다.

기선처럼 만들고 싶어 했기 때문이다. 당시 최첨단 기술의 결정체는 선실과 상점이 다 들어간 타이태닉호 같은 대형 증기선이었다. '집은 살기 위한 기계'라고 생각했던 르 코르뷔지에는 당시 인간이 만들 수 있는 가장 큰 기계였던 증기선을 흉내 내어 아파트를 디자인한 것이다. 건물을 증기선처럼 보이게 만들려고 옥상의 굴뚝을 증기선 굴뚝처럼 과장되게 만들어 놓았다. 1층의 기둥은 떠 있는 느낌을 더 들게 하기 위해 위는 굵고 아래로 내려갈수록 가늘어지는 모양을 띠고 있다(123쪽 아래 사진 참조). 만약에 일반적인 기둥처럼 가늘게 만들었다면 개방감은 있겠지만 상부의 거대한 건물을 받치고 있는 불안정한 느낌의 앙상한 기둥으로 보였을 것이다. 그렇다고 안정감을 위해서 아래는 두껍고 위로 갈수록 가늘어지는 기둥을 사용했다면 1층 사람

'유니테 다비타시옹' 옥상(위)과 굴뚝

들이 이동하는 데 불편했을 것이고, 건물이 너무 땅에 붙은 듯한 느낌이 났을 것이다. 땅 위를 떠다니는 증기선 같은 건축을 원했던 르 코르뷔지에는 아래는 가늘고 위로 갈수록 굵어지는 기둥을 택했다. 마치 발목은 가늘고 허벅지는 굵은 다리 느낌이다.

천재적인 세대 단면 설계

이 집합 주택의 가장 큰 특징은 단위 가구 설계에 있다. 단위 세대의 종류는 단층짜리 작은 세대부터 복층 세대까지 다양하게 구성되어 있다. 르 코르뷔지에는 건축 디자인을 하기에 앞서서 사용자를 영아부터 노인까지 7단계로 나누었다. 그리고 가족 구성원의 수도 1인 가구부터 8인 가족까지 여섯 개로 만들고 이를 위해 열네 개의 다른 평면 타입을 만들었다. 스튜디오와 호텔 등을 포함하면 총 스물세 가지 타입의 평면도가 한 개의 건물에 들어가 있다. 하지만 이러한 다양성을 이루기 위해서 건물의 구조를 복잡하게 만든 것은 아니다. 구조의 모듈[9]은 하나지만, 그 모듈을 레고 블록처럼 어떻게 조합하느냐에 따라 다양한 형태의 평면 타입이 나오게 해서 시공이 생각처럼 어렵지 않다.

내가 특별히 좋아하는 것은 복층 세대의 조합 아이디어다. 일반적으로 건축에서 복도와 같은 공용 면적을 최소화하고 전용 면적을 극대화하기 위해서는 호텔처럼 복도가 가운데 있고 집이 양측으로 들어가는 '중복도' 형식을 취해야 한다. 우리나라 호텔과 오피스텔은 대부분 그렇게 만들어진다. 그런데 그 경우 각 세대는 맞통풍이 안 되는 구조가 된다. 중복도형 원룸 오피스텔에 사는 사람은 집과 복도에 음식 냄새가 빠지지 않는 불쾌한 경험을 해 봤을 것이다. 맞통풍이 안 되는 중

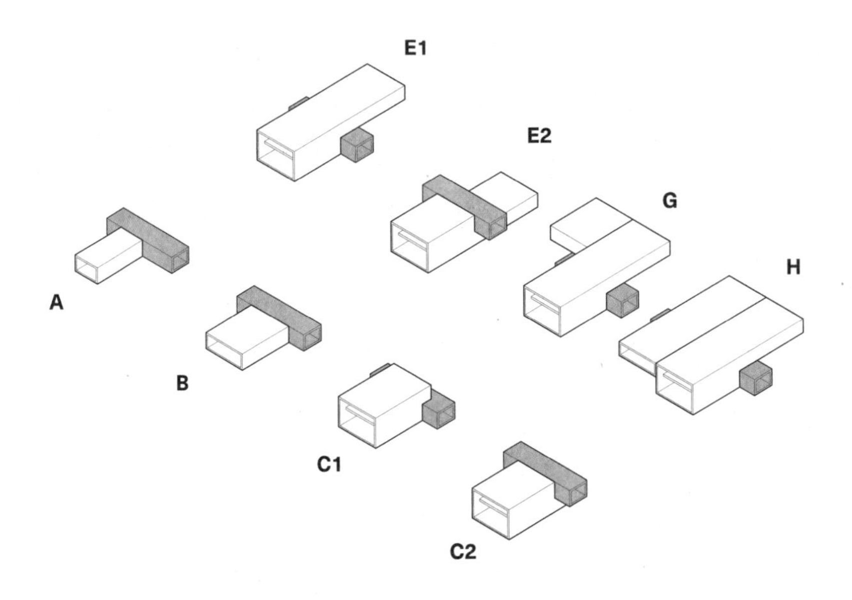

모듈을 어떻게 조합하느냐에 따라 다양한 형태의 평면이 나온다.

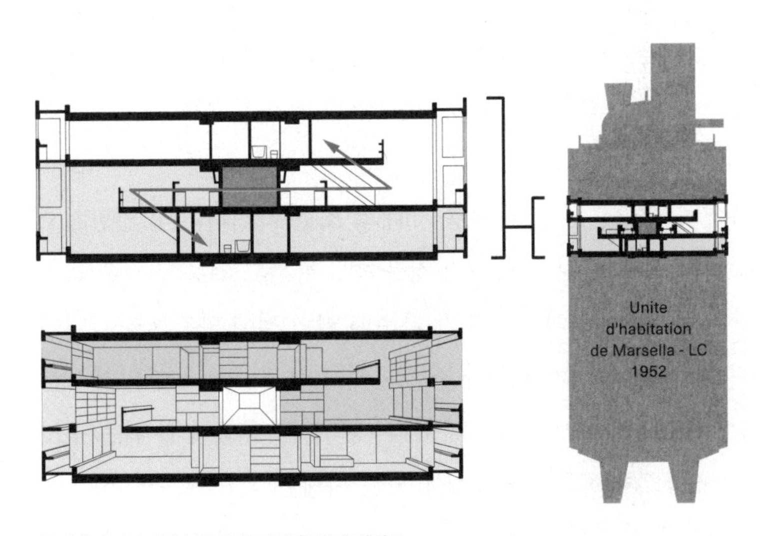

'유니테 다비타시옹' 복층 세대 분석도(위)와 단면도

복도 구조여서 그렇다. 원룸 오피스텔이 그렇게 지어질 수밖에 없는 이유가 있다. 원룸은 평형대가 작다 보니 아무리 복도와 접하는 면적이 좁고 창가로 길게 만들어도 집의 깊이가 7미터를 넘기 힘들다. 그렇다 보니 편복도로 원룸 건물을 고층으로 지으면 건물의 폭이 너무 좁고 높아지는 문제가 있다. 구조적으로도 문제가 많지만 그렇게 만들었다가는 전체 면적에서 복도가 차지하는 비율이 너무 높아져서 실제 사용하는 전용 면적 비율이 낮아지는 문제가 생긴다. 통풍을 위해서 복도 쪽으로 창문을 냈다가는 복도에서 집이 훤히 다 들여다보이는 문제도 심각하다. 그렇다 보니 복도로 창문이 없는 중복도로 만들 수밖에 없고, 그 위로 층층이 올리다 보니 복도는 어두컴컴해진다. 일반적인 아파트 주거의 또 다른 문제는 천장고가 낮은 단층이라는 점이다. 주택의 경우에는 거실을 복층으로 만들어서 천장고를 높일 수 있는데, 작은 평형대의 아파트에서는 그런 호사를 누리기가 어렵다. 통풍이 안 되는 중복도와 낮은 천장고라는 두 가지 문제점을 창의적인 디자인으로 해결한 작품이 '유니테 다비타시옹'이다. 르 코르뷔지에는 면적상으로 효율적인 중복도를 유지하면서도 가구마다 복층 거실이 있고 맞통풍이 되는 구조를 만들었다. 그 비밀은 'ㄱ' 자와 'ㄴ' 자의 단면을 가진 유닛이 위아래로 합쳐진 단면 설계 덕분이다. 복도에서 오른편에 있는 현관문을 열고 들어가면 부엌 다음에 복층의 거실이 있고 계단으로 올라가면 2층에 맞통풍이 되는 침실 두 개가 있다. 중복도에서 반대편인 왼쪽 세대로 들어가면 부엌이 있고 한 층을 내려가면 맞통풍이 되는 복층의 거실과 침실 두 개가 있다. 70년이 지난 지금까지도 이보다 혁신적인 집합 주택 세대 디자인을 보지 못했다.

2.3미터 아파트 천장고의 시작

도시 안에 더 많은 사람이 경제적으로 편리하게 살도록 하기 위해서 르 코르뷔지에는 좁지만 편안한 공간을 만들고자 했다. 사람의 몸은 팔, 다리, 몸통, 머리로 나누어져 있고, 각각은 각종 관절로 연결되어 있다. 르 코르뷔지에는 앉은키, 선키, 손을 들었을 때의 높이 등을 고려해 적절한 크기의 공간을 디자인하려 했다. 이를 '모듈러'라고 부른다. '유니테 다비타시옹'의 천장 높이는 226센티미터인데, 이는 183센티미터 키의 성인 기준으로 손을 들었을 때 손끝 높이가 226센티미터이기 때문이다. 우리나라 아파트 천장고 2.3미터는 여기서 시작되었다. 그나마 다행이다. 르 코르뷔지에가 내 키 기준으로 모듈러를 만들었으면 지금 우리는 더 낮은 천장고에서 살고 있을 것이다. 단위 세대의 폭은 양팔을 벌려서 나오는 폭 정도밖에 되지 않는다. 그래서 주거의 평면은 양팔을 벌린 폭 정도에 창 쪽으로 긴 형태다. 이러한 가로 폭과 길이, 천장고는 이후에 만들어지는 '라 투레트 수도원'에서도 그대로 반복되어 나타난다. 단순하게 좁고 길게만 만들었다면 너무 답답했겠지만, 다행히 이러한 폭의 모듈러는 경우에 따라서는 두 개로 합쳐져서 넓은 폭의 공간이 된다. 이러한 변화 덕분에 단순하게 좁지만은 않은 다양한 공간의 변주가 만들어진다. 르 코르뷔지에가 모듈러를 적용하려고 했던 이유는 좁은 공간을 어떻게 하면 더 효율적으로 사용할 것인지에 대한 고민 때문이었다. 전쟁 후 제한된 물자로 더 많은 혜택을 만들어야 했던 건축가의 고민이라 할 수 있다. 아인슈타인은 르 코르뷔지에의 모듈러 개념이 세상을 바꿀 만한 연구라는 호평을 하기도 했다.

'유니테 다비타시옹'의 입면에는 빨강, 파랑, 노랑, 초록의 페인트가

원색들이 칠해져서 몬드리안의 그림처럼 보이는 '유니테 다비타시옹' 입면

칠해져 있다. 이러한 원색 페인트는 르 코르뷔지에의 다른 작품에서도 반복적으로 나온다. 이는 화가 몬드리안Pieter Mondrian의 작품을 떠올리게 한다. 몬드리안은 사물의 근원을 찾기 위해 세상을 단순화시키다 보니 형태는 수직과 수평의 직선만 남기고 색상은 삼원색인 빨강, 파랑, 노랑만 사용했다. 색의 삼원색은 빨강, 파랑, 노랑이지만 빛의 삼원색은 빨강, 파랑, 초록이다. 르 코르뷔지에는 몬드리안의 그림처럼 수직선과 수평선으로 구성된 입면에 색의 삼원색과 빛의 삼원색을 합쳐서 빨강, 파랑, 노랑, 초록을 적용했다. 이처럼 컬러풀한 색상을 칠한 이유는 단순하고 반복적인 평면으로 된 세대에 개성을 불어넣기 위해서다. 같은 평면이라도 네 가지 색깔로 다르게 칠하면 네 가지 다양성이 나온다. 가장 손쉽고 저렴하게 개성을 만드는 방법이 다

른 색의 페인트를 칠하는 것이다. '유니테 다비타시옹'에서는 각 세대에 다른 색상이 주어지기 때문에 건물 밖에서 보더라도 수백 세대가 획일화된 집처럼 보이지 않는다. 대신 다양한 색상 덕분에 거주자는 다른 집과 구분되는 '내 집'의 개성을 느끼게 된다. 최소한의 비용으로 몇 가지 색상의 페인트를 사용했을 뿐이지만 거주자의 자존감에는 큰 차이를 가지고 온다.

우리나라 아파트들도 콘크리트로 짓고 페인트칠을 한다. 그런데 '유니테 다비타시옹'의 페인트칠 방식은 우리나라 아파트와는 다르다. 우리나라 아파트는 브랜드별로 같은 색을 칠한다. 건설사는 달라도 평면도와 모양이 같으니 페인트 색으로라도 차이를 주는 것이다. 또 하나 다른 점은 우리나라 아파트는 콘크리트 외관 표면에 페인트칠을 하지만 '유니테 다비타시옹'은 입면의 안쪽 벽체와 일부 난간에만 칠을 했다. 따라서 정면에서 바라보면 페인트 색보다는 노출 콘크리트가 주로 보인다. 그러다가 측면으로 움직이면 컬러풀한 색채가 더 많이 드러난다. 외부 관찰자의 움직임에 따라 건물의 색상이 시시각각으로 변화한다. 건축물이 관찰자와 좀 더 역동적으로 상호 작용하는 것이다. 거주자 입장에서는 또 다른 의미가 있다. 색이 칠해진 날개벽[10]은 집 안에 있는 사람들의 입장에서 보면 외부 풍경을 프레임하는 액자 같은 기능을 한다. 따라서 각각의 세대는 같은 풍경을 바라보지만, 그 풍경을 프레임하는 액자의 색깔이 다른 것과 같다. 마치 우리나라 전통 건축에서 보이는 단청의 다채로운 색상이 창문 밖의 자연 풍경을 상단에서 프레임하는 것과 비슷하다. '유니테 다비타시옹'에서 다양한 색상으로 칠해진 입면의 날개벽들은 마치 단청처럼 각기 다른 분위기로 바깥 풍경을 프레임한다.

어린이 수영장이 있는 '유니테 다비타시옹' 옥상 정원

서울과 마르세유의 공통점

'유니테 다비타시옹'이 위치한 프랑스 남부의 도시 마르세유는 프랑스에서 두 번째로 큰 도시인데 인구는 80만 명이 조금 넘는 수준이다. 우리나라에서 두 번째로 큰 도시인 부산이 300만 명 이상인 것을 감안하면 프랑스 대도시의 작은 규모에 놀라지 않을 수 없다. 그럼에도 다른 유럽의 도시와는 다르게 약간은 '여긴 한국 도시 같은데?'라는 느낌을 받게 된다. 그 이유는 곳곳에 위치한 거대한 아파트 건물 때문이다. 원조 아파트 '유니테 다비타시옹'의 영향 때문인지 마르세유 곳곳에는 거대한 아파트 건물들이 솟아올라 있다. 아쉬운 점은 그 많은 건물 중에서 가장 아름다운 건물이 '유니테 다비타시옹'이라는 점이다. 후배 건축가들은 르 코르뷔지에만큼 창의적인 아이디어를 가지고 진화했다기보다는 오히려 후퇴한 기분이다. 이 책에서 자세하게 이야기하지는 못 했지만 옥상에 있는 유치원 시설만 보아도 지금 발표되어도 아름답다고 평가될 만큼 세련되고 혁신적인 형태의 디자인이다. 어린이 수영장까지 준비된 옥상 정원의 거대한 마당에서 아이들은 지중해를 바라보며 뛰어놀 수 있다. 원래 르 코르뷔지에는 옥상에 설치된 화단이 기계적 장치에 의해 좌우로 움직일 수 있게 하려고 했다. 이를 통해 주변의 자연을 차단하기도 하고 열어 주기도 하면서 공간을 재구성하려고 했던 것이다. 건축을 기계로 바라보는 철학이 반영된 조경 설계다.

'라 투레트 수도원'과 '유니테 다비타시옹'은 공통적으로 르 코르뷔지에가 하나의 건축물 안에 작은 도시, 작은 사회를 만들려고 시도한 작품이다. 그가 꾸었던 꿈은 무엇이었을까? 아마도 더불어 화목하게 사는 사회일 것이다. '유니테 다비타시옹'을 설계하며 르 코르뷔지에는 경제성을 생각하면서 당대 최신 기술을 이용해 제한된 공간 안에서 더 많은 사람이 개성을 가지고 화목하게 어우러져 살 수 있는 곳을 창조하려고 노력했다. 스마트하고 창의적인 건축가가 따뜻한 마음을 가지고 있으면 어떤 집을 만들 수 있는지 '유니테 다비타시옹'을 보면 알 수 있다.

유니테 다비타시옹
Unité d'Habitation

건축 연도	1952
건축가	르 코르뷔지에
위치	프랑스 마르세유
주소	280 Boulevard Michelet, 13008 Marseille, France
운영	월요일 – 일요일 9 a.m. – 6 p.m.

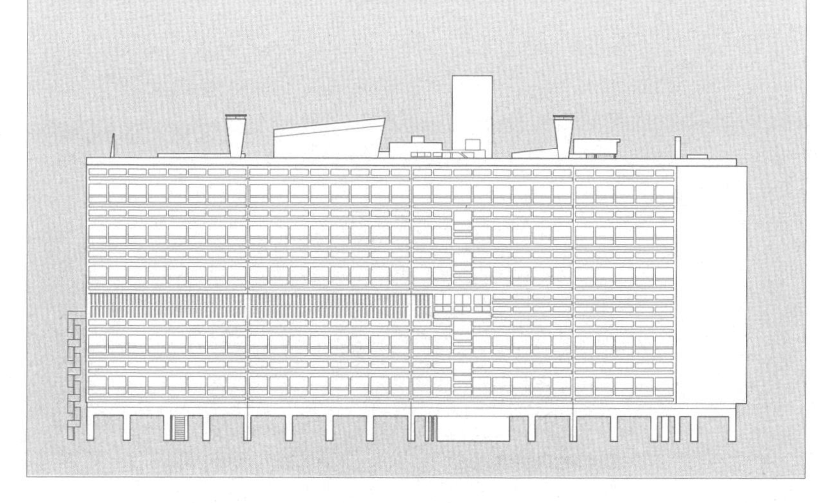

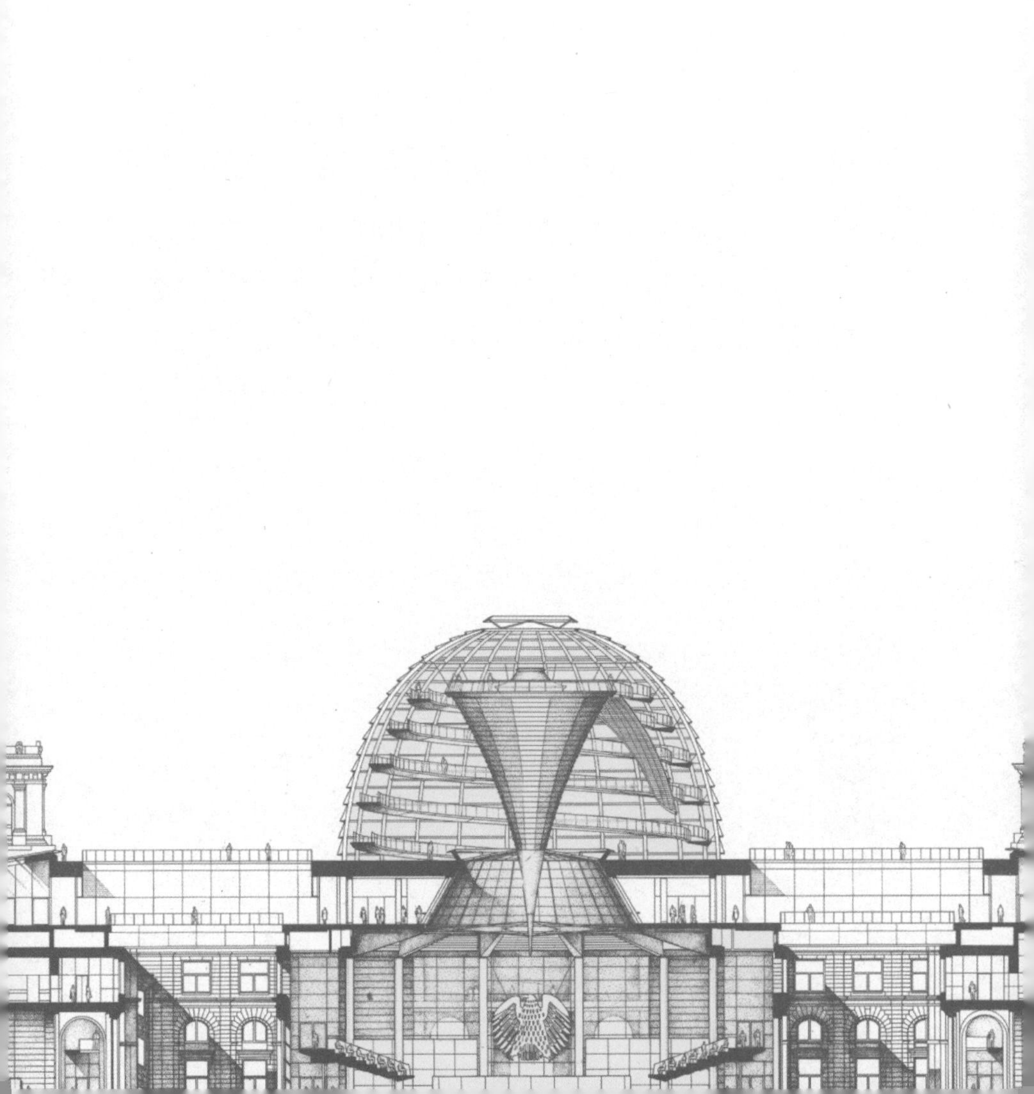

8장	독일 국회의사당
1999년: 국회의원은 국민보다 아랫사람이다	

일본 건축가가 여의도 국회의사당을 설계한다면

우리나라 국회의사당을 일본 건축가 안도 다다오가 설계한다고 발표하면 국내 여론이 어떨까? 아마 각종 시민 단체를 비롯하여 열혈 애국 시민들의 역대급 시위가 일어날 것이다. 각종 언론에서는 대서특필로 비난했을지도 모른다. 우리와 악연의 역사가 긴 일본의 건축가가 국민을 대표하는 국회의원들의 집인 국회의사당을 디자인한다고 하면 우리나라 국민들은 용납하지 못했을 것이다. 예전에 한강 노들섬에 오페라하우스를 짓는 공모전에서 프랑스 건축가 장 누벨Jean Nouvel의 설계안이 당선작으로 선정된 적이 있다. 그런데 당선작 아이디어가 장 누벨이 일본 건축 공모전에 제출했다가 2등으로 낙선했던 계획안이라는 점을 문제 삼아 공모전 자체를 무효화시킨 사례가 있다. 라이벌 국가 일본이 버린 안을 우리가 사용할 수 없다는 논리였다. 우리는 언제쯤 일본에 대한 예민한 감정에서 벗어날 수 있을까? 이런 상황에는 "역사를 모르는 자에게 미래는 없다" 같은 말을 적용해서는 안 된

'독일 국회의사당'이 변해 온 모습

다. 일본에서 낙선시킨 계획안이라도 우리나라가 멋있게 실현하면 우리나라의 자랑스러운 건축물이 되는 것이다. 그런 반일 감정 선동에 휘둘리지 않고 냉정하고 합리적인 결정을 내릴 수 있을 때 우리는 비로소 인류 발전에 기여할 수 있는 선진국이 될 수 있다.

안도 다다오가 여의도 국회의사당을 짓는 것 같은 일이 독일에서 실제로 일어났다. 독일은 제2차 세계대전에서 영국에 패전한 국가다. 그런 독일이 통일되고 나서 자신들의 수도를 베를린으로 옮기고 하원의원을 위한 '독일 국회의사당(독일 제국 국회 의사당)Reichstagsgebäude'을 리모델링하는 국제 공모전을 주최했다. 그 공모전에서 영국 건축가 노먼 포스터가 당선되어 리모델링을 진행했다. 그뿐 아니다. 이 건물에는 제2차 세계대전 당시 베를린을 점령했던 소련군이 실내 벽에 남겨 놓은 낙서가 있었는데, 포스터는 그 낙서를 그대로 유지하고 리모델링을 했다. 입주 후 이 낙서를 보고 불쾌해진 독일 국회의원들이 낙서를 지워 달라고 건축가에게 요청했다. 포스터는 낙서 역시 역사의 일부이기에 그대로 둘 것을 권고했다. 국회의원들은 그 의견을 수용하고 낙서를 그대로 두고 사용하고 있다. 세상에……. 우리나라 국회의원이었으면 단식 투쟁하고 호통치고 난리를 쳤을 거고, 그런 행동이 잘하는 일이라고 여겼을 것이며, 그것을 잘한다고 말하는 여론도 많았을 것이다. 건축은 그 나라의 국격을 보여 준다. 건축은 그 나라의 문화 수준을 보여 준다. 건축은 그 나라 국민의 성숙도도 보여 준다. 독일 국민은 영국에 대한 열등감이 전혀 없다는 것을 보여 주었다. 실제로는 어떤지 모르지만 적어도 과반수의 여론은 그런 수준임을 베를린 '독일 국회의사당' 디자인은 보여 준다. '독일 국회의사당'은 원래 1898년에 파울 발로트Paul Wallot가 디자인한 의사당 건물이었으나, 제

제2차 세계대전 당시 베를린을 점령했던 소련군이 벽면에 남겨 놓은 낙서가 보인다.

2차 세계대전 때 소련군의 공격으로 돔이 앙상하게 구조만 남을 정도로 대파되었다. 그 모습은 오랜 기간 제2차 세계대전에서 패전한 독일의 상징처럼 사용되었다. 포스터의 디자인은 이 부서진 건축물을 현대적인 의사당으로 개조한 것이다.

전통의 재구성

돔은 예부터 교회나 왕 같은 종교적 혹은 정치적 권력을 상징하기 위한 건축적 요소였다. 이유는 돔 건축에 엄청난 비용과 시간이 들어가기 때문이다. 일반적으로 돔을 건축하기 위해서는 돔 모양으로 나무틀 구조를 만들어야 한다. 그 나무 구조체 위에 콘크리트나 돌로 돔을 쌓아 올리고 공사가 완료되면 나무틀 구조체를 철거한다. 이렇게 비용이 들다 보니 당대 사회의 최고 권력자가 아니면 가질 수 없는 건축 공간이 돔이었다. 돔의 도시로 유명한 로마에는 '판테온'의 돔과 '성베드로 성당'의 돔이 있는데, 고대 로마의 황제나 르네상스 시대 교황 같은 당대 최고 권력자들을 상징하는 공간이다. 이후 시대가 바뀌었으나 돔은 계속해서 국회의사당 같은 권력을 상징하는 건축물에 사용되었다. 여의도의 '대한민국 국회의사당'에도 돔이 있는 것은 그런 이유에서다. 이런 역사적 배경을 이해한 포스터는 돔을 과거 형태 그대로 유지했다. 하지만 그 의미는 완전히 반대로 해석했다. 이 작품에서 그는 절대 권력의 상징인 돔을 투명한 유리로 만들고 그 안에 경사로를 넣어서 베를린 전경을 감상할 수 있는 전망대로 만들었다.

원래 최고 권력자의 시선은 가장 높은 곳에서 바라보는 시선이다. 두 가지 이유가 있는데, 첫째는 가장 높은 곳에서는 가장 넓은 공간을 바라볼 수 있기 때문이다. 넓은 공간을 바라본다는 것은 그 공간을 시각적으로 소유하는 것이다. 우리가 골프장 티박스에서 넓은 잔디밭을 바라보면 비어 있는 1만 평 정도 되는 자연의 공간을 시각적으로 소유할 수 있다. 비싼 돈을 내고 골프를 치는 이유가 여기에 있다. 마찬가지로 높은 곳에 올라가면 도시 건물 위의 빈 공간을 모두 시각적으로 소유할 수 있다. 그래서 높은 곳에서 내려다보는 시선은 권력자의 시선이다. 두 번째 이유는 정보의 비대칭 때문이다. 높은 곳에 있는 사람은 자신을 노출하지 않고 아래에 있는 사람을 감시할 수 있다. 반대로 낮은 곳에 있는 사람은 자신의 모습은 그대로 노출하지만 정작 위에 있는 사람을 볼 수 없다. 그래서 펜트하우스가 가장 비싼

'독일 국회의사당' 돔 안의 경사로에서 베를린의 전경을 볼 수 있다.

것이다. 펜트하우스에서는 원할 때 언제든 내려다볼 수 있지만 낮은 층에 사는 사람은 높은 층에 있는 사람을 볼 수 없다. 높은 곳에 있는 사람은 낮은 곳에 있는 사람보다 더 많은 정보를 갖게 된다. 정보의 비대칭은 권력의 비대칭을 뜻한다. 그런 면에서 '에펠탑'은 근대 사회의 상징이다. '에펠탑'은 당대 신기술인 철골 구조를 이용해서 만든 3백 미터가 넘는 높은 탑이다. 그리고 그 꼭대기까지 시민이면 누구나 엘리베이터라는 신기술을 이용해 올라가게 했다. '에펠탑'은 최고 권력자의 시선을 일반 시민에게 선물한 것이다. 근대 프랑스 사회가 시민 사회라는 것을 공간적으로 보여 주는 사례가 '에펠탑'이다.

국회의원을 내 발아래에 두고 감시

'독일 국회의사당'의 돔을 전망대로 만들었다는 것은 그곳에 올라가는 시민들에게 베를린 시내를 내려다보는 시점을 제공한다는 것이다. 이는 '에펠탑'처럼 시민이 주인인 사회라는 것을 선언하는 공간이다. 그뿐 아니다. 전망대에 있는 사람들은 도시만 내려다보는 것이 아니라 아래층에 있는 국회 회의장도 내려다볼 수 있게 디자인되어 있다. 국회의원들을 감시할 수 있게 한 것이다. 마치 편의점 주인이 아르바이트생이 일하는 카운터 위에 CCTV 카메라를 설치한 것과 마찬가지다. 여기서는 국회의원이 졸거나 허튼짓을 하기 정말 어려울 것이다. 민주주의의 완성을 보여 주는 통쾌한 건축 디자인이다. 국내 도입이 시급하다.

국회의원을 국민의 발아래에 둔다는 개념의 시초는 '호주 국회의사당 Australian Parliament House'이다. '호주 국회의사당' 건물 주변은 공원으로

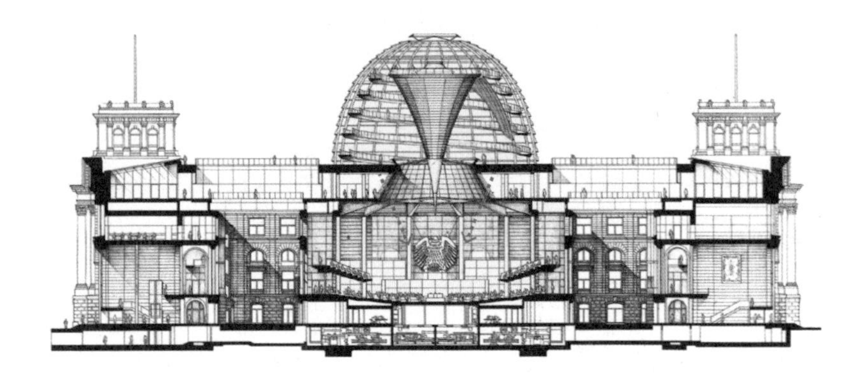

'독일 국회의사당' 구조도

'독일 국회의사당' 돔에서 아래층 의사당을 볼 수 있게 되어 있다.

돔 가운데 추 같은 구조물 아래로 국회 회의장이 보인다.

'독일 국회의사당' 내 국회 회의장

잔디밭 공원이 지붕으로 연결되는 '호주 국회의사당' (로말도 주르골라 설계)

조성되어 있는데, 그 잔디밭 공원이 그대로 국회의사당의 지붕으로 연결되면서 그 안의 의원들은 국민의 발아래에 있는 공간 구조가 된다. 우리나라에서도 세종시 '정부세종청사'의 주요 개념은 '호주 국회의사당'처럼 지붕과 공원을 연결해 시민들이 그 위를 산책할 수 있게 하는 것이었다. 그러나 국정원에서 보안상의 이유로 옥상정원 등 극히 일부만 개방했다. 여기서 호주, 독일, 대한민국의 민주주의 수준이 그대로 드러나는 것이다. 독일이나 호주는 국가 안보를 신경 쓰지 않아서 그렇게 개방했을까? 나 같은 외국인조차도 미리 신청만 하면 독일 국회 회의장 위에 올라가서 내려다볼 수 있게 하는 것이 독일의 민주주의다. 우리나라는 아직 멀었다.

일타삼피

이 건축물의 감동은 여기서 그치지 않는다. 이 건축물의 돔에는 가운데 거울로 만든 추 같은 구조물이 내려온다. 이는 '독일 국회의사당'의 투명한 유리 돔으로 들어오는 햇빛을 반사시켜 아래에 있는 회의장으로 내려보내기 위한 장치다. 로마의 '판테온'에서는 돔 천장의 정수리에 구멍을 뚫어서 햇빛을 밑으로 내려보냈다. 이스탄불의 '하기아소피아 성당'에서는 힘들게 돔의 테두리 하부에 측창을 뚫어서 햇빛을 중앙홀로 내려보냈다. 이 계보를 이어서 20세기에 지어진 베를린의 '독일 국회의사당'에서는 하이테크를 이용해 빛을 실내로 반사시켜서 들인다. 이때 혹시나 직사광선이 피해가 될까 봐 태양의 위치에 따라 회전하는 루버를 두어서 난반사된 빛만 회의장으로 들어가게 하는 세심한 배려도 잊지 않았다.

페터 춤토어Peter Zumthor, 안도 다다오, 루이스 칸 같은 대가의 작품들을 보면 그 완성도에 경외감이 들지만 마음속으로는 '나도 정말 노력하고 좋은 건축주를 만나면 저런 작품을 만들 수 있지 않을까?' 하는 생각이 든다. 그런데 포스터가 디자인한 '독일 국회의사당'의 회전하는 경사로에 적용된 하이테크 디테일을 보면 '죽기 전에 이런 작품을 만들 수 있을까'라는 절망감이 든다. 그 정도로 감히 엄두를 내기 어려운 기술적 노하우가 보이는 작품이다. 마치 워크맨을 만드는 정밀도로 건축을 한 것 같다. 노먼 포스터나 리처드 로저스 같은 하이테크 건축가가 유독 영국에서 많이 배출되는 이유는 영국이 3백 년 전에 증기기관을 처음으로 만들었던 나라이기 때문이 아닐까 하는 생각도 든다. 영국은 산업 혁명을 시작한 나라다. 그러고 보면 근대 과학의 아버지인 뉴턴도 영국 사람이다. 하지만 지금은 우리나라도 반도체와 자동차는 세계에서 가장 잘 만드는 나라다. 수십 년을 기다리면 우리도 이런 작품을 남기는 날이 올 것이다.

'독일 국회의사당'은 전통적인 돔의 의미는 유지하되, 시민을 위한 전망대의 기능을 넣고, 친환경 기능까지 합친 삼중의 의미를 담고 있다. 고스톱으로 치면 '일타삼피'의 걸작이다. 개념부터 디테일까지 완벽한 작품이다.

독일 국회의사당

Reichstagsgebäude/Reichstag Building

건축 연도	1999 (재건축)
건축가	노먼 포스터
위치	독일 베를린
주소	Platz der Republik 1, 11011 Berlin, Germany

9장	브루더 클라우스 필드 채플
2007년: 빛이 들어오는 동굴 만들기	

〈오징어 게임〉과 판테온

로마의 '판테온'에 들어가면 저절로 숙연해진다. 그 이유는 두 가지다. 첫째, 평면이 원형이어서다. 원형의 평면은 내부에서 바라보면 실내 벽면이 곡선이다. 곡선으로 된 벽면의 안쪽에 위치하면 나를 품어 주는 느낌을 받는다. 누구에게 안길 때 우리는 팔이 그리는 둥근 곡선의 중심점이 있는 내부에 들어가게 된다. 미국 대통령 집무실인 '백악관'의 '오벌 오피스Oval Office'는 말 그대로 타원형의 평면으로 된 작은 방이다. 벽이 곡면이라서 대통령과 참모들이 그 방에서 회의를 하면 네모진 방보다 더 평온한 분위기에서 대화가 진행될 것 같다. '판테온'은 평면만 원형이 아니라 단면도 원형이다(327쪽 단면도 참조). 벽을 제외한 지붕이 반원형 바가지 모양의 돔이다. '판테온'에 들어가면 그렇게 옆에서도 위에서도 나를 둥그렇게 품어 준다. 둥근 천장은 나를 품어 줘서 편안하다. 직육면체 방의 평평한 천장보다는 텐트의 둥근 천장 아래에서 더 편안한 느낌이 드는 것도 그런 이유다. '판테온'의 중앙에 서면 원형 공간의 중심에 서게 되는 것이다. 이는 마치 우주의 중심에 선 느낌이다.

'판테온'에 들어가면 숙연해지는 두 번째 이유는 위에서 내려오는 빛 때문이다. '판테온' 돔의 꼭대기에는 구멍이 나 있는데, 이곳을 통해 햇빛이 들어온다. 인간은 주광성 동물이기 때문에 어두운 곳에서는 본능적으로 빛을 바라본다. 그래서 우리는 밤이 되면 본능적으로 달을 올려다본다. 무언가를 올려다보면 자연스럽게 마음속에 경외감이 생긴다. 앞서서 내려다보는 시선이 권력자의 시선이라는 점을 설명했다. 반대로 아래에서 올려다보는 시선은 지위가 낮은 자의 시선이다. 그보다 더 오래된 이유도 있을 것이다. 앞에서 설명했듯이 사냥을 했던 인간에게 위협이 되는 것은 주로 올려다봐야 하는 존재들이다. 예를 들어 사냥을 나갔을 때 거대한 동물이 나를 내려다본다면 나는 도망쳐야만 살 수 있다. 우리는 모두 올려다봐야 하는 동물에 두려움을 느끼고 도망쳐 살아남은 사람의 후손이다. 그러니 우리의 본능에 따르면 올려다보는 것은 곧 두려움을 뜻한다. 이런 이유에서 무언가를 올려다보면 우리 마음속에는 경외감이 생긴다.

어두운 '판테온' 공간에 들어가면 빛이 들어오는 천장을 바라보게 되고, 돔 천장의 둥근 구멍을 통해 들어오는 빛은 마치 둥근 태양이나 둥근 보름달을 바라보면서 숭배하는 것 같은 느낌을 불러일으킨다. '판테온'은 이름 자체가 '모든 신을 섬기는 신전'이라는 뜻인데, 이 건축 공간의 디자인은 태양신, 달신 등 하늘에 떠 있는 여러 신을 섬기는 자들을 위한 곳으로서 완벽하다. 핵심 원리는 고개를 들어 빛을 바라보게 하는 데 있다. 이러한 원리가 잘 적용된 것이 넷플릭스 드라마 〈오징어 게임〉의 한 장면이다. 드라마에서 게임에 참가한 무리가 생활하

'판테온' 내부에서 올려다본 돔

는 공간 천장 가운데에 노란빛을 내는 투명한 돼지 저금통이 매달려 있고, 그 안에 돈이 쏟아져 들어오는 장면이 있다. 사람들은 모두 빛을 내는 그 돼지 저금통을 올려다본다. 빛나는 돼지 저금통이 맨 위에 매달려 있다. 사람들은 그 돼지 저금통을 올려다본다. 경외심을 갖는 순간 그곳에 돈이 쏟아져 들어온다. 빛과 시선 처리가 돈을 숭배하게 만드는 공간 구성인 것이다. 이 장면은 이 드라마의 주제 의식을 잘 보여 준다.

'브루더 클라우스 필드 채플Bruder Klaus Field Chapel'은 이러한 '판테온'의 원리가 숨겨져 있으면서도 그 이상의 것을 보여 주는 페터 춤토어의 최고 걸작이다. 이 작은 예배당은 완벽한 실내 공간도 아니고 화장실이나 사무실 같은 부대시설도 없다. 따라서 건물이라기보다는 파빌리

조금 떨어진 외부에서 본 '브루더 클라우스 필드 채플'

예배당 입구의 금속 재질로 된 삼각형 문이 눈에 들어온다.

온[11]에 가깝다. 외부에서 바라본 예배당은 세로로 긴 직사각형 바위가 땅 위에 서 있는 것 같다. 멀리서 보면 '광개토대왕비' 같은 느낌이다. 이 예배당의 입구는 삼각형으로 된 금속 재질의 문이다. 이 문을 열고 들어가 느낀 첫인상은 '어둡다'는 거였다. 실내를 감싸는 어두운 벽체는 매끄럽지 않고 아주 거칠다. 그리고 그 벽체는 곡선으로 나를 감싼다. 벽은 수직으로 서 있지 않고 위로 갈수록 좁아지는 형태다. 벽과 천장이 하나로 연결된 느낌이 마치 동굴에 들어가는 듯하다. 이런 느낌은 검은 현무암 동굴인 제주도 만장굴에 들어갔을 때 받은 느낌과 비슷하다. 우리가 최초로 경험한 공간인 엄마 뱃속을 상상해 보자. 그 공간은 바닥도 벽도 천장도 나누어져 있지 않다. 나를 둘러싼 모든 것이 보자기처럼 연결되고 재료도 동일하다. 그런데 세상에 나온 후 지

문을 열고 들어간 공간도 위쪽이 좁아지는
삼각형 구조다.

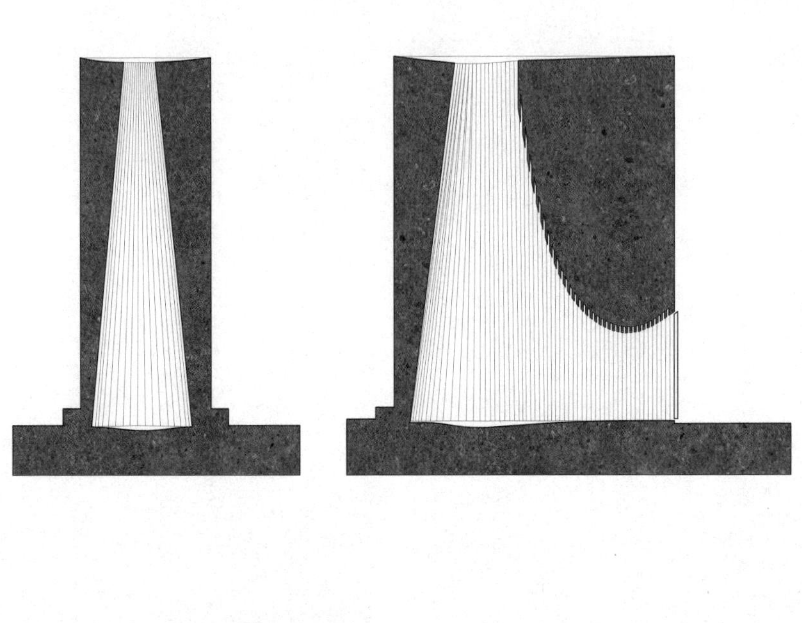

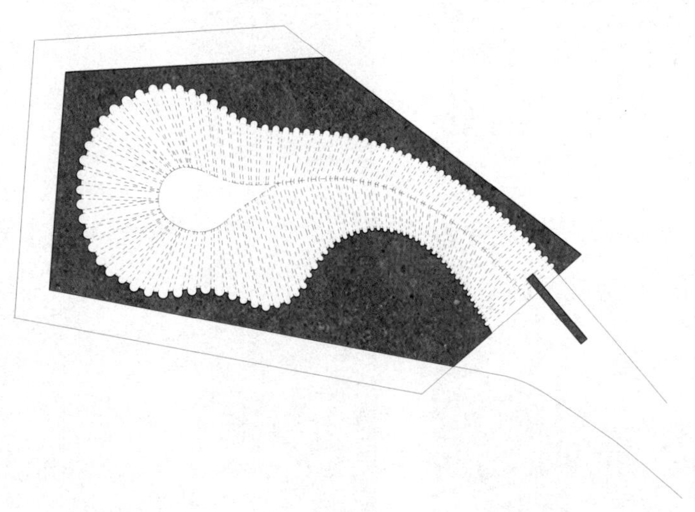

'브루더 클라우스 필드 채플'의 단면도(위)와 평면도

금 생활하는 도시 속의 공간은 바닥은 평평하고, 벽은 수직으로 서 있고, 천장도 대부분 평평한 수평면으로 만들어져 있다. 이들은 지극히 인공적인 공간이다. '브루더 클라우스 필드 채플'처럼 벽과 천장의 재료가 하나로만 연결되어도 우리는 좀 더 원초적인 공간으로 돌아가는 느낌을 받는다. 이 벽은 세로로 골이 파여 있는데 그러한 수직성의 강조가 더욱 성스러운 느낌을 자아낸다. 곡선으로 물결치듯이 인도하는 벽체를 따라가다 보면 천장이 점점 높아진다. 그리고 가장 안쪽에 들어서면 천장 꼭대기에 구멍이 나 있고 그곳에서 빛이 들어온다. '고개를 들고 빛을 쳐다본다'라는 '판테온'의 공간 연출이다. 방문객은 자연스럽게 숙연해지고 영적인 상태를 경험하게 된다.

마을 주민이 건축한 예배당

이 예배당의 이름인 '브루더 클라우스Bruder Klaus'는 15세기의 스위스 수호성인의 이름이다. 그를 기리기 위해 농부들이 직접 2년간 시공해서 예배당을 만들었다. 제작 과정도 감동이다. 마을 주민들의 봉사 활동으로 지어졌기에 시공은 조금씩 천천히 이루어졌다. 이런 배경 때문에 거대한 기계와 레미콘을 사용하지 못했고 거의 수작업으로 지어졌다. 그렇다 보니 콘크리트의 재질도 한 번에 레미콘을 부어서 지은 것과는 사뭇 다르다. 일반적으로 노출 콘크리트를 만들 때는 철근을 넣고 거푸집을 짜고 그 안에 액상 콘크리트를 부어서 굳으면 다시 거푸집을 뜯어내는 방식을 채택한다. 르 코르뷔지에, 루이스 칸, 안도 다다오도 모두 같은 방식으로 작업했다. 다만 이때 거푸집을 뜯어낸 후 콘크리트 표면의 모양과 상태가 건축가별로 다르다. 르 코르뷔지에의 노출 콘크리트는 좀 거친 느낌이 난다. 아무래도 콘크리트가 처

진흙, 자갈, 석회 등을 넣고
다져서 만들어 퇴적층 같은
느낌이 나는 램드 콘크리트 벽면

음 사용되던 시기여서일 것이다. 루이스 칸은 정교하게 줄눈을 집어넣는다. 콘크리트는 한 번에 다 부을 수 없기 때문에 보통 한 층에 한 번 붓고 그다음 층으로 올라가서 또 붓는다. 이때 콘크리트에 층이 생길 수밖에 없는데, 루이스 칸은 이러한 차이를 오히려 더 드러내도록 층간에 줄눈을 집어넣었다. 안도 다다오의 노출 콘크리트는 매끄러운 표면으로 유명하다. 이런 매끄러운 표면을 만들기 위해 보통 합판으로 짜는 거푸집의 표면에 매끄러운 기름종이를 붙인다. 거푸집을 떼고 나면 매끄러운 표면이 나오는 것이다. 안도가 만든 노출 콘크리트의 또 다른 특징은 옴폭 파인 구멍이 상하좌우 같은 거리를 두고 정사각형 격자로 배치되어 있다는 점이다. 이 구멍은 콘크리트 제작 시에 매번 있을 수밖에 없는 요소다. 거푸집을 양쪽으로 대고 그 사이에 콘크리트를 부어야 하는데, 이때 물까지 포함된 콘크리트의 무게는 엄청나다. 그래서 그대로 두면 콘크리트 거푸집이 터진다. 이를 막기 위해 샌드위치처럼 된 양편의 거푸집을 연결해서 잡는 끈이 필요하다. 그렇다 보니 콘크리트가 완성되고 거푸집을 빼내도 그 줄이 있었던 자리가 남고 그게 구멍이 되는 것이다. 보통은 그 구멍을 적당히 메꿔서 구멍을 남겨 노출하기도 하고 건축가에 따라서는 다 메꿔서 지우기도 한다. 나는 그 구멍을 남기지 않는 편이다. 왜냐하면 그 구멍 위치까지 정확하게 줄을 맞출 정도의 정밀 시공을 할 만큼 공사비가 넉넉하지도 않고, 주변에 창문도 뚫리고 복잡해지면 웬만해서는 구멍과 창문 모양이 조화를 이루기 어렵기 때문이다. 노출 콘크리트에 대한 이 정도의 기본 지식을 가지고 '브루더 클라우스 필드 채플'을 살펴보자.

퇴적층 콘크리트와 은하수

우선 외관상 이 예배당의 콘크리트 표면은 퇴적층 같은 느낌이 난다. 그 이유는 이 콘크리트는 철근을 넣지 않고 진흙, 자갈, 석회 등을 넣고 다져서 만든 '램드 콘크리트rammed concrete'이기 때문이다. 마을 사람들이 가끔 모여서 건축하기에 좋은 휴먼 스케일[12] 방식이다. 강도를 확보하기 위해 한 층을 한 번에 붓는 게 아니라 수십 센티미터씩 붓고 사람들이 위에서 다지는 방식이다. 그래서 실제 흙이 쌓여서 만들어진 퇴적층이나 대리석 같은 느낌이 난다. 이 건물의 가장 중요한 특징인 내부 곡면의 벽과 거친 표면의 비밀은 거푸집 자체의 구성 방식이 다르다는 점에 있다. 우리는 일반적으로 거푸집을 합판 같은 판재로 짠다. 혹은 아름다운 곡면을 만들기 위해 컴퓨터로 재단한 다음 철판을 휘어 거푸집을 짜기도 한다. 하지만 춤토어는 이 예배당을 건축할

통나무 거푸집

때 112그루의 통나무를 세워서 안쪽 거푸집을 만들었다. 이때 통나무를 기울여서 서로 마주 보게 했기 때문에 실내 벽체가 기울어진 형태인 것이다. 내부는 통나무를 기울이고 밖은 거푸집을 수직으로 세운 다음에 둘 사이의 공간에 램드 콘크리트를 채워 넣었다. 기울어진 벽이 만나면서 동굴처럼 되기 때문에 지붕은 따로 만들 필요가 없었다. 그리고 가장 중요한 점은 내부의 거푸집을 제거할 때 통나무를 태웠다는 점이다! 이 예배당에는 거푸집으로 사용했던 통나무를 떼어서 가지고 나올 만한 입구나 창문이 없다. 건축가는 그 통나무를 태운 다음 숯으로 만들어 부숴서 가지고 나오는 창의적인 방법을 생각한 것이다. 이런 창의적인 방법은 금시초문이다. 마치 우리가 치과에서 치아의 틀을 만들 때 고무를 입에 물었다가 뱉으면 치아 모양이 그대로

'브루더 클라우스 필드 채플' 내부 벽체

음각으로 남듯이, 실내에 들어가면 거푸집을 구성했던 통나무의 모양이 아직도 그대로 남아서 거친 표면의 실내 마감을 완성한다. 게다가 통나무 거푸집이 타면서 생성된 타르와 재가 벽체에 남아서 어디서도 볼 수 없던 색상을 연출한다. 춤토어가 왜 건축 재료 물성의 마스터인지 느끼게 해 주는 대목이다.

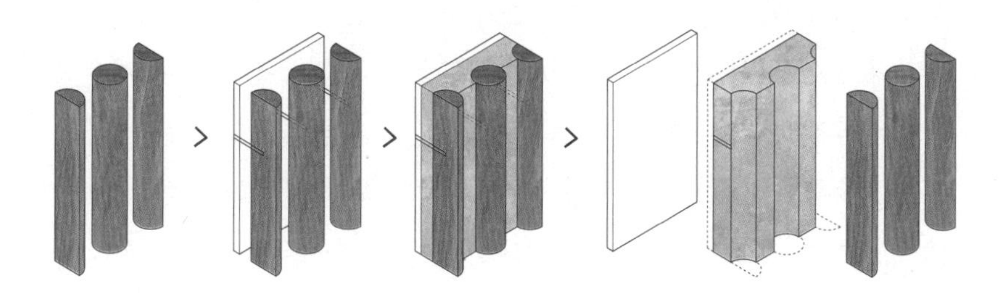

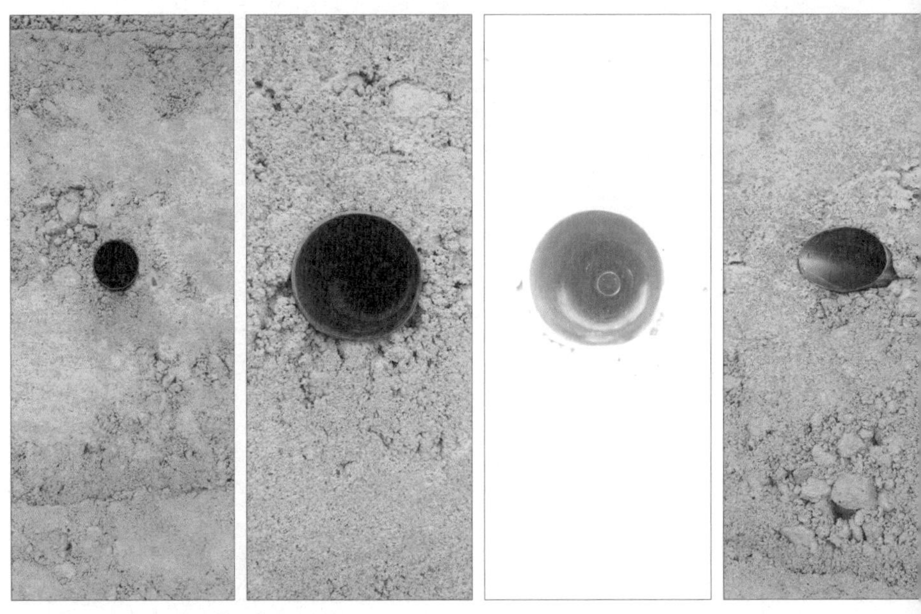

'브루더 클라우스 필드 채플' 외벽의 파이프 구멍

시골에서 밤이 되면 검은색으로 바뀐 하늘에 흰색 별빛의 점들이 무수히 박혀 있는 것을 볼 수 있다. '브루더 클라우스 필드 채플'에 들어가면 어두운 벽체에 마치 하늘의 별빛처럼 점점이 빛나는 작은 유리공들이 있다. 빛이 들어오는 일종의 작은 창문이다. 이 역시 그냥 만든 것이 아니다. 앞서 거푸집을 만들 때 마주 본 두 개의 거푸집을 떨어지지 않게 끈으로 묶어야 하고 그것이 콘크리트가 완성된 후에 구멍으로 남는다고 설명했다. 이 채플에도 마찬가지로 외부 거푸집과 내부 거푸집인 통나무를 붙잡는 끈이 있었다. 이 끈은 얇은 철판으로 만들어진 둥근 쇠 파이프 안에 들어가 있었다. 나중에 거푸집을 모두 제거하고 남은 이 파이프 구멍에 둥근 유리구슬을 삽입해서 예배당 안쪽에 아주 작

'브루더 클라우스 필드 채플'
내부 벽의 유리구슬 창문

은 창문을 만든 것이다. 예배당 밖에서 보면 그저 구멍이 뚫린 것처럼 보이는데, 안에서 보면 그 파이프 구멍은 유리구슬로 막힌 창문이 된다. 그렇게 '브루더 클라우스 필드 채플'의 내부에는 칠흑 같은 밤하늘에 밝게 빛나는 별 같은 조명이 만들어졌다. 재료의 물성과 공사 과정을 완전하게 자기 것으로 만들지 않고서는 나올 수 없는 디자인이다. 건축을 업으로 하는 나에게 이 디테일은 감동을 넘어 충격이었다.

정화수 한 사발과 작은 우주

이 예배당을 특별하게 만드는 중요한 요소는 스케일이다. 대부분의 교회는 여러 사람이 모여서 예배하는 집회 장소로서의 성격이 크다.

그래서 공간의 크기 역시 여러 명이 모일 수 있게 거대하다. 그뿐만 아니라 한 명의 설교자에게 집중할 수 있게 공간이 구성된다. 그런데 '브루더 클라우스 필드 채플'은 여러 명이 모여 예배하는 교회가 아니라 혼자서 기도하는 공간으로 지어졌다. 그렇다 보니 한 사람의 예배 인도자에게 시선을 집중하기 위한 평면이 아니고 자연스럽게 불규칙한 동굴의 형태를 가지고 있다. 무엇보다도 혼자 기도하는 곳이기 때문에 공간의 크기가 작고, 의자도 벤치 하나만 있다. 오로지 나만을 위한 공간이다. 원래 종교는 신과 나의 관계를 생각하는 것이다. 어쩌면 기존의 교회 디자인은 너무 거대한 집단을 만드는 데 집중했을지도 모른다. '브루더 클라우스 필드 채플'의 작은 공간에서는 조용하게 혼자 하나님을 생각할 수 있다. 내가 이곳을 방문했을 때도 마을 주민 한 명이 조용히 초를 꽂고 기도하고 있었다. 마치 달빛 아래에 정화수 한 사발을 떠 놓고 기도하는 사람을 보는 듯한 느낌이었다.

왜 옛날 사람들은 달빛 아래에 정화수 한 사발을 떠 놓고 기도했을까? 왜 달빛이 있는 어두운 밤에 기도했을까? 추리를 한번 해 보자. 주광성 동물인 인간은 빛 쪽으로 시선을 집중했고, 시선을 집중하며 마음을 모았을 것이다. 사방에 빛이 있고 바라볼 것이 있는 낮에는 주변에 시선을 빼앗겨 집중하기 어렵다. 밤이 되면 사방은 어두워지고 하늘의 달빛만 남는다. 기도하는 자는 오롯이 달빛에 집중할 수 있게 된다. 어차피 낮의 태양은 눈이 부셔서 쳐다보지도 못한다. 기도할 때 정화수 한 사발은 무슨 의미일까? 우선 정화수는 깨끗한 물이다. 물은 몸을 씻을 때도 사용하고 살기 위해 마시기도 한다. 동서고금을 막론하고 물은 항상 종교적으로 구분된 성스러움과 생명의 상징이다. 그래서 기도할 때 물을 떠서 앞에 두었을 것이다. 모세가 만든 성막의 성소

앞에도 물두멍이라고 하는 거대한 물 항아리가 있었다. 성당에서는 지금도 예배당 입구에 성수를 배치한다. 마찬가지로 정화수를 떠 두는 것은 지금 이 공간이 종교적인 성스러움을 가진다는 것을 천명하는 행위다. 그렇다면 '한 사발'은 무슨 의미일까? 한 사발은 공간적으로 가장 작은 단위를 규정하는 장치다. 사방 천지에 빛이 있을 때보다 어두운 밤에 작은 한 곳에 빛이 모여 있는 달에 마음을 집중하기 좋듯, 작은 한 사발의 공간은 마음을 집중하기에 더 유리하다. 이때 사발에 담긴 물은 하늘의 달빛을 비추기도 했을 것이다. 내 앞의 정화수 한 사발은 크기는 작지만 달빛을 비추는 호수가 된다. '브루더 클라우스 필드 채플'도 정화수 한 사발처럼 작지만 집중하게 만드는 공간이다. 이곳에 가면 검은색 동굴 사방에 은하수가 있고 위에는 보름달이 떠 있다. '브루더 클라우스 필드 채플'에는 신과 나의 관계에 집중할 수 있는 작은 우주가 만들어져 있다.

브루더 클라우스 필드 채플
Bruder Klaus Field Chapel

건축 연도 2007
건축가 페터 춤토어
위치 독일 서부의 메헤르니히
주소 Iversheimer Str., 53894 Mechernich, Germany

운영 화요일 – 일요일 10 a.m. – 5 p.m.
월요일 휴관

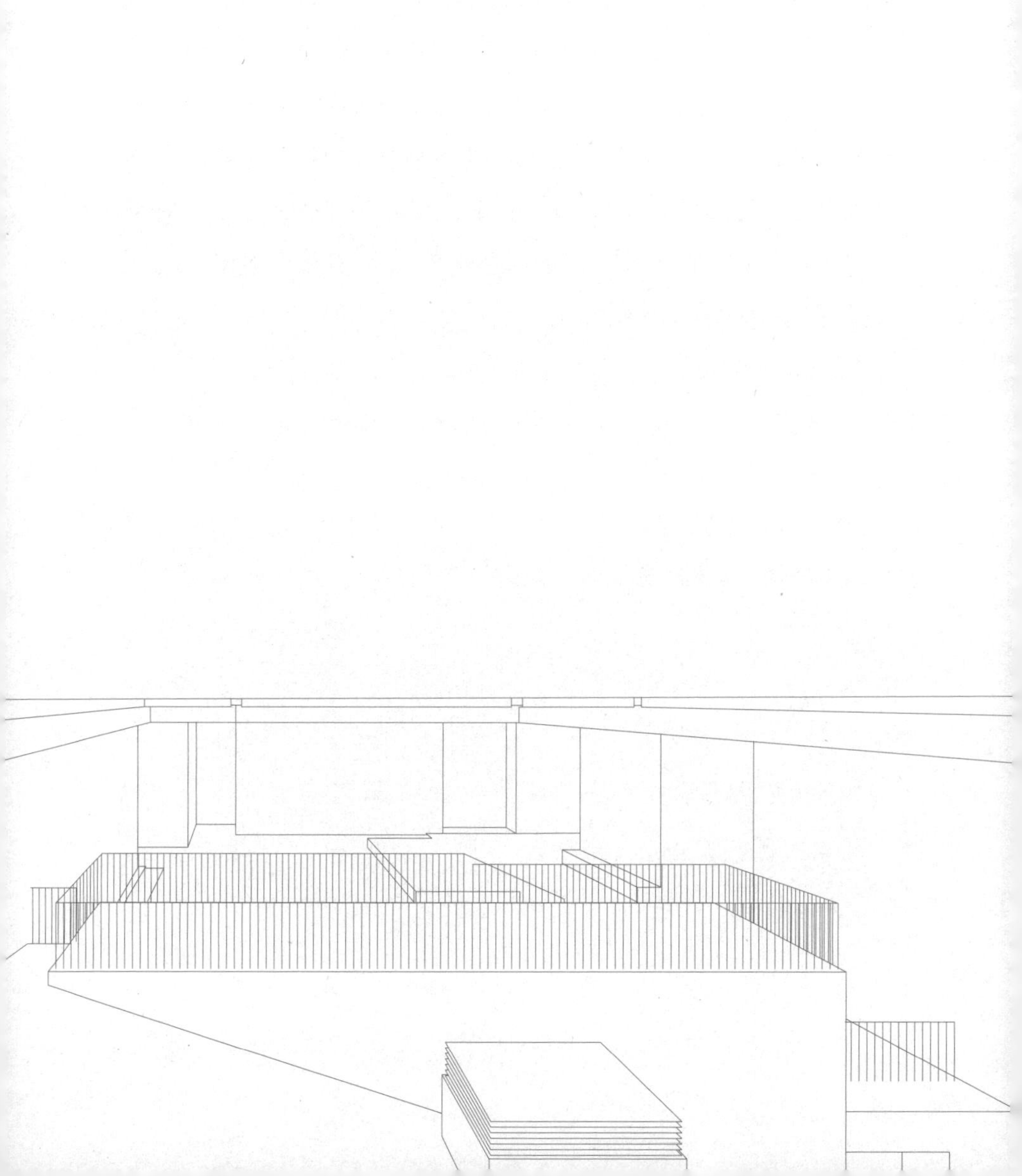

10장	발스 스파
1996년: 땅속에 숨겨진 신전 같은 목욕탕	

땅과 건축

건축을 하려면 가장 먼저 필요한 것이 무엇일까? 땅이다. '건축'이라는 단어는 한자로 '세울 건建'에 '쌓을 축築'이다. 쌓아서 세우려면 밑에 받쳐 줄 무언가가 필요하다. 그게 바로 땅이다. 그래서 땅이 없으면 건축도 없다. 땅과 건축과 인간의 관계는 시대에 따라 다르다. 태초의 움집을 보자. 선사 시대 때 인간에게는 추운 겨울을 나는 것이 가장 큰 화두였다. 추위를 이기지 못하면 살 수가 없다. 선사 시대 사람들은 땅을 약간 파서 가운데 모닥불을 두고 지붕을 덮어서 움집을 만들었다. 땅을 판 이유는 지열을 조금이라도 더 이용하기 위해서였다. 군대에 다녀온 사람들은 다 안다. 혹한기 훈련 중 야영할 때는 땅을 조금 파고 텐트를 친다. 그래야 땅에 누워서 자도 지열 때문에 얼어 죽지 않는다. 세월이 더 지나서 좀 더 어려운 건축을 할 수 있게 되자 사람들은 기단을 만들고 땅에서 떨어져서 온돌을 깔고 살았다. 한옥이 그렇다. 르 코르뷔지에는 새로운 재료인 철근 콘크리트를 사용해 땅에서 건물을 띄워 필로티 구조를 만들었다. 그는 인류가 비로소 땅의 습기에서 벗어날 수 있다고 자랑했다. 땅과 건축물의 구조는 건축가의 생각을 보여주는 중요한 요소다.

페터 춤토어는 스위스 건축가로, 완성도 높은 건축을 한다. 여기서 완성도란 두 가지 측면을 가리킨다. 하나는 재료의 물성을 잘 이용하는 것이고, 또 다른 하나는 시공의 정밀도다. 스위스 하면 떠오르는 게 뭔가? 알프스 경치와 손목시계다. 알프스의 춥고 긴 겨울에 집에 들어앉아 돈을 버는 가장 좋은 방법은 가내 수공업이었다. 그래서 덴마크나 핀란드 같은 추운 북유럽 사람들은 겨우내 집에 박혀서 가구를 만들었고, 덕분에 가구가 유명한 나라가 되었다. 스위스는 집에서 만들기 좀 더 어려운 손목시계를 만들었다. 롤렉스, 파텍 필립, 오메가 등 수 많은 세계적인 명품 시계 회사가 스위스에 있다. 이런 시계를 만드는 사람들이 건축주라고 생각해 보자. 국민들이 건축에 기대하는 완성도의 수준이 어느 정도일지 상상이 안 된다. 나는 최근에 자동차 만드는 엔지니어를 건축주로 맞은 적이 있다. 엔지니어들의 오차 한계는 100분의 1밀리미터다. 웬만한 건축에서의 정밀도는 그분 성에 차지도 않는다. 스위스에 시계 산업 종사자 건축주가 많아서인지 스위스에는 유명한 건축가가 많다. 르 코르뷔지에도 스위스 태생이고, 헤르조그 앤드 드 뫼롱Herzog & de Meuron이라는 세계적 건축 설계 사무소도 있고, 춤토어도 있다. 춤토어가 시계 장인들의 나라 스위스의 건축가라는 점은 춤토어가 말한 건축의 정의에서도 드러난다. 그는 "건축의 첫 번째, 그리고 가장 중요한 비밀은 세상의 서로 다른 사물들을 수

페터 춤토어

성 베네딕트 채플

집한 다음 그것들을 결합해 하나의 공간을 만들어 낸다는 것이다."라고 말했다. 시계는 수천 개의 개별 부품이 모여서 완성된다. 춤토어에게 건축은 시계처럼 다양한 요소를 합쳐서 하나의 공간을 만드는 것이다. 다분히 기계 문명 패러다임을 만든 유럽적 세계관이면서도 동시에 시계의 나라 스위스 출신다운 생각이다.

춤토어가 땅을 어떻게 다루는가는 그가 스위스 발스에 지은 두 건축물을 보면 알 수 있다. 첫 번째는 '성 베네딕트 채플Saint Benedict Chapel'이다. 이 건축물은 1988년에 지어진 작은 마을 교회로, 춤토어의 초기 작품이다. 다른 하나는 8년 후인 1996년에 지어진 '발스 스파The Therme Vals'다. 두 건축물은 땅을 확연히 다르게 대하고 있다. 그 이유

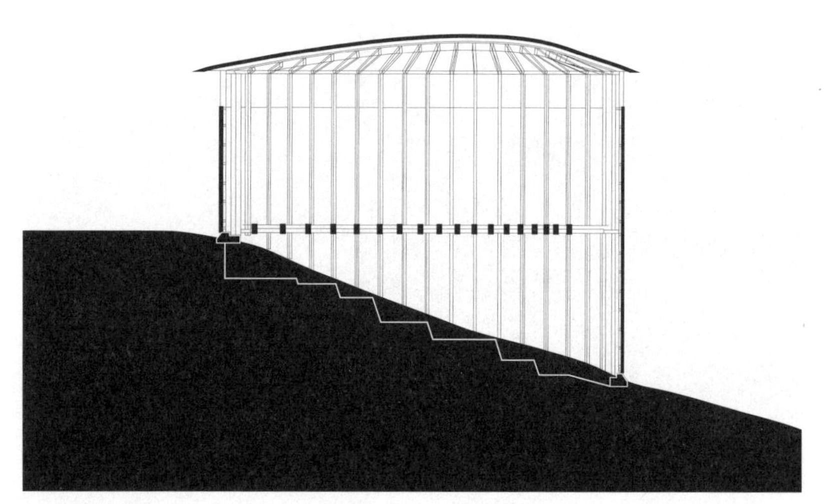

'성 베네딕트 채플' 단면도

는 건축물의 크기, 재료, 용도가 다르기 때문이다. 우선 '성 베네딕트 채플'을 보자. 이 작은 교회는 나무로 만들어졌다. 그렇다 보니 비나 눈으로 젖은 땅에 닿을 경우 나무가 물에 젖어서 썩는 문제가 생긴다. 그래서 건물을 땅에서 띄워서 지었다. 그런데 스위스의 땅들은 대부분 급하게 경사진 산이다. 땅은 기울어져 있고 예배당의 바닥은 수평면이다 보니 예배당 바닥 면과 경사진 땅 사이에 위 단면도에서 볼 수 있듯이 삼각형의 빈 공간이 생겨난다. 처음에 나는 이해가 되지 않았다. 나 같으면 땅의 경사를 따라 예배당의 좌석을 배치하고 제단을 낮은 곳에 두었을 것이다. 그러면 편안하게 제단을 내려다보면서 예배할 수 있을 테니 말이다. 하지만 춤토어는 그러지 않았다. 그는 왜 굳이 이렇게 삼각형의 빈 공간을 만들었을까? 이 교회의 평면은 타원형

'성 베네딕트 채플' 내부

이고 벽체는 각목을 세워서 만들었다. 춤토어는 교회를 감싸는 타원의 벽면과 예배당 바닥 사이에 틈을 만들었다. 예배당의 소리는 이 틈으로 들어가게 되고 경사진 땅과 예배당 바닥 면 사이의 삼각형 빈 공간은 그 소리를 증폭하는 울림통이 된다. 춤토어는 이 삼각형 빈 공간을 만든 이유가 '땅의 소리를 들을 수 있는 교회'를 만들기 위해서라고 설명한다. 얼마나 시적인 표현인가? 우리가 자연을 대하는 방식은 세 가지가 있다. 첫째는 자연을 극복의 대상으로 보는 경우다. 서울 강북에 아파트를 지을 때 경사진 땅에 거대한 축대를 세워서 평지를 만들고 그 위에 건물을 짓는다. 경사지라는 자연의 제약을 극복하려는 토목적 방식이다. 두 번째는 자연을 이용하는 것이다. 아테네의 원형 극장을 보면 자연의 기울어진 땅을 이용해서 극장 좌석을 만들었고 낮은 쪽에 무대를 설치했다. 상당히 스마트한 방식이다. 세 번째는 자연을 대화의 상대로 생각하는 자세다. 이 경우에는 자연과 건축물 사이에 거리를 둔다. 예를 들어 우리나라 정자를 지을 때 물 가운데 두는 경우가 있다. 주변 자연 경관과 건축물 사이에 빈 여백의 공간을 두기 위해서다. 그 빈 공간이 있기에 건축물과 자연의 대화가 가능해진다. 가장 좋은 관계는 적절한 거리를 두는 관계다. 상대를 바꾸거나 이용하는 관계가 아니라 상대를 그대로 인정하고 거리를 두는 것이다. '성 베네딕트 채플'에서 보이는 건축물과 땅의 관계 전략도 거리를 두는 것이다. 그 거리만큼 만들어진 빈 공간이 울림통이 되어 땅의 소리를 들을 수 있게 만들었다.

땅속 동굴 같은 건축

'성 베네딕트 채플'과 가까운 거리에 '발스 스파'가 있다. 같은 건축가가 만들었지만 완전히 다른 '땅과의 관계'를 보여 준다. '발스 스파'는 땅속에 반쯤 묻힌 형태다. 이 스파 건물은 기존에 있던 호텔 앞에 위치한다. 만약에 이 커다란 스파 건물을 '성 베네딕트 채플'처럼 땅 위로 올려서 지었다면 호텔에서는 바로 앞의 아름다운 알프스 경치를 볼 수 없게 된다. 그래서 건축가는 건물을 땅속에 묻어 버렸다. 땅에 묻더라도 경사지이기 때문에 건물의 절반은 지상으로 드러난다. 땅에 묻히지 않는 절반의 입면에 창문과 야외 목욕탕을 배치해서 채광과 통풍을 해결했다. 호텔 1층 로비에서 보면 풀밭으로 덮인 스파 건물의 지붕만 보인다. 지붕 위에 조성된 자연스러운 풀밭은 호텔 아래 쪽을 지나가는 도로와 마을을 가려서 알프스 풍경을 더 돋보이게 만든다. 땅속에 박힌 구조의 건축물이다 보니 물에 젖으면 썩는 나무를 재료

땅 아래에 건축된 '발스 스파'

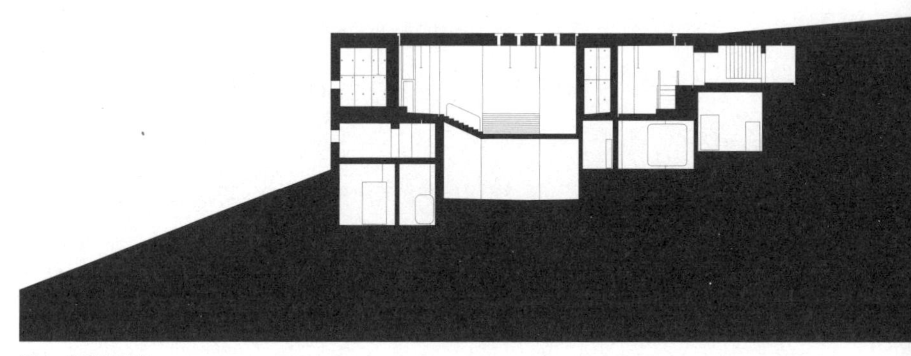

'발스 스파' 단면도

지상의 호텔 1층에서 보면 '발스 스파'의 지붕만 보이는데, 지붕 위가 풀밭이라 자연의 일부 같은 느낌이다.

로 사용할 수가 없다. 그래서 철근 콘크리트 구조를 사용하고 6만 개의 규암을 쌓아서 건축물을 마감했다. 돌을 쌓을 때는 자연스럽게 보이기 위해 적절한 불규칙성을 만들려고 노력했다. 너무 규칙적이면 지루하고 너무 복잡하면 혼란스럽다. 그래서 인간이 아름답다고 느끼는 것은 적절한 불규칙성이라고 말한다. 높이와 길이가 일정한 규격의 돌을 쌓으면 누가 보더라도 인간이 만든 건축물처럼 보인다. 그런 경우를 피하기 위해 춤토어는 세 가지 두께의 돌을 다른 순서로 쌓았다. 돌의 두께가 A, B, C 세 가지라고 하더라도, 돌을 쌓는 순서를 ABC로 하거나 ACB로 하거나 CBA로 한다면 여러 종류의 줄무늬 패턴이 나올 수 있다. 그렇게 다양한 조합으로 마치 퇴적층처럼 보이는 켜를 만들었다. 그런 돌벽으로 외부와 내부의 마감을 동일하게 처리했는데,

퇴적층처럼 규암을
켜켜이 쌓아 만든 벽면

덕분에 실내에서도 외부에 있는 듯한 느낌을 받는다. 실내 스파의 물에 몸을 담그고 있으면 마치 퇴적암 지대에 만들어진 동굴 속 연못에서 목욕하는 듯한 느낌을 받는다. 동굴 속 빛은 밝지 않다는 것이 특징이다. 춤토어는 동굴 같은 빛의 효과를 연출하기 위해 최대한 절제되고 제한된 빛을 사용했다. 우리는 일상의 건축에서 주로 벽에 뚫린 유리창을 통해 빛을 얻는다. 이 유리창으로 주변 경치를 감상하기도 한다. '발스 스파' 역시 바깥쪽으로 난 창은 채광과 경치를 제공한다. 하지만 가장 중요한 빛은 실처럼 좁은 천창을 통해 위에서 아래로 내려오는 제한된 빛이다. 이 빛은 아주 가느다란 직선이어서 마치 돌에 자를 대고 면도칼로 금을 그어 빛을 들어오게 한 것 같은 착각을 일으킨다.

콘크리트로 만든 난초화

천창을 잘 만드는 건축가는 여러 명 있다. 그중에서도 안도 다다오를 빼놓을 수 없다. 안도의 건축에서도 외부, 내부, 천장 마감재가 모두 노출 콘크리트라서 건물 안에 들어가면 동굴 같은 느낌을 받는다. 그의 대표작 중 하나인 '고시노 하우스Koshino House'의 거실에는 지붕면과 곡면 벽이 만나는 지점에 틈을 두어서 곡선의 천창이 만들어져 있다. 이 집은 평평한 콘크리트 지붕을 벽이 받치는 구조인데 벽과 지붕 사이에 간격을 띄워서 천창을 만들면 콘크리트 지붕을 받칠 구조가 없게 된다. 지붕을 받치기 위해서 안도는 천창을 가로질러 콘크리트 지붕에서 보를 뽑아내어 벽과 연결했다. 그래서 천창을 통해 빛이 들어올 때 콘크리트 보가 만드는 그림자가 벽에 만들어진다. '고시노 하우스'의 거실에는 빛을 받아서 거의 흰색에 가깝게 밝은 콘크리트 벽체에 검은색 그림자가 드리워진다. 마치 흰색 한지 위에 검은색 먹을 머금은 붓으로 난蘭을 친 것 같은 느낌이다. 이 검은색 그림자는 해의 위치가 바뀌면서 시시각각으로 변화한다. 그림자의 농도도 날씨에 따라 바뀐다. 맑은 날은 대비가 강한 짙은 검정 그림자가 되고, 흐린 날은 회색 그림자가 된다. 마치 먹의 묽기에 따라 검정부터 회색까지 톤이 다양해지는 동양화 같다. 안도의 건축에서 천창이 만드는 빛의 효과는 콘크리트와 태양이 함께 그린 난초화다. 그것이 안도가 만드는 천창의 멋이다. 그런데 춤토어의 천창은 다르다. 일단 천창을 만드는 재료 자체가 색깔이 짙다. 어두운 돌에는 그림자를 드리워 봐야 보이지도 않는다. 그래서 그는 가늘고 긴 천창을 뚫어서 빛이 어두운 실내 공간과 강한 대비를 이루면서 떨어지게 했다. 이때 보가 있으면 그 빛의 선이 끊겨서 점선이 된다. 빛의 선이 점선이 아닌 연속된 실선이 되게 하기 위해서 그는 구조 자체를 새롭게 설계했다.

안도 다다오의 '고시노 하우스'의 벽면

빛 선이 들어오는 '발스 스파' 내부

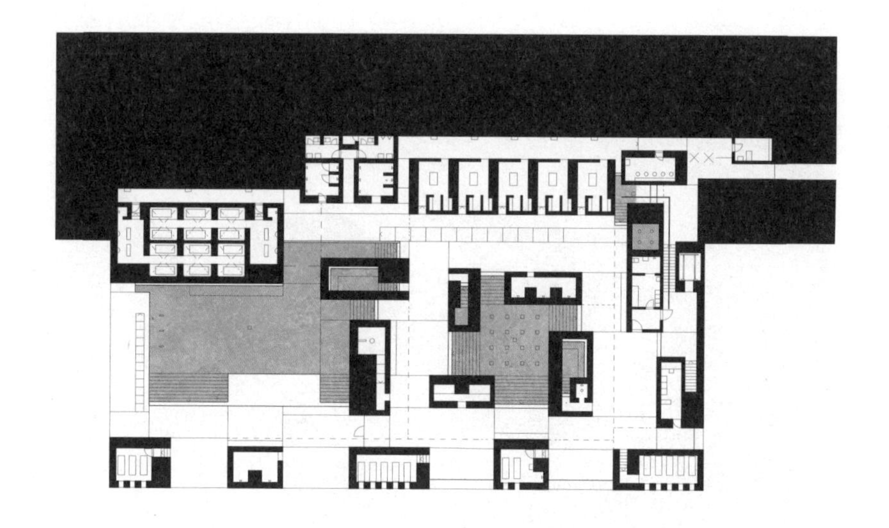

'발스 스파' 내부 평면도

골목길에서 목욕하기

'발스 스파'에는 온탕, 냉탕 등 다양한 종류의 탕이 방으로 구획되어 있다. 그 밖에도 마사지룸 같은 방도 여러 개 있다. 그리고 그런 방들은 마치 미로처럼 각기 다른 크기로 여기저기 떨어져서 놓여 있다. 방이 마을처럼 모여 있고, 그 방과 방 사이에 욕실이 배치된 구조다. 여러 개의 방을 구획하는 벽들이 마치 하나의 집처럼 독립적인 구조체고, 그 집에서 길게 처마가 나온 평지붕들이 모여서 스파 전체의 지붕을 구성한다. 이때 각각의 지붕 처마들은 10센티미터 정도 간격으로 떨어져 있고 그 사이를 유리창으로 덮고 있는 구조다. 이 처마 사이의 틈을 통해 빛이 들어오다 보니 중간중간에 보로 인해 끊어지지 않고 빛이 연속된 선으로 들어오는 것이다. 비유하자면, 작은 마을에 갔는

'발스 스파' 모형

데, 그 마을의 마당과 골목길에 홍수로 물이 차서 골목길에서 목욕을 하는 모양새다. 이때 골목길의 양쪽 집의 처마가 너무 길게 나와서 하늘을 거의 다 가리고 햇빛이 좁고 길게 골목길로 내려온다고 상상해 보면 될 것 같다.

보로 연결되지 않는 지붕을 만든다는 것은 얼핏 보면 대수롭지 않은 작은 차이지만 작은 차이가 모여 엄청난 감동을 만든다. 마치 작은 톱니바퀴들이 모여서 종국에는 엄청난 감동을 주는 스위스 명품 시계가 만들어지는 것과도 같다. 같은 건축가의 작품이지만 '성 베네딕트 채플'과 '발스 스파'는 땅을 대하는 전략이 완전히 반대다. '성 베네딕트 채플'은 땅 위에 띄워서 지었고, '발스 스파'는 땅속에 묻어 넣었다. 그렇게 만든 두 번째 이유는 건물의 크기 때문이다. 작은 교회는 만들어져도 풍경에 큰 방해가 되지 않는다. 오히려 교회는 눈에 띄게 만들어져서 많은 사람이 쳐다보면서 위안을 얻어야 하는 건축물이기도 하다. 그래서 땅에서 띄워 노출되게 지었다. 반면에 목욕탕인 스파 건물은 덩어리가 커서 땅 위에 지어지면 경관을 해친다. 스파는 프라이버시가 중요한 건물이어서 창문이 클 필요가 없다. 오히려 창문 없이 내부 지향적으로 개인적인 경험을 제공해야 하는 건축물이다. 그렇다 보니 땅속에 짓는 것이 나았고, 땅속에 짓다 보니 재료로 돌을 사용해야 했다. 건축가는 여러 가지 조건 속에서 최고의 경험을 줄 수 있는 공간 구축 방식을 찾아야 한다. 춤토어는 그런 역할을 아주 잘 해내는 건축가다.

목욕탕은 인간이 만든 건축물 중에서 물을 가장 많이 사용하고 다루는 건축물이다. 그래서 목욕탕은 물을 어떻게 표현하느냐가 중요하다. 물은 생명의 근원이다. 태아가 엄마 배 속에 있을 때도 '양수' 속에 담겨 있다. 모든 포유류는 잉태되면서부터 체온과 같은 온도의 물과 접촉된 촉감을 느끼면서 존재한다. 그렇기 때문에 우리는 엄마 배 속에서 나온 이후 계속 자신을 감싸 줄 집을 찾고, 누군가 체온으로 안아 주는 촉감을 추구하면서 사는 것이라 생각된다. 그래서 나를 안아 줄 사람이 없을 땐 체온과 비슷한 따뜻한 물에 몸을 담그면 원초적인 안정감을 느낄 것이다. 춤토어의 '발스 스파'는 마치 "물이 인간에게 무엇인지 알려 주마."라고 말하는 건축물 같다. '발스 스파'에서는 단순히 목욕한다는 느낌을 넘어서 물의 다양한 측면을 체험할 수 있다. 냉탕에 들어가면 물속에서 조명된 욕조 물 안에 파란색 꽃잎들이 소용돌이친다. 파란 꽃잎은 차가운 물의 느낌을 시각적으로도 느끼게 해 준다. 반대로 온탕에는 빨간 꽃잎이 휘몰아친다. 샤워장도 특별하다. 샤워장의 물은 정지된 물이 아니라 위에서 내려오는 물이다. 모든 물은 중력 때문에 위에서 아래로 떨어지는데, 폭포처럼 크게 떨어지기도 하고, 빗물처럼 방울방울 떨어지기도 한다. 높은 곳에서 떨어지기도 하고 낮은 곳에서 떨어지기도 한다. '발스 스파'의 샤워장에는 이렇게 네 가지 방식으로 물이 떨어지는 샤워 장치가 있다. '발스 스파'는 동굴같이 어두운 공간을 연출해 그 안에서 극도로 민감해진 오감을 통해 절제된 빛과 물의 촉감을 최대한 느끼게 하는 궁극적인 감각의 공간이다. 내가 살아 있다는 것을 온몸으로 느끼게 해 주는 건축물이다.

발스 스파

Therme Vals(7132 Thermal Baths)

건축 연도 1996

건축가 페터 춤토어

위치 스위스 동부 그라우뷘덴Graubünden

주소 Poststrasse 560, 7132 Vals, Switzerland

운영 수요일 – 일요일 11 a.m. – 8 p.m.
월요일, 화요일 11 a.m. – 6 p.m.

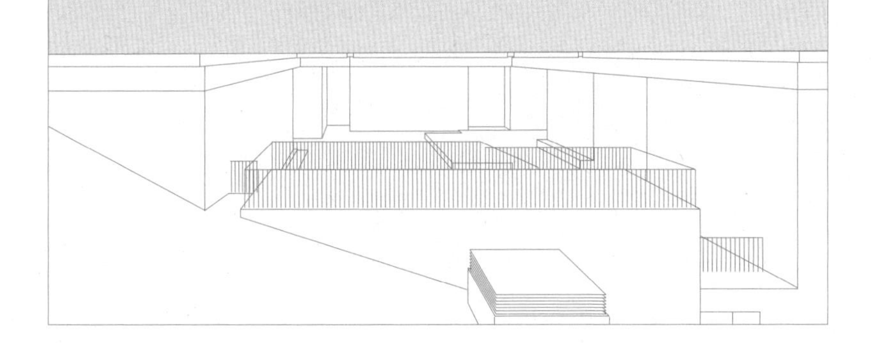

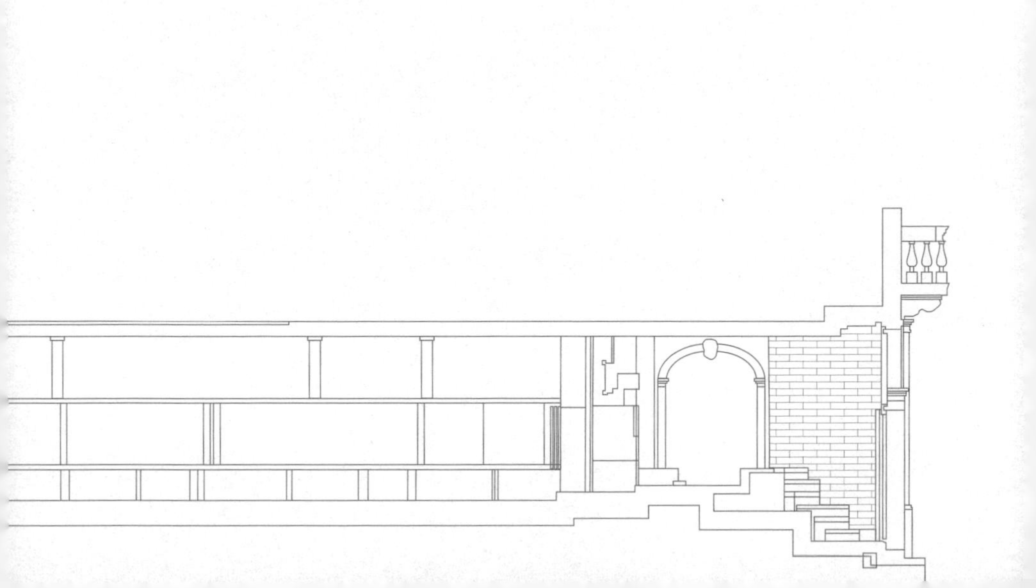

11장 퀘리니 스탐팔리아

1963년: 자연과 대화하는 공간

공간 통역사

베네치아라는 도시는 118개의 섬이 약 4백 개의 다리로 연결되어 있다. 베네치아는 로마 시대 때 해안 지방을 통칭해 부르는 단어였다고 한다. 이 도시는 우선 물 위에 있다는 상황 자체가 흥미롭다. 동남아시아에도 물 위에 지어진 집들이 있지만 그렇다고 도시라고 할 만한 수준은 아니다. 베네치아는 도로 대신 수로가 주 교통망이지만 동시에 사람들이 걸어 다닐 수 있는 골목과 광장도 있어서 도시의 모양새를 갖추고 있다. 어떻게 이러한 도시가 만들어졌을까? 그 역사를 살펴보자. 기원후 2세기부터 쇠락의 길을 걷기 시작한 로마 제국은 기존의 로마에 기반을 둔 서로마 제국과 콘스탄티노플을 수도로 하는 동로마 제국으로 나뉘게 된다. 베네치아는 동로마 제국의 관할에 있던 지역이다. 이후 이 도시가 성장한 것은 5~6세기경 로마인들이 이민족의 침략을 피해서 베네치아로 탈출해 도시를 건설하기 시작하면서부터다. 그들은 외부인의 침입에 대처하기 위해 베네치아의 석호 위에 집

베네치아 구도심 전체를 가로지르고 있는 수로가 눈에 띈다.

을 짓고 살기 시작했다. 말을 타고 와서 공격하는 훈족에 대비하기 위해서는 말이 들어올 수 없는 물 위에 공간을 만드는 것이 최적의 방책이었다. 이렇게 발돋움한 베네치아는 7세기부터 동로마 제국에서 독립해 자치적인 도시 국가로 성장했다. 이후 조선업과 해외 무역으로 엄청난 돈을 벌었고 그 흔적은 고스란히 건축으로 남아 있다. 자연 발생적으로 만들어진 도시다 보니 수로나 골목길은 미로가 따로 없다. 베네치아의 길을 완전히 외우기는 불가능하다. 덕분에 도시 구석구석에 숨겨진 보석 같은 공간들이 너무 많은데, 그중 빼놓을 수 없는 곳이 이탈리아 건축가 카를로 스카르파Carlo Scarpa가 설계한 '퀘리니 스탐팔리아Fondazione Querini Stampalia'다.

'퀘리니 스탐팔리아'는 원래 16세기에 지어진 '퀘스탐 궁전'이라는 건물이었는데, 19세기 중반에 미술관과 도서관이 있는 '퀘리니 스탐팔리아'라는 공익 재단으로 변경되었다. 베네치아의 기후는 특이한 점이 있다. 우리나라는 여름 장마철에 한강이 불어서 올림픽대로와 강변북로가 잠기는 일이 생기는데, 베네치아는 그런 침수 현상이 겨울에 생긴다. 11월쯤 되면 해수면이 올라가고 밀물이 들어오는 만조에 도시의 1층이 물에 잠기는 현상이 발생한다. 그럴 때면 집마다 현관에 차수벽을 설치하고, 큰 광장에는 간이 다리를 만들어서 그 위로 걸어 다닌다. 다리가 없는 골목길에서는 사람들이 무릎까지 오는 장화를 신고 걸어 다닌다. 퀘리니 스탐팔리아 재단도 같은 고민이 있었다. 베네치아는 주요 교통수단이 배다. 그렇다 보니 대부분의 좋은 건물들은 현관에 배를 직접 댈 수 있는 선착장이 있다. '퀘리니 스탐팔리아'도 이러한 선착장 현관이 있었는데, 문제는 만조에 물이 넘치면 사용이 어렵고 건물의 1층은 물에 잠기는 것이었다. 그래서 재단은 건축가 스카르파에게 이 문제를 해결해 줄 건축 리모델링을 의뢰했고, 장장 4년에 걸친 리모델링 공사로 지금의 '퀘리니 스탐팔리아'가 완성되었다.

'퀘리니 스탐팔리아'가 훌륭한 건축인 이유는 자연이 속삭이는 이야기를 듣게 해 주기 때문이다. 우리는 자연의 변화를 감지하기 어렵다. 너무 느리거나 너무 미세하기 때문이다. 계절은 언제나 끊임없이 변화한다. 하지만 너무 천천히 변하기 때문에 오늘과 내일의 계절 차가 느껴지지 않는다. 해의 위치도 시시각각 변하지만 10분 사이에 이동한 해의 위치 차이는 너무 미세해서 알아채기 어렵다. 지금도 한강 수위는 계속해서 높아지거나 낮아지면서 변화하지만 우리는 멀리서 보았을 때 그 높이의 변화를 알 수 없다. 하지만 한강 수위가 바뀌는 것을 눈치챌 때가 있는데, 다름 아닌 '잠수교'가 물에 잠겼을 때다. 다른 다리와는 다르게 낮은 '잠수교'는 한강 물이 조금만 불어나도 물에 잠겨서 건너갈 수가 없다. 이때 '잠수교'는 미세한 자연의 변화를 공간의 변화로 치환해서 우리가 알아채게 해 주는 장치다. 만약에 '잠수교'가 아주 높은 교각으로 만들어졌다면 그런 역할을 할 수 없었을 것이다. 낮은 높이의 교각 디자인이 자연의 변화를 공간적으로 변환시켜 주는 기능을 만들어 냈다. 나는 이런 '잠수교' 같은 건축을 '건축 공간을 통해서 자연과 대화할 수 있게 해 주는 건축'이라고 말한다. 일종의 '공간 통역사'다. '퀘리니 스탐팔리아'도 그런 종류의 건축이다. 베네치아의 물 높이는 항상 변화했다. 이런 변화를 공간의 변화를 통해 좀 더 예민하게 느낄 수 있게 해 주는 건축물이 '퀘리니 스탐팔리아'다.

우선 스카르파는 기존의 선착장 현관을 폐쇄하고 새롭게 다리를 건축했다. 사람들은 배에서 '퀘리니 스탐팔리아' 건너편에 있는 광장에 내린 후 신축 다리를 건너 새롭게 만들어진 건물 현관으로 들어가게 된다. 건물 내부에 있던 기존의 선착장에는 새로운 공간을 만들었다. 새로운 공간의 특징은 바닥의 경계에 40센티미터 정도 되는 턱이 만들어졌다는 점이다. 이 낮은 턱이 베네치아에 홍수가 났을 때도 댐 같은 기능을 해 건물 1층에 물이 들어오지 않는다. 특히나 내가 밟고 있는 바닥이 내 주변의 물보다 낮아지는 특별한 경험을 하기도 한다. 보통 내 발이 밟고 있는 바닥은 항상 물보다 높은 곳에 위치한다. 그런데 물보다 조금 낮은 곳에 있으면서도 발이 물에 젖지 않는 상황은 특별한 기분을 느끼게 해 준다. 스카르파는 여기서 더 나아가 1층 바닥의 높이를 조금씩 다르게 설정해 놓았다. 그래서 물이 조금 더 불어나면 현관 일부는 물에 잠기게 된다. 그리고 그 현관보다 조금 더 높은 곳은 물에 안 잠기고 마른 바닥으로 남는다. 베네치아의 다른 건축물들은

'퀘리니 스탐팔리아' 내부. 입구에 40센티미터 정도의 턱이 있고, 안쪽에도 댐처럼 높은 턱을 주변에 둘렀다.

홍수가 나면 물에 잠기느냐 안 잠기느냐 두 가지 경우만 생긴다. 그런데 '퀘리니 스탐팔리아'는 바닥에 구역마다 다르게 미세한 높낮이 차이를 두었고, 일부 구역에는 경계부에 댐처럼 높은 턱을 주변으로 둘렀다. 이러한 디자인 덕분에 '퀘리니 스탐팔리아'에서는 수위에 따라 물에 잠기는 바닥 면이 바뀌면서 다양한 공간적 변화가 생겨난다. 베네치아의 자연이 만들어 내는 물 높이의 미세한 변화는 사람들이 눈치채기 어렵다. 하지만 '퀘리니 스탐팔리아'의 특별한 디자인 덕분에 물 높이가 달라질 때마다 사람들은 공간적 변화를 통해 미세한 자연의 변화를 경험하게 된다. '퀘리니 스탐팔리아'에 가면 바닥 높이와 턱이 어떻게 설치되었는지 유심히 살펴볼 필요가 있다. 홍수가 심해지면 경계부 턱을 넘어서 물이 넘쳐나 1층 전시장도 물에 잠긴다. 그런데 건물 뒤편에 있는 정원은 물에 잠기지 않는다. 그 이유는 정원이 더 높기 때문이다. 1층 전시장에서 나가면 사람이 걸어 다닐 정도 폭의 좁고 긴 길이 있고, 끝에는 계단 네 단 정도 높이의 턱이 만들어져 있다. 70센티미터 정도 높이의 턱은 정원의 토심土深을 더 깊게 만들어 준다. 덕분에 베네치아에서는 보기 힘든 넓은 잔디밭과 큰 나무가 심긴 정원을 즐길 수 있다. 동양식 정원에 심취했던 스카르파는 이 정원을 일본 정원 느낌이 나게 디자인했다. 심긴 나무도 목련이나 벚나무 같은 일본식 수목이다. 나는 이곳을 여름과 겨울에 여러 차례 방문했는데, 갈 때마다 베네치아 수로의 물 높이에 따라 각기 다른 공간처럼 느껴졌다.

디테일의 신

건축가들에게 스카르파는 디테일의 신으로 통한다. '퀘리니 스탐팔리아'에 새로 만든 다리의 난간을 보면 감탄이 절로 나온다. 우리나라의 일반적인 난간을 생각해 보자. 가장 저렴한 것이 은색 스테인리스 스틸 봉으로 만들어진 난간이다. 난간, 난간 기둥, 기둥을 싸는 뚜껑까지 모두 한 가지 재료다. 여기서 조금 발달한 것이 납작한 철판을 용접해서 만들고 페인트칠한 난간이다. 흔히 평철 난간이라고 불리는데, 이 정도만 되어도 스테인리스 봉 난간보다는 훨씬 낫다. 그렇다고 평철 난간이 훌륭한 난간은 아니다. 이 정도까지가 우리나라 건축의 수준이다. 그런데 베네치아의 건축 장인이 만든 난간은 여러 개의 부품으로 나뉘어 있다. 우선 사람의 손이 닿는 부분은 만질 때 차갑지 않게 느낌이 좋은 티크 원목을 둥그렇게 깎아서 만들었다. 목재는 물이 닿으면 썩거나 부딪혀서 부서지기 쉬우니 나무로 만들어진 난간 손 스침[13]의

난간 끝부분이 나뉘어 있고,
나무 끝부분도 부서지지 않도록
황동을 덧댔다.

끝부분은 황동으로 마감했다. 나무와 쇠는 다른 재료다. 건축에서는 이 다른 두 재료를 어떻게 만나게 하느냐가 중요하다. 스카르파는 재료별로 모양을 다르게 요철로 깎아서 끼워 맞춰 놓았다. 목재 손 스침을 붙잡는 부재는 단단한 쇠로 만들었다. 거기서 그치지 않는다. 쇠로 만들어진 난간 수직 부재들도 위아래로 나뉘어 있는데, 이 둘을 용접으로 대충 붙이지 않았다. 수직 부재도 땅과 만나는 부분과 목재 손 스침을 붙잡는 부분은 기능이 다르다. 기능이 다르니 분리해 놓았다. 그리고 그 두 개의 다른 조각은 볼트로 조여서 접합했다. 아마 독자들 중에는 왜 쓸데없이 그렇게 나누어서 복잡하고 비싸게 만들까 의아해하는 분도 많을 것이다. 이건 가치관의 차이다. 누군가에게는 이런 노력이 의미 없을 수도 있고, 누군가에게는 특별한 가치를 준다. 스카르파 같은 건축가는 디테일을 세밀하게 기능에 따라 나누고 그 기능에 맞게끔 각각 적절한 재료의 부품을 선택한다. 손이 닿는 쪽에는 따뜻한 나무를 사용하고 단단해야 하는 부분에는 쇠를 사용한다. 그리고 그 다른 재료들을 제3의 재료인 볼트로 잇는다. 왜 이렇게 할까?

롤렉스 시계 같은 건축

건축물은 사람의 몸보다 크다. 그렇기 때문에 하나의 재료로 만들 수 없고 여러 개의 다른 재료를 이어 붙여 만들어야 한다. 그렇다 보니 이 다른 재료들을 어떻게 이어 붙일 것이냐가 중요하다. 이를 건축에서 '텍토닉tectonic'이라고 한다. 번역하자면 '구축'이라고 할 수 있다. 재료를 나누어 구축하는 것이 어떤 의미인지 예를 들어 보자. 카톡을 보낼 때 '아침으로 삶은 계란을 잘 먹었나요?'라는 문장을 썼다고 치자. 우리는 그 문장을 '아침으로삶은계란을잘먹었나요?'라고 쓰지는 않는다. 우리는 '아침으로' '삶은' '계란을' '잘' '먹었나요?'라고 다섯 부분으로 나누어서 띄어쓰기한다. 그래야 명확하게 의미가 전달되기 때문이다. 이를 앞서 설명한 스카르파의 디자인에 적용해 보자. 단어 사이의 띄어쓰기는 금속 부품과 목재 부품같이 난간을 구축하는 부재들끼리의 분리라고 할 수 있다. 금속 부품끼리 조여서 붙이는 볼트는 문장 속 '을' 같은 '조사'의 역할을 한다고 할 수 있다. 목재 손 스침 끝부분에 부착된 황동 부품은 문장의 끝에 달린 물음표와 같다고 할 수 있다. 이렇게 각각의 단어를 나누고, 그 단어들에 각기 다른 기능을 부여하고, 그것들을 일정한 규칙으로 조합했을 때 우리는 '문법에 맞는다'고 말한다. 스카르파의 디자인은 일반인의 눈에는 지나치게 복잡한 디테일로 보일 수 있다. 하지만 그는 이러한 복잡한 구축 방법이 '건축

스카르파가 디자인한 문. 문의 경계부 선이 맞물리지 않아 상단에 도형 같은 빈 공간이 생겼다.

구법에 맞는다'고 생각하기에 이런 디자인을 하는 것이다. 물론 이렇게 복잡해야만 좋은 디자인은 아니다. 안도 다다오나 루이스 바라간Luis Barragán 같은 미니멀한 건축을 추구하는 건축가들은 아주 단순한 디테일을 선호하기도 한다. 하지만 그들도 기능이 다르면 다른 부품으로 나누어서 사용한다. 단 그 개수가 적을 뿐이다. 이들과는 반대로 모든 것이 하나의 덩어리로 연결된 것처럼 만들고 싶어 하는 건축가도 있다. 예를 들어 동대문 'DDP(동대문디자인플라자)'를 설계한 자하 하디드Zaha Hadid의 경우에는 모든 건축물이 하나의 밀가루 반죽같이 한 덩어리로 보이는 디자인을 하기도 한다.

스카르파는 다른 요소들이 더 분절되어 보이게 하기 위해서 대리석 벽에 문을 만들 때도 경계부의 선을 복잡하고 다르게 디자인한다.

우리는 보통 문을 만들 때 네모진 형태로 경계부를 설정한다. 그런데 스카르파는 문짝을 복잡한 요철 모양으로 만들어서 문이 열릴 때 특별한 공간감이 느껴지게 디자인했다.

헬스 트레이너에게 들은 이야기가 있다. 좋은 몸은 근육과 지방이 잘 분리되어 있다는 것이다. 돼지 삼겹살의 지방 부분과 근육 부분이 명확하게 나누어진 것처럼 말이다. 반면에 안 좋은 몸은 근육과 지방이 섞여 있다고 한다. 마치 마블링이 잘된 쇠고기처럼 말이다. 그래서 건강해지기 위해서는 운동을 해서 지방과 근육을 분리해야 한다고 한다. 뭐 그렇게 전문적으로 설명하지 않더라도 우리는 한 덩어리로 보이는 중년 아저씨의 배보다 식스팩으로 나누어진 배를 더 선호하지 않는가? 우리는 이두근, 삼두근, 삼각근, 승모근이 나누어진 것을 아름답다고 느낀다. 각기 기능에 따라 명확하게 분절된 근육을 볼 때 사람들이 열광하는 것과 건축에서 분절된 재료가 잘 조합된 모습에 건축가가 희열을 느끼는 것은 비슷하다. 카시오의 전자시계와 롤렉스의 기계식 무브먼트 시계는 둘 다 시간을 알려 주는 똑같은 기능을 갖는다. 하지만 기계식 손목시계가 훨씬 더 비싼 이유는 많은 부품이 잘 엮여서 하나로 작동하는 것이 감동을 주기 때문일 것이다. 여러분이 건축에서 이런 디테일 텍토닉을 보게 되면 건축을 보는 또 하나의 눈이 생기는 것이다. 그런 면에서 스카르파의 작품은 롤렉스 시계 같은 건축이다. 아니 롤렉스 시계보다 더 명품인 파텍 필립 시계 같은 건축이다.

퀘리니 스탐팔리아

Fondazione Querini Stampalia

건축 연도 1963 (재건축)
건축가 카를로 스카르파
위치 이탈리아 베네치아
주소 Campo Santa Maria Formosa, 5252, 30122 Venezia VE, Italy

운영 화요일 – 일요일 10 a.m. – 6 p.m.
입장 마감 5:30 p.m.
월요일 휴관

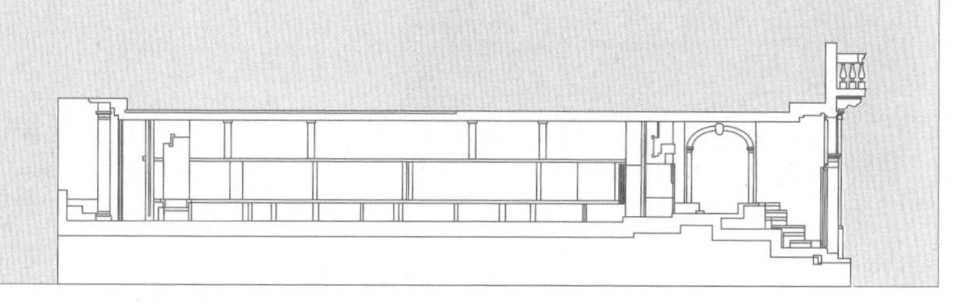

12장	빌바오 구겐하임 미술관
1997년: 물고기를 좇은 건축가의 꿈	

예술과 건축 사이

프랭크 게리Frank Gehry는 '빌바오 구겐하임 미술관Guggenheim Museum Bilbao'으로 일약 역사에 남을 건축가로 자리매김한 거장이다. 하지만 그는 젊어서부터 그렇게 잘나가던 건축가는 아니었다. 실제로 그의 초기 작품을 보면 자신의 주택을 개조하거나 조명 기구를 만드는 식으로밖에 작품성을 보여 줄 수 없었다. 그가 디자인한 형태가 워낙 파격적이어서 웬만한 건축주들은 수용하기 어려웠던 것이다. 리처드 마이어가 설계한 '게티 센터'의 건축 과정을 담은 다큐멘터리를 보면, 마이어가 로스앤젤레스 건축위원들에게 작품을 설명할 때 마이어에 비해 잘나가지 못해서 바쁘지 않았던 게리는 여러 명의 심의위원 중 한 명으로 회의 테이블 한쪽에 앉아 있는 모습을 볼 수 있다. 지금의 위상과는 사뭇 다른 모습이다. 그가 젊은 시절 자신의 작품을 인정받지 못해 스트레

프랭크 게리

리처드 세라의 금속판 조각

스를 많이 받아서 심리 상담소를 드나들었고, 그곳에서 만났던 여러 예술가와 친해졌다는 이야기도 있다. 실제로 그는 휘어진 금속판 조각으로 유명한 리처드 세라Richard Serra와 가까운 사이였고 디자인에 많은 영향을 받았을 것 같기도 하다. 게리의 건축은 직관적 영감을 주는 예술적 형태의 디자인으로 유명한데, 예술가라 불리는 것이 더 어울리는 건축가이기도 하다. 그런 면에서 게리와 가장 비슷한 건축가는 안토니오 가우디Antonio Gaudí라고 말하고 싶다. 둘 다 독보적인 형태감으로 대중에게 열광적인 지지를 받는 건축가라는 공통점이 있다. 다른 말로 하면 형태 외에는 별로 내세울 것이 없는 건축가라고 폄하될 수도 있다. 예술적인 건축을 추구하는 그가 조각가가 아닌 건축가가 될 수 있었던 것은 끊임없는 자기 계발을 통해 기술적 진화를 해 왔

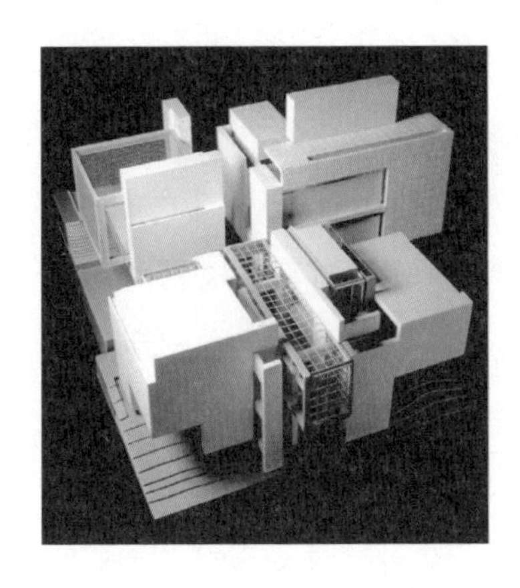

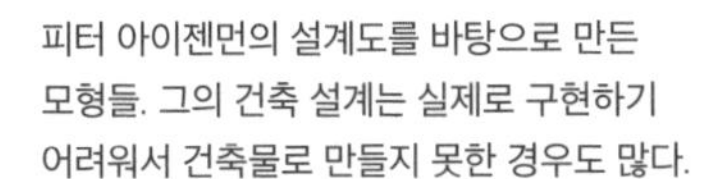

피터 아이젠먼의 설계도를 바탕으로 만든 모형들. 그의 건축 설계는 실제로 구현하기 어려워서 건축물로 만들지 못한 경우도 많다.

기 때문인데, 그 여정이 상당히 흥미롭다.

1980~1990년대 건축계에 희한한 형태의 건축을 한 대표적인 건축가가 두 명 있다. 한 명은 피터 아이젠먼이고 다른 한 명이 프랭크 게리다. 둘 다 독특한 디자인을 하지만 그런 디자인을 하는 이유는 정반대였다. 피터 아이젠먼은 끊임없이 이론을 만들어 내며 자신의 디자인 과정이 얼마나 합리적인지 설명하려고 했다. 수십 단계의 디자인 과정을 설명하는 다이어그램은 경이롭고 아름답기까지 하다. 그는 형태의 새로움과 복잡성을 추구했지만 이유는 논리적이고 합리적이어야 했다. 그와 반대로 게리는 자신의 디자인을 감성적이고 직관적인 이유로 설명한다. 예를 들어 그의 대표작인 '빌바오 구겐하임 미술관'의 디자인은 물고기 모양에서 모티브를 따왔는데, 그 이유가 자신

이 어려서부터 물고기를 좋아했기 때문이라는 식이다. 보통 학교 설계 수업 시간에 학생이 그런 식으로 답변하면 교수에게 심한 지적을 받는다. 그런데 게리와 학생의 차이는, 학생은 말만 하는 것이고 게리는 지어서 완성했다는 점이다. 건축 학교에서 합리적 디자인을 강조하는 이유 중 하나는 다른 사람을 설득하는 법을 가르치기 위해서다. 그 다른 사람이란 다름 아닌 건축주다. 건축주를 설득해서 많은 돈을 투자하게 하려면 그만큼 합리적인 이유로 설득해야 하는데, 디자인을 설명하는 건축가가 "그냥 제 유년 시절 기억 때문에 이렇게 디자인했어요."라고 하면 누가 수십, 수백 억의 돈을 내겠는가? 그런데 그 어려운 일을 게리가 해냈다. 게리가 존경스러운 것은 끊임없이 도전해서 자신을 믿어 줄 건축주를 찾았고, 그 황당한 디자인을 완성했기 때문이다. 건축가가 예술가로 인정받아서 좋은 점은 대체 불가능해진다는 점이다. 화가 이우환은 점 하나 찍고서 그림을 완성한다. 그 정도 일은 누구나 할 수 있다. 하지만 아무나 점을 찍는다고 그림이 팔리지는 않는다. 이우환은 예술가로 인정받았기 때문에 점만 찍어도 고가의 그림이 된다. 게리의 디자인을 흉내 낼 수 있는 건축가는 지구상에 많다. 하지만 루이비통이 자기 재단의 미술관을 게리를 흉내 내는 사람에게 맡기지는 않는다. 게리이기 때문에 맡기는 것이다. 게리의 작품이 모두 훌륭한 것은 아니다. 하지만 대체 불가능하다는 점은 맞다. 게리가 어떻게 그 경지에 이르렀는지 그 과정을 한번 살펴보자.

물고기 만들기

그가 물고기에 강한 애착을 보이는 이유는 어릴 적 행복한 기억 때문이다. 게리는 유대인 가정에서 태어났는데, 유년기에 할아버지가 유

프랭크 게리가 만든 물고기 모양의 조명 기구, 피시 램프Fish Lamps

대교 명절 때마다 생선 요리를 했다고 한다. 이때마다 할아버지는 살아 있는 물고기를 가져와서 며칠 전부터 욕조에 넣어 놓았고, 어린 게리는 이때 빛이 반사되어 반짝이는 물고기의 비늘과 역동적인 곡선의 형태에 매료되었다. 그는 이런 유년기 체험을 바탕으로 물고기의 역동적인 곡면 형태와 빛에 따라 변화하는 비늘의 느낌을 건축적으로 구현하고자 노력했다. 물고기 디자인을 만들려는 시도는 조명 기구부터 시작되었다. 1980년대 중반 그가 디자인한 조명 기구는 물고기나 뱀 모양을 하고 있는데, 제작 방식은 켄트지를 손으로 찢은 후 종이 끝부분을 풀로 붙여서 곡면 형태를 만드는 것이었다. 예술 작품이라 할 수 있을 정도의 장인 정신이 보이는 조명 기구다. 이후 1987년에 일본 고베에 있는 일식당 외부에 세우는 간판 조형물을 물고기 모양으로

프랭크 게리가 설계한 물고기
모양의 일식당 간판 조형물

옥상에 설치한 프랭크 게리가 만든 물고기 모양의 조형물

만든다. 실내 공간에 두는 램프 조명과는 다르게 외부 조형물은 비를 맞는다. 그렇다 보니 종이를 사용할 수 없어서 그가 생각해 낸 방법은 쇠 파이프로 대략적인 물고기 모양을 만들고 그 위에 타공 철판으로 만든 비늘을 붙여서 생생한 모양의 물고기를 완성하는 것이었다.

이후 1989년에 스페인 바르셀로나에 있는 빌라 올림피카의 옥상 조형물을 물고기 모양으로 만들게 된다. 기존에는 물고기의 형태를 완전하게 만들려고 노력했다면 여기서부터는 물고기의 모양을 단순화한다. 바르셀로나에서도 고베에서처럼 쇠 파이프로 곡면의 대략적인 형태를 잡았다. 이후에 그는 타공 철판 대신 리본 띠 모양의 얇은 철판을 휘어지게 붙여서 물고기 모양을 완성했다. 물고기 형태를 구체적으로 재현하기보다는 추상적으로 간략화했는데, 그럼에도 불구하고 보는 순간 물고기가 연상된다. 이 바르셀로나에 만든 물고기 조형물은 게리의 작품 세계에서 중요하다. 그 이유는 과거에는 물고기를 그대로 재현하려고 했다면, 여기서부터는 물고기의 영감은 유지하면서도 건축적으로 형태를 단순화시켰기 때문이다. '물고기 모양의 조각'에서 '물고기를 연상케 하는 건축'으로 넘어가는 과도기의 작품이다. 게리는 조각가에서 건축가로 한 걸음 더 나아간 것이다. 그다음 단계가 8년 후인 1997년에 완성된 '빌바오 구겐하임 미술관'이다. 기존의 작품은 실내 공간이 없는 그냥 물고기 모양의 조형물이었다면, '빌바오 구겐하임 미술관'부터는 비로소 실내 공간이 있는 물고기 모양의 건축물이다. 이때부터 직설적인 물고기 모양의 조형물이 아니라, 물고기의 3차원 곡면의 역동성은 유지하면서 실내 공간이 있는 건축물을 완성한 것이다.

초기의 조명 기구부터 '빌바오 구겐하임 미술관'까지의 여정을 보면 두 가지가 진화했다. 첫째는 형태가 점점 단순화되었다. 직설적 형태의 모방보다는 개념을 단순화해서 건축적 형태로 표현했다. 둘째는 재료가 변화했다. 물고기 램프를 만들 때 사용했던 종이 대신에 '타이타늄'이라는 금속 재료를 사용했다. 타이타늄은 치과에서 보철할 때나 우주 왕복선을 만들 때처럼 의료 분야와 항공 분야에서 사용하는 고급 재료인데, 빛에 민감하게 반응하여 색상과 재질이 다르게 보이는 속성 때문에 게리가 즐겨 사용한다. 햇빛에 반사되어 반짝이는 물고기의 비늘을 표현하기에 최적의 건축 재료다. 이후 그의 작품은 프로젝트에 따라 타이타늄 대신 스테인리스 스틸을 사용하기도 했다. 램프를 만들 때 사용했던 종이와 달리 금속은 임의로 건설 현장에서 자를 수 있는 것이 아니기에, 소프트웨어를 이용하여 정교하게 컴퓨터로 제단하고 공장에서 기계로 제작한 후 현장에서 조립하는 방식을 채택하고 있다. 제작 방식의 기본 원리는 두꺼운 종이를 이용해 조명기구를 만들 때와 동일하다.

컴퓨터를 이용한 진화

게리의 디자인 프로세스는 모형에서 시작해서 모형으로 끝난다고 할 수 있다. 실제로 그는 한 프로젝트를 수행하는 데 약 60개 정도의 모형을 제작한다고 한다. 디자인 초기 단계에는 다소 즉흥적이고 감성적이면서도 황당한 방식을 사용한다. 먼저 종이를 구겨서 책상 위에 던져 보면서 여러 가지 형태를 만든 후, 마음에 드는 부분이 발견되면 전자 감지 펜이 달린 3D 디지타이저[14]를 이용해 모델 위의 표면을 한 점 한 점 찍어서 컴퓨터상의 모델링으로 재현한다. 이후 컴퓨터 내에서 형태를 조정해 최종 건축 형태를 완성한다. 최종 건축물의 컴퓨터

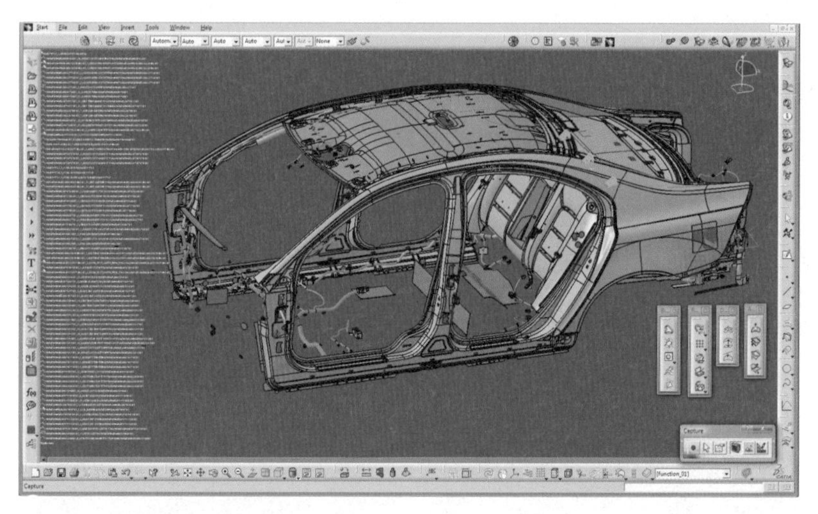

'카티아'로 자동차 철골 구조 틀을 설계하는 모습

모델이 만들어지면 그 데이터를 가지고 프랑스 '미라주' 전투기를 디자인할 때 사용했던 '카티아CATIA'라는 소프트웨어를 이용해서 철골 구조 틀을 설계한다. 이후에 휘어진 골조의 정보를 공장으로 보내어 제작한다. 이때 3차원 모형의 표면은 마치 종이 모델의 전개도를 만들듯이 2차원 평면 조각으로 나누어 그 정보를 보낸다. 이렇게 공장에서 정확하게 제작된 철골빔과 패널들을 현장으로 옮겨서 조립하여 건축물을 완성한다.

게리 건축의 특별함은 형태보다 제작 방식에 있다. 3차원 곡면의 화려한 형태는 바로크 시대부터 있었다. 바로크라는 말은 '찌그러진 진주'라는 뜻이다. 그만큼 찌그러지고 기이하고 화려한 형태를 추구했던 시절이 바로크 시대다. 그 당시 건축에서 바로크 형식을 표현하는 방식은 대리석을 찌그러진 형태로 깎아서 조각하는 방법밖에는 없었다. 그렇다 보니 장식의 형태로밖에 만들 수 없었다. 바로크 시대

건축 중인 '빌바오 구겐하임 미술관'

의 작품들을 보면 수직의 벽과 돔 지붕은 전통적인 형식이고 창틀 장식이나 조각 정도에서만 화려한 형태가 나타난다. 반면 게리는 그러한 형태의 역동성을 건축 스케일로 키워서 색다른 공간감으로 보여준다. 그리고 그런 형태를 만들기 위해 자동차, 배, 비행기를 만드는 기술을 도입해서 적용했다. 인간은 오래전부터 건물보다 큰 배를 만들어 왔다. 배는 물의 저항을 줄이기 위해 유선형의 곡선으로 만들어야 한다. 게다가 바닷물이 들어오면 안 되니 방수가 철저해야 한다. 게리가 한 일은 타이태닉호 같은 큰 배를 만드는 기술을 건축에 그대로 접목한 것이다. 그러나 콜럼버스의 달걀처럼 만들고 나니 쉬워 보이는 것이지 첫 시도는 항상 쉽지 않다. 1980년대에 가정용 컴퓨터가 나오면서 컴퓨터를 이용해 여러 가지 파격적인 형태를 디자인하는 건축

빌바오 구겐하임 미술관

가가 많아졌다. 현대 철학의 해체주의를 이용해서 파격적인 디자인을 시도하는 사람도 많았다. 하지만 이들 중에서 자신의 파격적인 디자인을 실제 완성된 건축으로 현실화한 이는 찾아보기 힘들다. 게리가 대단한 건축가인 것은 자신이 상상한 파격적인 건축을 실제로 현재의 기술을 이용해 산업 생태계 안에서 실현하는 방법을 개척했기 때문이다. 게리가 그런 위대한 업적을 이룰 수 있었던 이유는 어쩌면 어려서부터 가졌던 물고기를 만들고 싶다는 꿈을 포기하지 않아서였을 것이다. 누구나 생각은 했지만 만들 수 없었던 형태를 완성하기 위해 게리는 미국 디트로이트에 있는 자동차 회사의 도움을 받기도 했다. 전 세계 최대 조선업이 자리한 울산이나 거제도에서 국내 조선 기술을 이용해 '빌바오 구겐하임 미술관' 같은 건축물을 처음 만들었다면 전 세계에서 관광객들이 모여들었을 것이다. 기술을 다 가지고 있었으면서도 울산과 거제도에 그런 일이 일어나지 않은 것은 게리 같은 건축가가 없어서일까, 아니면 우리나라 건축 문화의 수준과 시스템이 받쳐 주지 않아서일까? 둘 다일 것이다.

진화해서 살아남은 건축가

나는 게리의 최고 걸작은 로스앤젤레스의 '디즈니 콘서트홀Walt Disney Concert Hall'이라고 생각한다. 흥미로운 점은 같은 건물, 같은 건축가인데 디자인이 계속해서 바뀌었다는 점이다. 게리가 '디즈니 콘서트홀' 현상 설계에 당선된 시점은 1988년이다. 그때의 계획안은 지금 지어진 것처럼 역동적으로 휘어진 3차원 곡면이 아니라, 층마다 모양이 다른 2차원 곡선의 평면도를 차곡차곡 쌓아서 불규칙한 형태의 건물 덩어리를 완성하는 방식이었다. 벽은 모두 수직으로 올라간 단조로운 형태였다. 그런데 15년이라는 세월이 흐르는 동안 기술이 발전했고, 게리는 '빌바오 구겐하임 미술관'에서 성공했던 제작 방식을 적용해서 새로운 3차원 곡면의 '디즈니 콘서트홀'을 완성할 수 있었다. '디즈니 콘서트홀' 디자인의 변화 과정을 보면 게리의 디자인은 기술과 연합해서 계속 진화해 왔음을 알 수 있다.

게리는 건축 형태를 만들 때 비논리적으로 접근했기 때문에 예술가의 면모가 부각되었고 따라서 다른 사람이 흉내 낼 수 없는 독보적인 자신만의 영역을 구축했다. 나는 그가 자신의 작품을 설명할 때 보여 주는 솔직 담백한 성격이 마음에 든다. 하지만 직관적인 그의 생각은 합리적이지 않아서 이론으로 정립되지 않았다. 이 때문에 이론을 갖춘

1988년 '디즈니 콘서트홀' 현상 설계에 출품한 프랭크 게리의 디자인

2003년 완성된 '디즈니 콘서트홀'

르 코르뷔지에나 피터 아이젠먼처럼 많은 추종자나 계파를 만들지는 못했다. 르 코르뷔지에나 아이젠먼이 종로에 깡패 조직을 가진 김두한이라면, 게리는 만주 일대를 다니며 혼자서 주먹 세계를 평정한 시라소니라고 할 수 있겠다. 하지만 그런 이야기도 2000년대 초반까지의 이야기다. 게리는 책 한 권 쓰지 않았지만 '빌바오 구겐하임 미술관'이 지어진 이후 그의 디자인 스타일은 전 세계 건축계에 큰 영향을 끼쳤다. 지금은 세계 곳곳의 여러 건축가가 게리를 흉내 내어 파격적인 형태의 건축을 하고 있다. '빌바오 구겐하임 미술관'을 보고 난 후 전 세계의 많은 건축주가 파격적인 디자인을 원하게 되었다. 그리고 게리가 개척한 비정형 제작 기술 덕분에 많은 건축가가 다양한 형태의 건축물을 실현할 수 있게 되었다. 동대문 'DDP'를 설계한 자하 하디드 같은 건축가가 활동할 수 있는 시장과 기술을 게리가 만들었다고 해도 과언이 아니다. 게리가 그런 영향력 있는 건축가가 될 수 있었던 이유는 끊임없는 자기 혁신이 있었기 때문이다. 시대가 바뀌면서 기술은 계속해서 변화한다. 게리는 발전한 새로운 IT 기술과 함께 자신의 디자인을 진화시켜서 살아남아 기존에는 없던 새로운 종을 창조해 낸 건축가다.

빌바오 구겐하임 미술관
Guggenheim Museum Bilbao

건축 연도 1997
건축가 프랭크 게리
위치 스페인 북부 바스크 지방의 빌바오
주소 Abandoibarra Etorb., 2, 48009 Bilbo, Bizkaia, Spain

운영 화요일 – 일요일 10 a.m. – 7 p.m.
월요일 휴관

2 부

북아메리카

⑬ 바이네케 고문서 도서관

⑭ 뉴욕 구겐하임 미술관

⑮ 시티그룹 센터

⑯ 허스트 타워

⑰ 낙수장

⑱ 베트남전쟁재향군인기념관

⑲ 더글러스 하우스

⑳ 킴벨 미술관

㉑ 소크 생물학 연구소

㉒ 도미누스 와이너리

㉓ 해비타트 67

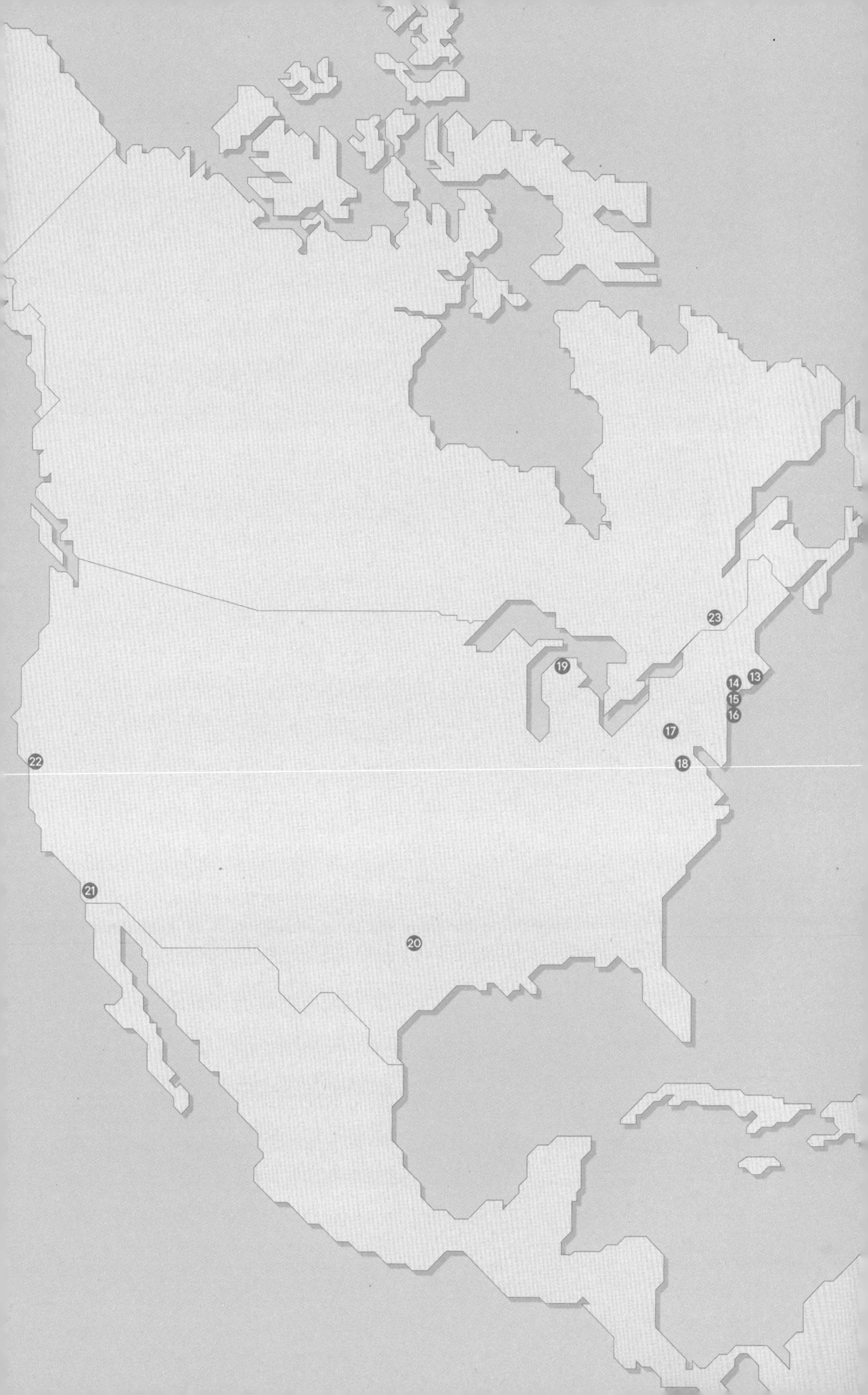
23
19
13
14
15
16
17
18
22
21
20

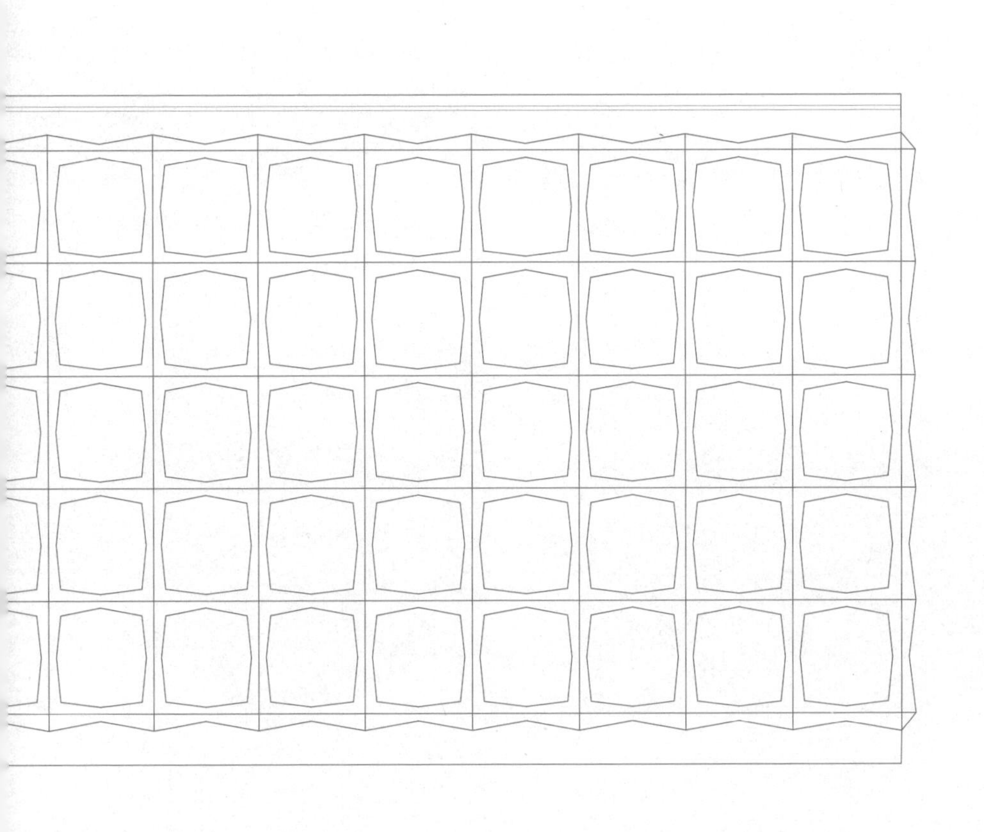

13장	바이네케 고문서 도서관
1963년: 빛이 투과되는 돌	

재료에 대한 고정 관념

태어나서 오랜 세월을 살아온 우리는 자연스럽게 우리 주변에 있는 물질의 특징을 파악하고 있다. 예를 들어 물은 차갑고 손으로 움켜잡기 힘들고, 돌은 무겁고 단단하고, 나무는 가벼워서 물에 뜨고, 종이는 구겨지거나 불에 타기 쉽다는 식의 인식이 우리 머릿속에 잡혀 있다. 이러한 물질을 다룬 경험들은 우리의 고정 관념으로 이어진다. 그런데 이렇게 당연한 물질의 특징들이 가끔 천재 건축가를 통해 새롭게 재해석되면서 이전에는 없던 공간이 만들어진다. 그 대표적인 사례가 고든 번샤프트Gordon Bunshaft가 설계한 미국 예일대학교의 '바이네케 고문서 도서관Beinecke Rare Book and Manuscript Library'이다.

외국의 대형 설계 사무소들의 이름은 대부분 영어 약자 세 글자로 되어 있다. 종종 법률 사무소들이 그런 것처럼 파트너십을 바탕으로 한 회사가 이런 형태이며, 우리나라 건축계에서는 흔하지 않다. 대부분 세 글자 중에서 한 명은 마케팅을, 한 명은 재정을 그리고 나머지

한 명이 디자인을 도맡아서 사무소를 꾸려 나간다. 송도 신도시를 디자인한 KPF의 경우에도 'P'인 페더슨Pedersen만 디자인을 하고 'K'와 'F'는 디자인에 거의 관여하지 않는다. 그래서 미국 건축계 사람들이 흔히 환상의 콤비라고 부르는 경우는 정부의 소수 민족 특혜를 받을 수 있으면서 동시에 물주 역할을 할 수 있는 아시아계 파트너, 언론을 담당하는 유대계 파트너, 클라이언트를 만날 때 좋은 인상을 주는 금발에 파란 눈을 가진 백인 디자이너 파트너, 이렇게 셋이 모이는 경우라고 한다. 요즘 같으면 인종 차별적 발언이라고 난리 날 일이지만 과거에 냉정한 비즈니스 세계에서는 그랬다. 이 같은 대형 건축 사무소의 원조 격이라고 할 수 있는 건축설계사무소 SOM(Skidmore, Owings and Merrill)은 고층 오피스 빌딩, 컨벤션 센터, 공항 같은 대형 건축물 중심의 작품을 쏟아 내고 있다. 참고로 SOM을 '솜'이라고 읽지 말아 주었으면 한다. 그것은 마치 1990년대 인기 아이돌 그룹 HOT를 '핫'이라고 읽는 것과 마찬가지다. '스키드모어Skidmore'라고 읽으면 좀 더 뉴욕 '인싸'로 보일 수 있다. '스키드모어'는 SOM의 'S'로, 뉴욕 토박이 건축가들은 SOM을 이렇게 읽는다. SOM이 지금처럼 명성을 얻은 것은 뉴욕의 '레버 하우스Lever House'나 '바이네케 고문서 도서관' 같은 작품들이 있었기 때문이다. 이 작품들은 모두 MIT에서 건축을 공부하고 1988년에 건축계의 노벨상이라 불리는 프리츠커상을 수상한 고든 번샤프트의 작품이다. 그의 작품 중 예일대학교의 희귀 도서를 보관하는 도서관인 '바이네케 고문서 도서관'은 평면과 단면의 구성, 재료의 선택, 구축 방식 디테일까지 모든 면에서 훌륭한 작품이다.

유대 전통 성막

유대인 성막을 닮은 평면

이 작품의 평면은 먼저 구약 성경 속 인물 모세가 설계했다고 알려진 유대인의 전통 성막인 '태버내클tabernacle'에서 공간의 개념을 따왔다고 볼 수 있다. 유대인 성막의 공간은 성전 마당, 성소, 지성소라는 세 단계로 나누어져 있다. '성전 마당'은 보통 사람들이 예배당에 들어가기 전에 담장을 지나서 맞이하는 첫 번째 공간이다. 성전 마당을 지나면 만나는 공간은 직사각형 천막으로 만들어진 '성소'로, 그 안에서 정식 제사가 진행된다. 성소까지는 제사장의 출입이 가능하다. 성소 내부의 중간쯤에는 휘장이 쳐져 있는데, 그 휘장 뒤편이 '지성소'다. 이곳은 창문도 없고 오직 대제사장만 1년에 한 번 들어갈 수 있는 곳으로, 하나님이 임재하는 곳이다. 영화 '인디아나 존스 시리즈'의 1편 〈레이

바이네케 고문서 도서관

더스〉에 나오는 '모세의 성궤'가 놓인 곳이기도 하다.

이렇듯 신성한 공간을 구축할 때 유대인들이 사용했던 방식은 '공간 안의 공간'이라는 기법이다. 사실 공간 안에 공간을 배치해 안쪽의 공간을 성스럽게 만드는 기법은 모세의 성막 이전에 이집트 신전에서도 사용되었고, 북경 '자금성'에서도 보이고, 심지어 우리나라 '청와대'에서도 보이는 기법이다. 그러니 인류 보편적인 기법이라고 할 수 있다. 단 유대인 성막이 '자금성'이나 '경복궁'과 다른 점은 성소와 지성소에 창문이 없다는 점이다. 동양의 건축에서 보통 공간 안의 공간을 만들 때는 담장을 이용했다. 반면 서양에서는 벽으로 완전하게 내부와 외부를 분리하는 방식을 사용했다. 이처럼 창문이 없는 벽으로 공간 안의 공간을 만드는 평면 기법이 '바이네케 고문서 도서관'에

'바이네케 고문서 도서관' 내부. 중앙에 희귀한 책을 보관하는 공간이 보이고, 그 뒤로 태양광이 들어오는 천연 대리석 벽이 보인다.

서 보인다. 아마도 고든 번샤프트는 미국의 러시아계 유대인이었기에 이러한 기법을 어렵지 않게 구상했을 것이다. '바이네케 고문서 도서관'을 설계할 때 유대인 성막을 떠올린 이유는 아마도 두 건축물의 공통점이 있기 때문일 것이다. 유대인에게 가장 중요했던 여호와가 임재하는 성궤를 보관하는 건축물이 지성소가 있는 성막이다. 마찬가지로 지식의 전당인 대학에서 가장 중요한 희귀 도서를 보관해야 했던 곳이 '바이네케 고문서 도서관'이다. 도서관의 서고는 일반적으로 책의 보호를 위해 햇빛에 노출되지 않는 안쪽에 배치된다. 그런데 '바이네케 고문서 도서관'에서 보관하는 책은 그냥 책도 아니고 아주 희귀한 책이다. 당연히 햇빛이 전혀 들지 않는, 창문 없는 공간에 배치해야겠다고 생각했을 것이다. '바이네케 고문서 도서관'에 비치된 희귀 도서는 유대인 성막에 보관된 성궤인 것이다. 그냥 단순하게 도서관에 창문을 내지 않는 정도로는 안심이 안 됐을 것이다. 그래서 소중한 책을 비치하는 책꽂이들은 도서관의 가장 중앙에 있는 구획된 공간에 놓인다. 이 책들은 책꽂이로 만들어진 네모난 상자 같은 공간으로 구획되어 있다. 마치 성소 안에 휘장을 치고 지성소라는 더 구분된 공간을 만들었듯이 희귀 도서의 책꽂이는 도서관 실내의 또 한 번 구획된 공간에 배치되어 있다. 또한 그 공간 주변으로 마치 성곽 주위에 해자를 만들듯이 슬래브[1]들을 띄어 놓았다. 희귀 도서가 있는 영역은 작은 다리를 건너야만 들어갈 수 있다. 이곳은 유대인 성막의 지성소와 같이 보호받는 형태의 성스러운 공간으로 연출되었다.

빛을 투과시키는 대리석

공간 시퀀스도 훌륭하지만 이 도서관이 유명한 이유는 다른 데 있다. 바로 빛이 투과되는 대리석 벽 때문이다. 앞서 설명했듯이 이 도서관은 직사광선을 차단하고 실내 공간을 더욱 특별하게 구분하기 위해서 창문 없는 공간을 만들고 그 안에 책을 보관했다. 그런데 막상 실내 공간에 들어가면 어둡거나 우울하지 않다. 오히려 공간을 감싸는 은은한 빛을 느낄 수 있는데, 그 이유는 벽이 얇은 대리석으로 만들어져 있어서 벽을 투과한 빛이 실내 공간을 밝히기 때문이다. 전설에 의하면 예전 중국 송나라 시대의 도자기 중에는 촛불이 투과될 만큼 아주 얇게 만들어져 등갓으로 사용된 작품이 있었다고 한다. 이와 비슷한 원리로 이 도서관에서는 대리석을 아주 얇게 썰어서 창문의 유리 대신 사용하여 대리석을 통해 은은한 자연광이 비쳐 들어오게 했다.

은은한 빛을 연출하려면 유리창에 반투명 필름지를 부착할 수도 있었을 것이다. 하지만 건축가는 얇은 대리석을 사용했다. 그렇게 태양광이 대리석 벽을 통과해 들어옴으로써 내부에서는 아름다운 천연의 대리석 문양이 마치 벽화처럼 장식된다. 이 부분이 놀랍다. 대리석의 아름다운 문양을 사용하여 공간을 장식한 사례는 서양 건축사에 무수히 많다. 고대부터 시작해서 르네상스 시대와 바로크 시대의 뛰어난 조각가와 건축가들이 그렇게 했다. 하지만 이들은 어두운 실내 공간에서 대리석 문양을 보여 주기 위해 창문을 크게 뚫어야 했다. 근대 건축의 거장 미스 반 데어 로에Mies van der Rohe도 아름다운 녹색 대리석 문양을 보여 주기 위해 벽체에 대리석 판을 붙이고 그 옆의 창문을 크게 뚫었다. 이렇게 아름다운 대리석과 빛을 들이기 위한 창문은 수천 년 동안 따로 존재했다. 그런 수천 년의 전통을 깨뜨리고 고든 번샤프트는 아름다운 대리석과 빛을 투과시키는 창문을 하나로 합쳐 대리석 창문을 만들었다. 그렇게 하자 여태껏 볼 수 없었던 아름다운 대리석 문양을 빛과 함께 볼 수 있게 되었다. 우리가 병원에서 엑스레이 사진을 찍으면 검은색 엑스레이 필름지에 인화된다. 그런데 그 검정 필름지를 형광등이 켜진 박스 앞에 걸어 놓으면 내 몸속의 뼈가 나타나는 신기한 그림을 볼 수 있다. 번샤프트가 만든 대리석 창문은 마치 엑스레이 사진 같다. 천연 대리석의 문양은 햇빛 아래에서 바라보아도 아름답다. 하지만 햇빛이 투과되는 얇은 대리석은 마치 형광등 불빛 앞에서 새롭게 탄생하는 엑스레이 사진처럼 더 환상적이다. 표면을 넘어서 대리석 내부의 모습까지 투영되기 때문이다. 여태껏 수천 년간 본 적이 없는 대리석이 만드는 그림이다. 그렇게 만들어진 대리석 창문 한 장 한 장은 잭슨 폴록Jackson Pollock이 그린 여러 장의 그림처럼 보이기도 한다. 사실 잭슨 폴록의 그림보다 더 아름다운데, 그 이유는 그 대리석 그림은 자연이 그렸기 때문이다. 잭슨 폴록의 그림은 며칠 만에 만든 것이지만 대리석의 패턴은 자연이 수십만 년의 시간을 들여 천천히 만들어 낸 것이다. 그렇기에 더욱 장엄하고 멋있다. 건축가가 한 일은 창틀을 만들고 그 창틀에 수십만 년 전부터 있던 대리석을 이전과는 다르게 얇게 썰어 판으로 끼워야겠다는 창의적인 생각을 한 것뿐이다. 그리고 그렇게 만들어진 건축물의 벽체는 태양 빛과 함께 아름다운 앙상블을 연출한다. 인간의 창의력과 자연의 물질, 그리고 태양 빛이 만들어 내는 환상적인 공간이다. '바이네케 고문서 도서관'은 낮에 밖에서 바라보면 거대한 흰색 대리석으로 된 돌덩이 같다. 그런데 내부에 들어가면 여태껏 어디서도 본 적이 없는 대리석의 얼굴을 만날 수 있다. 태양 빛이 만들어 내는 대리석의 엑스레이 사진은 도서관의 실내를 특별한 분위기로 채운다.

이 건축물의 또 다른 경이로움은 밤에 연출된다. 낮에는 거대한 대리석 덩어리처럼 보이던 건축물이 밤이 되면 내부에 켜진 조명이 대리석 창문을 통해 투과되면서 이번에는 하나의 종이 랜턴 같은 모습이 된다. 낮 동안 대리석과 태양 빛이 만들어 낸 향연이 실내에 펼쳐졌다면, 밤에는 대리석과 인공조명이 만들어 낸 향연이 펼쳐진다. 자연의 빛은 밖으로부터 비치고, 인공의 빛은 반대로 내부에서부터 비친다. 하나의 얇은 대리석에 자연의 빛과 인공의 빛이라는 두 개의 다른 빛이 통과하면서 완전히 다른 건축물이 창조되는 것이다. 인간은 1만 년 전부터 건축에 돌을 사용해 왔다. 하지만 그 누구도 돌을 빛이 투과하는 특성으로 사용하지 않았다. 고든 번샤프트는 그런 물질의 고정관념을 깨뜨리고 새로운 건축을 보여 준 대가大家다.

바이네케 고문서 도서관
Beinecke Rare Book and Manuscript Library

건축 연도 1963
건축가 고든 번샤프트
위치 미국 코네티컷 뉴헤이븐 예일대학교 올드 캠퍼스
주소 121 Wall St, New Haven, CT 06511, United States

운영 월요일, 화요일, 목요일 9 a.m. – 7 p.m.
수요일 10 a.m. – 7 p.m.
금요일 9 a.m. – 5 p.m.
토요일, 일요일 12 p.m. – 5 p.m.

14장	뉴욕 구겐하임 미술관
1959년: 미술관이 방일 필요는 없다	

소프트아이스크림 같은 미술관

뉴욕에서 가장 큰 미술관인 '메트로폴리탄 미술관The Metropolitan Museum of Art'은 80번가E 80th St와 84번가E 84th St 사이에 5번가5th Ave와 '센트럴 파크'가 만나는 곳에 위치한다. 이 미술관은 고대 이집트부터 근대까지 오랜 기간에 걸친 엄청난 컬렉션을 자랑한다. 건축가인 나에게는 미술관 건물이 '센트럴 파크' 안에 있다는 것 자체가 무척 인상 깊다. 뉴욕에 쟁쟁한 건축물이 많지만 대부분은 길거리에 있다. 그런데 이 미술관은 '센트럴 파크'의 경계에 놓여 있어서 뒤쪽으로는 공원 풍경을 볼 수 있다. 하지만 미술을 잘 모르는 나에게 이 '메트로폴리탄 미술관'은 이집트 유물 전시는 인상 깊었지만 대부분은 알지도 못하는 사람의 초상화를 지겹게 본 지루했던 미술관으로 기억된다. 특히나 불편했던 점은 방에서 방으로 연결되는 전시 공간이었다. 보통 오래된 미술관 건물들은 주로 커다란 방에 작품들이 전시되어 있는데, 방문을 통해 들어가면 좌우 앞뒤 벽에 그림이 빼곡히 걸려 있다. 나는 나름 원칙을 정해 방에 들어가면 왼쪽 벽부터 시작해서 시계 방향으로 그림을 보고 다음번 방으로 넘어가곤 한다. 그런데 잘 모르는 그림을 너무 많이 보고 있노라면 내가 이 벽에 걸린 그림을 본 건지 안 본 건지 헷갈리는 경우가 많다. 그렇지 않아도 볼 그림이 많은데 본 벽을 한 번 더 보면 그렇게 시간이 아까울 수가 없다. 나의 이런 문제를 한 방에 해결해 준 미술관이 있는데, 바로 프랭크 로이드 라이트가 설계한 뉴욕 '뉴욕 구겐하임 미술관(솔로몬 R. 구겐하임 미술관)Solomon R. Guggenheim Museum'이다. 솔로몬 구겐하임은 미국 광산과 철강 업계의 재벌이었다. 그는 자신의 컬렉션을 전시하기 위해 프랭크 로이드 라이트를 선정해서 미술관을 건축했다.

'뉴욕 구겐하임 미술관'은 앞서 말한 '메트로폴리탄 미술관'에서 5번가를 따라 네 개 스트리트만 더 걸어가면 나오는 88번가E 88th St와 89번가89th St 사이에 위치한다. 4분만 걸어가면 되는 거리다. '뉴욕 구겐하임 미술관'은 전체적으로 흰색 재료로 마감된 리본 같은 벽체가 빙빙 돌면서 위로 올라가는 모양을 하고 있다. 이 건물을 바라본 첫인상은 뱅뱅 돌려서 만든 소프트아이스크림 같다는 것이었다. 달팽이가 떠오르기도 한다. 이 파격적인 디자인은 1943년에서 1945년 사이에 구상되었는데, 워낙 파격적이어서 1949년에 건축주인 솔로몬 구겐하임이 사망하자 다른 후원자들은 마천루의 도시인 뉴욕에 어울리지 않는다고 건축을 반대했었다. 하지만 다행히도 라이트의 디자인을 그대로 지어 달라는 솔로몬 구겐하임의 유언에 따라 원래의 계획안대로 진행되었고, 1957년에 착공해서 1959년에 완성되었다. 건축가인 프랭크 로

프랭크 로이드 라이트

이드 라이트는 안타깝게도 이 건물이 완성되기 6개월 전에 세상을 떠나서 완성된 모습은 보지 못했고 그렇게 '뉴욕 구겐하임 미술관'은 그의 유작이 되었다.

벽이 필요한 미술관

이 미술관을 설계한 라이트는 주변 자연환경과 어울리게 땅에서 자라난 듯한 디자인을 추구하는 유기적 건축의 대명사다. 그런 그가 설계했다고 보기에 이 미술관의 디자인은 주변과 너무 이질적으로 다르다. 하지만 주변을 보면 그가 왜 이렇게 설계했는지 이해가 되기도 한다. 라이트는 격자형으로 구획된 뉴욕에서 적용할 만한 자연의 특징을 찾을 수 없었을 것이다. 그래서 그는 주변 환경보다는 미술관이라는 '용도'에 더 집중했다. 미술 작품을 전시하는 공간에 가장 필요한 것은 무엇일까? 바로 '벽'이다. 그림은 태생적으로 벽이 필요했다. 인류 역사상 가장 오래된 그림은 18000년 전쯤에 스페인의 알타미라 동굴에 그려진 벽화다. 바닥에 그림을 그리면 동물이나 사람에게 밟혀서 지워진다. 비가 와도 지워진다. 비가 와도 그림이 지워지지 않는 장소를 찾아 동굴 속 벽에 그림을 그린 것이다. 당시 선사 시대의 인간은 땅을 얕게 파고 나무를 기울여 세워서 지붕을 만든 움집에 살았다. 그런 집에는 그림을 그릴 만한 벽이 없다. 그래서 몸에 그림을 그리는 문신을 하기도 했다. 하지만 사람의 피부 면적은 너무 작다. 더 크고 많은 그림을 그릴 공간이 필요했다. 선사 시대 인간은 마음 놓고 그림을 그릴 수 있는 캔버스같이 넓고, 비가 와도 지워지지 않는 동굴 벽에 그림을 그린 것이다. 그렇게 벽과 함께 그림은 시작되었다. 벽이 없다면 그림은 없다.

뉴욕 구겐하임 미술관

그러다 이후 르네상스 시대의 화가들도 회칠한 벽이 마르기 전에 완성하는 프레스코화를 그렸다. 시간이 흘러 유화 물감이 발명되자 사람들은 캔버스에 그림을 그릴 수 있게 되었다. 서양 화가들은 캔버스를 벽처럼 세워 놓을 수 있게 이젤을 들고 다녔다. 이젤을 세우고 그 위에 얹은 캔버스에 그림을 그리고, 그림이 완성되면 벽에 걸었다. 동양화는 종이를 바닥에 놓고 그렸지만, 그림이 완성되면 이 역시 족자에 담아 벽에 걸거나 병풍으로 만들어 벽처럼 세워 놓았다. 이래저래 그림은 벽이 필요했다. 그림이 많은 미술관에는 정말 많은 벽이 필요하다.

오케스트라 피아노 협주곡 같은 미술관

프랭크 로이드 라이트는 벽이 필요하다는 미술관의 기본에 충실한 건물을 디자인했다. 하지만 네모난 방의 벽이 아니라 하나로 연결된 기다란 벽을 만들었다. 관람자는 그 벽만 계속 따라가면서 보면 된다. 그 건물이 넓은 땅에 위치했다면 직선으로 기다란 벽을 만들면 됐을 것이다. 그러나 '뉴욕 구겐하임 미술관'에 주어진 대지는 뉴욕이라는 번잡한 도심 속의 작은 땅이었다. 따라서 건축가는 430미터나 되는 기다란 벽을 연속되게 만들기 위해 경사로를 따라 둥그렇게 위로 말아 올렸다. 이렇게 함으로써 네모난 방을 만들 경우 생겨나는 각진 모서리 없이 연속된 벽체를 만들 수 있었다. 빙빙 돌아 올라가는 경사로의 가운데는 여섯 층이 뻥 뚫린 빈 공간을 만들었다. 그 공간 위에는 천창을 두어 햇빛이 들어오게 했다. 마치 '판테온'의 천장에서 빛이 내려오듯이 '뉴욕 구겐하임 미술관'의 천장에서도 빛이 내려온다. 사람은 주광성 동물이니 빛이 있으면 그쪽으로 시선이 간다. 따라서 '뉴욕 구겐하임 미술관'에 발을 들인 사람들은 곧장 6층까지 뚫린 공간 중앙에 서게 되는데, 이곳에서 사람들은 자연스럽게 고개를 들어 빛이 들어오는 천장을 바라보게 된다.

앞서 설명했듯이 고개를 들어 바라보는 행위는 자연스럽게 경외심을 유발한다. '뉴욕 구겐하임 미술관' 로비에서 고개를 들어 올려다보면 경사로가 돌아 올라가면서 만들어 낸 전시 공간이 시야에 꽉 차게 들어온다. 진입 로비에서 앞으로 구경할 미술관의 공간 전체를 한 번에 파악할 수 있는 것이다. 그러고 나서 어떤 방문객들은 엘리베이터를 타고 꼭대기 층으로 올라간다. 이번에는 불과 수십 초 전에 아래에서 위로 올려다보던 공간을 반대로 위에서 아래로 한 번에 내려다보게 된다. 이렇게 반대의 두 방향에서 미술관 전체를 파악한 다음에

천창으로 햇빛이 들어오는 '뉴욕 구겐하임 미술관' 내부

자연스럽게 경사로를 따라 걸어 내려오면서 그림을 보면 된다. 큐레이터는 보통 1층에서 걸어 올라가면서 그림을 보게끔 전시 순서를 만들어 놓지만, 나는 엘리베이터를 타고 올라가서 편하게 걸어 내려오면서 보는 방식을 택한다. 큐레이터 입장에서는 그럴 수밖에 없을 것이다. 만약에 엘리베이터를 타고 올라간 후에 내려오면서 전시를 보게 만들면 엘리베이터 줄이 너무 길어지는 문제가 생길 것이다. 독자분들은 상황이나 개인 취향에 따라서 어디서부터 시작할지 선택하시면 된다.

기존의 일반적인 미술관들에서는 내가 지금 어디쯤 있는지, 어느 정도 봤는지를 계속해서 지도를 살펴보며 파악해야 한다. 미술관을 구경하다 보면 마치 흰색 벽의 미로에 갇힌 쥐가 된 느낌이 든다. 길을 헤매니 불쾌해지고 지친다. 대부분 미술관에서의 경험이 그렇다. 그런데 '뉴욕 구겐하임 미술관'에서는 정반대 경험을 한다. 관람 전에 아래와 위에서 전체 공간을 파악하고 나서 천천히 그림을 보면서 내려오거나 올라갈 수 있다. 그림을 보면서도 내가 지금 이 건물의 어디쯤에 있는지 언제든지 확인할 수 있다. 전시 공간이 빙빙 돌면서 내려가는 경사로이기 때문에 내가 앞으로 갈 공간도 미리 볼 수 있고, 조금 전에 지나쳐 온 공간도 되돌아볼 수 있다. 이처럼 친절한 미술관은 본 적이 없다. 이 미술관이 특별한 또 하나의 이유는 미술품과 건축 공간의 변주다. 대부분의 미술관에서 건축은 그저 미술품의 배경으로 사라진다. 그리고 그것이 가장 좋은 미술관이라고 생각된다. 그런데 '뉴욕 구겐하임 미술관'에서는 벽에 걸린 그림을 볼 때는 그림에 집중하지만, 고개를 뒤로 돌리면 언제든지 중앙의 회오리바람 같은 모양의 빈 공간을 볼 수 있다. 그런데 전시장이 거대한 경사로로 되어 있어서 걸을 때마다 계속해서 높이가 변하기에 그 중앙 빈 공간(Void)의 공간감은 계속 변화한다. 마치 벽 쪽에서는 여러 악기의 오케스트라 연주 같은 다양한 그림의 전시가 진행되는데, 내 뒤의 건축 공간에서는 차분하게 일관된 피아노 곡이 연주되는 것 같다. 그래서 '뉴욕 구겐하임 미술관'에서 받는 느낌은 오케스트라 피아노 협주곡을 듣는 것 같다. 건축 공간이 미술품과 완전히 분리되어 있지도 않고, 그렇다고 미술 감상을 방해하지도 않는 동시에, 멈춰 있지 않고 끊임없이 부드럽게 변화하면서 조화롭게 감상하도록 도와주는 느낌이다. 건축가의 세심한 설계는 여기서 그치지 않는다.

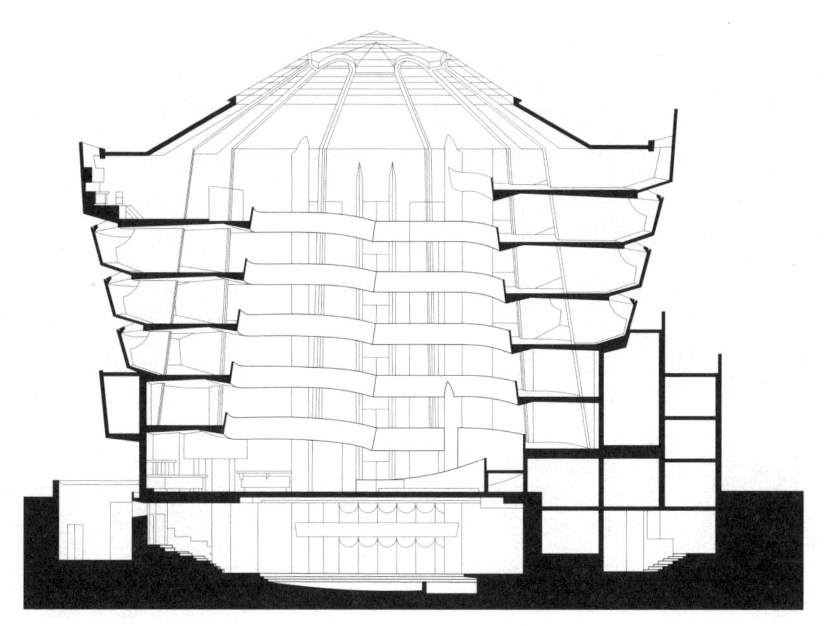

'뉴욕 구겐하임 미술관' 단면도

경계가 없는 미술관

만약에 이 경사로가 계속해서 같은 폭으로 1층부터 6층까지 올라갔다면 반복되는 공간에 자칫 지루해질 수 있다. 이를 방지하기 위해 라이트는 상부로 올라갈수록 경사로의 폭이 넓어지게 했고, 반대로 밑으로 내려갈수록 경사로의 폭을 좁게 만들었다. 그렇게 함으로써 각 층의 모든 전시 공간은 바닥 폭이 각기 다른 공간이 되었다. 똑같은 공간이 하나도 없도록 기획된 것이다. 어쩌면 라이트는 높은 곳에서 공포감을 느끼는 사람을 위해 고층으로 올라갈수록 폭이 넓은 전시장을 구상했는지도 모르겠다. 관람객들은 벽을 따라 그림을 감상하다가 조금 지루하면 뒤로 몇 발자국 물러나 난간에 기대 쉬며 전체 공간을 바라볼 수 있다. 이때 관람자의 눈에는 아래층과 위층의 모습이 동시에

들어온다. 이러한 경험이 가능한 것도 시대를 앞서 나간 건축 덕분이다. 철근 콘크리트와 엘리베이터의 발명과 더불어 근대 이후의 건축은 여러 층의 평면이 똑같이 반복되는 구조를 가진다. 우리 주변의 모든 상가와 아파트가 그렇다. 그렇게 똑같은 평면이 층층이 쌓인 형태를 건축가들은 '팬케이크 평면'이라고 폄하해서 이야기한다. 똑같은 모양으로 동그랗게 부쳐진 팬케이크를 층층이 쌓아 먹는 문화에 빗댄 이야기다. 이런 공간 구성의 가장 큰 문제는 각 층에서 다른 층이 보이지 않는다는 점이다. 6층짜리 미술관 건물이 팬케이크 평면으로 구성되어 있으면 우리는 6층을 경험하고 난 후 엘리베이터나 계단실을 통해 5층으로 내려가서 전시를 구경하게 된다. 그러면 앞서 '메트로폴리탄 미술관'에서 방과 방 사이의 경험이 단절되었던 것처럼 층과 층 사이의 경험이 단절된다. 라이트는 그런 문제를 해결하기 위해 가운데 커다란 빈 공간을 두고 전시장을 빙빙 돌려서 선형으로 배치했다. 그렇게 함으로써 4층 전시장에 있어도 3층과 5층을 볼 수 있는 공간 구조를 만들었다. 각 층의 공간이 분절된 디지털적인 공간이 아니라 하나로 연결된 아날로그적인 공간이 된 것이다. 한마디로 층간의 구분이 없어진 공간이다. '뉴욕 구겐하임 미술관'에서는 내가 지금 서 있는 곳이 3층인지 4층인지는 의미가 없다. 그저 벽에 걸린 그림과 함께 산책하듯이 걷는 나만 존재할 뿐이다. 기분 좋게 그림에 집중할 수 있는 미술관이다.

'뉴욕 구겐하임 미술관'처럼 층간 구분 없이 연속된 공간 구조는 1990년대 들어서 나타나는 현대 건축의 특징이기도 하다. 내가 대학원에 다니던 1990년대에 건축 설계에서 가장 유행했던 말은 '연속된 표면continuing surface'이었다. 마치 연속된 경사로로 된 주차장 건물처럼 층간의 구분 없이 연속된 공간으로 디자인하는 것이 시대를 앞서 나간 디자인으로 취급받던 시대였다. 그런 시대를 연 선구자적인 작품은 일본에 있는 '요코하마 국제여객터미널Yokohama International Passenger Terminal'이다(433쪽 사진 참조). 이 터미널 건물은 각 층이 경사로로 연결되어서 여행 가방을 끌고 다른 층으로 편하게 이동할 수 있다. 이런 공간 구조를 가진 또 다른 유명 작품은 스위스 로잔공과대학교에 있는 '롤렉스 러닝센터Rolex Learning Center'다(434쪽 사진 참조). 일본의 건축가 듀오인 사나SANAA가 설계한 이 건물은 층간 구분도 없고 방의 구획도 거의 없다. 1층은 2층으로 연결되고 다시 2층은 1층으로 연결된다. 이 건물은 어디까지가 1층이고 어디서부터가 2층인지 명확히 구분할 수 없다. 게다가 어디가 복도고 어디가 방인지도 구분이 모호하다. 평론가들은 이러한 공간이 나온 배경을 여러 가지 '썰'로 설명한다. 누구는 들뢰즈 같은 현대 철학자를 인용해 설명하기도 하고, 어떤 사람은 텔레커뮤니케이션의 발달로 하나의 공간이 다양한 기능으로 사용되기 때문에 공간의 경계가 모호해져서라고 설명한다. 그런데 놀라운 점은 그런 층간 구분이 없는 연속된 공간의 원조가 1943년도에 라이트가 디자인한 '뉴욕 구겐하임 미술관'이라는 것이다. 자그마치 50년이나 앞서 있다. 이런 사람이 천재다. '그저 나는 필요한 일을 했을 뿐인데 시대가 흘러 나중에 그런 것들이 나왔다'라는 식이다. 마치 드라마 〈대장금〉에서 주인공이 "제 입에서는 고기를 씹을 때 홍시 맛이 났는데, 어찌 홍시라 생각했느냐 하시면, 그냥 홍시 맛이 나서 홍시라 생각한 것이온데……"라고 말하는 것과 같은 상황이다. 원래 가장 새롭고 좋은 디자인은 불편함을 없애고 필요에 따라 구상된 디자인이다. 각종 발명품이 그렇게 탄생했다. 스티브 잡스Steve Jobs 덕분에 인문학 열풍이 불어서 경제 경영에 인문학을 어떻게 접목하느냐로 난리지만, 원래 인문학적 디자인의 기본은 불편함을 없애고 인간을 널리 이롭게 하는 것이다. 어렵지 않다. 원래 하수들이 어려운 철학을 가져오고 구구절절 설명이 길다. '뉴욕 구겐하임 미술관'은 이런 기본에 충실한 고수의 작품이라는 것을 느낄 수 있다.

이 미술관은 층간 구분을 위해 입면에 나선형을 따라 홈이 파여 있는데, 이 홈은 전시 벽에 햇빛을 들이는 천창으로 사용된다. 직사광선이 아닌 반사된 간접 광이 들어올 수 있게 유리창을 설계했다. 처음 이 미술관이 개관했을 당시 비판하는 평론가들은 그림을 전시하는 공간의 바닥이 기울어져 있고 벽도 휘어 있어서 그림을 감상할 때 방해된다는 점을 문제 삼았다. 일리 있는 말이다. 하지만 알타미라 동굴의 벽화도 기울어진 땅에서 보아야 하고 동굴 벽화는 심지어 표면도 울퉁불

통하다. 완벽한 수평의 공간에서 완벽한 평면에 그림을 그리게 된 것은 그리 오래되지 않았다. 훌륭한 그림에게 '뉴욕 구겐하임 미술관'의 기울어진 바닥은 문제가 되지 않을 것 같다. 물론 화가가 평지에서 그린 그림을 감상할 최적의 상태는 평지의 공간일 수 있다. 하지만 '뉴욕 구겐하임 미술관'의 공간을 본 화가라면 자기 그림이 이런 미술관에 걸리는 것을 탐탁지 않게 생각할 리 없을 거라고 생각한다. '뉴욕 구겐하임 미술관'은 최초의 건축 이후 증축을 통해 경사로 주변에 다른 전시 방도 추가되었다. 지금은 경사로 중간중간에서 다른 방으로 빠져서 구경하고 다시 경사로로 돌아오는 다채로운 공간 체험도 가능해졌다. 새로 추가된 전시실에서는 큰 그림 전시나 기획 전시를 한다. 뉴욕에 간다면 전 세계에서 가장 유명한 미술관 중 하나인 '구겐하임 미술관'을 꼭 보고 오시기 바란다.

뉴욕 구겐하임 미술관(솔로몬 R. 구겐하임 미술관)
Solomon R. Guggenheim Museum

건축 연도 1959
건축가 프랭크 로이드 라이트
위치 미국 뉴욕 88번가와 89번가 사이
주소 1071 Fifth Avenue. at 89th St., New York City, NY 10128, United States

운영 일요일 – 월요일 11 a.m. – 6 p.m.
수요일 – 금요일 6 a.m. – 6 p.m.
토요일 11 a.m. – 8 p.m.
화요일 휴관

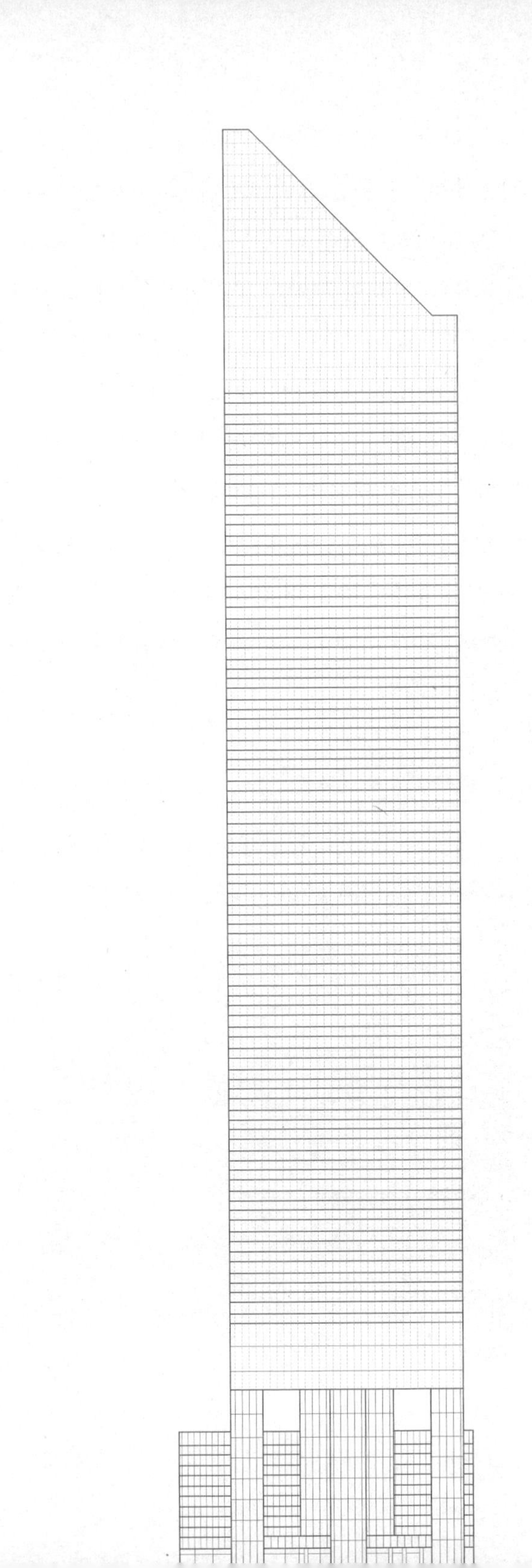

15장	시티그룹 센터
1977년: 좋은 디자인은 문제 해결의 답이다	

좌우 비대칭 첨두

많은 사람이 높은 건물을 원한다. 특히 오피스 건물의 경우에는 더 높게 짓고 싶어 한다. 건물이 높아지면 두 가지 장점이 있다. 첫째, 건물 안에서 바라보는 경치가 좋다. 더 멀리 볼 수 있고 더 넓은 공간을 시각적으로 소유할 수 있다. 둘째, 높으면 주변에서 잘 보인다. 회사 입장에서 이만한 광고 효과도 없다. 그래서 '롯데월드타워'도 서울에서 가장 높은 빌딩으로 지으려고 여러 가지 노력을 한 것이다. 서울의 웬만한 위치에서는 '롯데월드타워'가 눈에 들어온다. 어떤 건물이 눈에 띄면 보는 사람의 머릿속에 그 건물에 대한 정보가 만들어진다. 따라서 많은 사람의 눈에 띈다는 것은 그 건물에 대한 정보의 총량이 증가하는 것을 의미한다. 정보량의 증가는 권력의 증가를 뜻한다. 높은 건물은 정보의 불균형을 만든다. 그래서 어느 사회든지 가장 높은 권력자들은 높은 건물을 만들었다. 고대에는 '피라미드'를 만들었고, 중세를 지나 근대까지 유럽의 모든 도시에서 가장 높은 건물은 돔 지붕이 있는 대성당들이었다. 이렇게 경쟁적으로 높은 건물을 지으려고 한 노력의 결과물이 모여서 그 도시의 스카이라인을 형성한다.

뉴욕의 초고층 건물들이 들어서 있는 맨해튼은 남북 방향으로 긴 섬이라서 뉴욕의 스카이라인을 제대로 보려면 맨해튼 서쪽의 허드슨강 너머 뉴저지에서 강 건너편 뉴욕을 파노라마로 바라보는 것이 가장 멋지다. 이때 스카이라인의 대부분은 세로로 긴 네모진 모양의 건물로 구성되지만, 가끔 예사롭지 않은 첨두를 가진 건축물들이 보인다. 첫 번째로 눈에 띄는 것은 스카이라인의 중간쯤 맨해튼의 미드타운에 있는 '엠파이어 스테이트 빌딩Empire State Building'이다. 코리아타운이 있는 32번가 근처에 위치한 '엠파이어 스테이트 빌딩'은 20세기에 가장 오랫동안 세계에서 가장 높은 건물이라는 명성을 가지고 있었다. 덕분에 아직도 '엠파이어 스테이트 빌딩'은 초고층 건물의 상징처럼 여겨진다. 이 건물의 첨두는 고전적인 느낌을 주며 '석가탑'이나 '다보탑' 처럼 좌우 대칭의 뾰족한 모양을 하고 있다. 그 근처에는 그보다 아주 조금 낮은 '크라이슬러 빌딩Chrysler Building'이 있다. 1930년에 완성된 이 빌딩은 1931년에 완성된 '엠파이어 스테이트 빌딩' 때문에 세계 최고층 높이의 건물이라는 명예를 겨우 몇 달 누렸던 불운의 건축물이지만, 아르데코 양식[2]의 첨두 디자인으로 '엠파이어 스테이트 빌딩'보다 아름답다는 평가를 받는다.

그리고 조금 더 북쪽으로 올라가면 뉴욕 스카이라인에서 가장 눈에 띄는 첨두 디자인을 가진 건물이 있는데, 바로 이스트 53번가와 렉싱턴가Lexington Ave가 만나는 지점에 있는 59층 높이의 '시티그룹 센터Citigroup Center'다. 이 건물의 첨두는 남쪽으로 45도 경사진 좌우 비대칭 모양을 하고 있다. 이 건축물의 건축가는 휴 스터빈스Hugh Stubbins

가운데 경사진 첨두의 흰색 건물이 '시티그룹 센터'다

다. 최초에 비대칭의 첨두 모양을 한 이유는 돈 때문이었다. 건축가는 건물 꼭대기에 동쪽의 이스트강East River 쪽으로 경사지게 층층이 테라스를 만들어서 강변 경치가 보이는 고급 아파트 1백 채를 만들려는 계획을 세웠다. 하지만 이 땅에는 건축 법규상 주거를 넣을 수가 없어서 포기하고 대신 남쪽으로 경사면을 돌려서 태양 전지판을 넣었다. 이 건축물이 완공된 1977년은 전 세계적으로 오일 쇼크를 겪던 시절이었다. 에너지 문제가 워낙 크다 보니 당시 최첨단 기술인 태양 전지판으로 에너지를 만드는 시도를 했던 것이다. 실제로 이 태양광 패널로 만들어진 에너지는 너무 적어서 실용성은 없었다. 하지만 당시 오일 쇼크라는 사회적 위기에 반응해서 만든 디자인은 지금까지도 뉴욕 스카이라인에서 가장 독특한 형태의 비대칭 첨두로 남아 있다. 뉴욕의 유명한 개인용 창고 임대 회사는 선으로 그린 뉴욕의 스카이라인 그림을 로고로 사용하는데, 이 그림에도 '시티그룹 센터'의 첨두가 들어갈 정도로 이 건축물은 뉴욕의 특징을 보여 주는 데 꼭 필요한 건물로 자리 잡고 있다.

누이 좋고 매부 좋은 건물

나는 개인적으로 '시티그룹 센터'가 가장 훌륭한 오피스 건축물이라고 생각한다. 그 이유는 건물 하나의 디자인에 사회적 이해, 경제적 혜안, 타협과 중재 능력, 창의적 생각, 구조 기술력, 법규의 기발한 활용, 친환경 사고 등등 이루 헤아리기 힘들 정도의 장점들이 종합된 건축물이기 때문이다. 앞서 말한 대로 이 건물의 첨두 디자인은 특이하다. 하지만 만약에 이 건물이 다른 건축물과 비슷한 높이였다면 다른 건물에 가려서 그 첨두가 보이지도 않았을 것이다. '시티그룹 센터'는 주변의 건물보다 20층 가까이 높다. 높은 건물을 짓고 싶어도 그러지 못하는 이유는 땅의 크기가 작아서 지을 수 있는 연면적이 작아서일 수도 있고, 대지의 높이 제한 때문일 수도 있다. 이 프로젝트의 경우에도 개발 회사는 주변의 땅을 많이 매수해서 규모가 큰 건물을 짓고 싶어 했다. 하지만 문제가 하나 있었다. 바로 옆에 있는 오래된 작은 교회였다. 작은 교회들은 보통 근처에 있는 사람들이 찾아온다. 교회를 다른 곳으로 옮기면 성도들이 모두 난감해지는 상황이 올 수 있다. 그래서 이 교회는 땅을 팔고 떠나기를 거부했다. 개발 회사 입장에서 보면 결과적으로 '알박기'가 된 것이다. 나쁜 개발 업자였다면 이런 경우 조폭을 동원했을지도 모른다. 하지만 건축가는 이런 난감한 상황에서 '공중권air right'이라는 건축법을 찾아냈다. 공중권은 토지와 건물의 상부

저층 건물의 공중권을 사서 건축한 건물

공간을 개발할 수 있는 권리로, 나아가 자신이 지을 수 있는 연면적을 다른 사람에게 팔 수도 있는 권리다. 예를 들어 내가 단층짜리 건물을 가지고 있는데 그 땅의 용적률에 따라 기존 건물을 부수고 새로 지으면 30층까지 지을 수 있다. 그런데 나는 아주 장사가 잘되는 50년 넘은 스테이크 집을 운영하고 있어서 앞으로도 이 건물을 부수고 신축할 생각이 없다. 이런 경우에 내가 지을 수 있는 29개 층 높이의 연면적을 다른 사람에게 팔 수 있는 권리가 '공중권'이다. 내 머리 위 공중의 권리를 파는 것이다. 다시 말해 어떤 땅에 높은 건물을 짓고 싶은데 그 주변 건물이 신축할 계획이 없다면 그 낮은 건물의 공중권을 사서 그 건물 위로 대지 경계선을 넘어서 건축할 수 있다. 그래서 뉴욕에는 245쪽 사진처럼 높은 건물이 바로 옆의 낮은 건물 위로 침범해서 올라간 모습을 볼 수 있다. 덕분에 뉴욕은 다양한 높이의 건물들이 공존하는 독특한 경관을 가지게 되었다.

공중권의 탄생 비화

공중권이라는 개념이 만들어진 배경은 흥미롭다. 뉴욕에는 '펜실베니아역'이라는 오래된 기차역이 있었다. 그런데 뉴욕은 이 고색창연한 건물을 부수고 '메디슨 스퀘어 가든'이라는 체육관을 지었다. 우리나라로 치자면 근대 건축 유산인 '서울역'을 부수고 '장충체육관'을 지은 것이나 마찬가지다. 이에 화가 난 시민들은 향후 이런 일을 방지하기 위해 공중권이라는 개념을 만들었다. 아름다운 전통 건축물은 보존되어야 한다. 그런데 문제는 무작정 보존을 강요하면 그 땅을 소유한 사람의 재산권이 침해받게 된다. 자신의 땅에 40층까지 건물을 지을 수 있는데, 그 땅에 문화재 건축물이 있다고 해서 정부가 땅

저층 건물의 '공중권'을
사서 낮은 건물 위 일부를
침범해 건축한 건물

의 개발을 금지한다면 화가 날 것이다. 하지만 공중권이라는 개념 덕분에 건축주는 자신이 가진 건물을 유지하면서 그 건물 상부에 건축을 할 수 있는 공간만큼을 다른 사람에게 팔아 돈을 벌 수 있게 되었다. 개발 업자는 자신의 건물을 더 높이 짓기 위해 오래된 건축물을 찾아서 그곳의 공중권을 산다. 최근 뉴욕의 57번가에는 초고층 고급 주거 건물이 많이 들어서고 있다. 이러한 건물들은 모두 개발 업자들이 맨해튼의 오래된 건축물의 공중권을 매집했기에 가능한 디자인들이다. 이들은 덕분에 주변보다 수십 층이나 더 높은 아파트를 지을 수 있었고, '센트럴 파크' 뷰도 확보할 수 있었으며, 펜트하우스를 3천억에 팔 수 있었다. '펜슬 타워pencil tower'라고 불리는 초고층 아파트는 완성되기 7년 전부터 개발 업자가 여러 곳에서 공중권을 매집하는 노

왼쪽 하단의 교회 위로 건축한 '시티그룹 센터'

력 끝에 완성되었다고 한다. 지금 이 건물은 뉴욕 스카이라인에서 가장 눈에 띄는 건물이 되었다.

'시티그룹 센터'는 옆 땅에 위치한 교회로부터 공중권을 구매해서 건물의 높이를 더 올릴 수 있었다. 교회의 땅이 작으니 그 위에 수십 층을 지을 수 있는 면적을 한 층의 크기가 넓은 '시티그룹 센터'의 면적에 적용하면 몇 층 정도만 더 높아질 것이다. 그렇게 '시티그룹 센터'는 어림잡아 10층 정도를 더 높게 지을 수 있었다. 건축가의 창의적인 발상은 여기서 그치지 않는다. 건축가는 우선 전체 '시티그룹 센터' 부지의 북서쪽 사거리 코너에 있던 교회를 새롭게 디자인했다. 그리고 교회의 지붕 위로 '시티그룹 센터'를 지으면서 과감하게 12층 높이까지 비우고 13층부터 건물을 배치했다. 이렇게 함으로써 지하철에서 올라오면 만나게 되는 지하 1층의 광장부터 시작해서 13개 층 높이의 공간이 비워졌다. 거리에서 보면 대지의 남측과 서측의 대부분 땅에 건물이 하나도 지어지지 않은 것 같은 경관이 연출된다. 그리고 그렇게 비워진 땅은 오롯이 시민을 위한 광장으로 사용된다. 지하철에서 내려 지상으로 나오면 광장과 교회만 있는 것처럼 느껴진다. 점심시간에는 주변에서 일하는 회사원들이 광장의 넓은 계단에 앉아 남측에서 들어오는 햇볕을 받으며 샌드위치를 먹기도 한다. 이렇게 시민에게 개방된 공지 덕분에 개발 회사는 뉴욕시로부터 추가로 용적률 인센티브를 받게 된다. 그렇게 '시티그룹 센터'를 10층 정도 추가로 더 높게 지을 수 있었다. 이렇게 하여 '시티그룹 센터'는 주변의 건물보다 훨씬 더 높아지면서 뉴욕의 개성적인 스카이라인을 만드는 랜드마크가 되었다.

제약은 창조의 어머니

‘시티그룹 센터’가 특별한 이유는 또 있다. 바로 혁신적인 구조다. 이 거대한 빌딩은 저층부에 광장을 조성하기 위해 거대한 기둥 네 개로 지탱되는 구조로 만들어졌다. 그런데 문제는 기존의 교회가 북서측 코너에 있다는 점이다. 그렇다 보니 건물을 지을 때 코너에 기둥을 넣을 수가 없었다. 그래서 건축가는 기둥을 ‘시티그룹 센터’ 입면의 가운데에 위치시켰다. 입면의 가운데에 있는 기둥이 건물 전체를 지탱할 수 있는 이유는 필요한 기둥을 입면에서 8층 높이의 역삼각형 형태로 가운데로 모아서 내려보냈기 때문이다. 건물의 모든 무게는 역삼각형의 아래쪽 꼭짓점으로 모이게 되고 13층 높이의 굵은 기둥 네 개가 바깥쪽에서 받치는 구조다. 그렇다 보니 생겨난 또 다른 장점은 광장의 개방성이다. 우리가 사각형의 평면에 네 개의 기둥을 넣을 때는 두 가지 방식이 있다. 하나는 네 개의 꼭짓점에 기둥을 넣는 경우다. 우리나라 전통 건축물을 비롯해 일반적인 기둥 구조의 건축에서는 그렇게 한다. 두 번째 방식은 ‘시티그룹 센터’처럼 사각형의 각 변의 가운데에 기둥을 넣는 경우다. 이런 방식은 잘 사용하지 않는데 구조적으로 힘들기 때문이다. 각 변의 가운데에 기둥을 넣으면 코너부가 모두 받침 없이 공중에 떠 있는 상태의 캔틸레버 구조로 만들어져야 하는 어려움이 있다. 그런데 ‘시티그룹 센터’의 구조는 이런 모양새다. 구조적으로는 어렵지만 일단 만들면 장점이 있다. 사각형 평면의 내부 개방성이 좋아진다는 점이다. 코너가 열려 있으면 같은 사각형이라고 하더라도 훨씬 더 개방감이 있다. 그래서 나는 설계할 때 방의 개방감을 위해 코너에 창문을 설치할 때 웬만해서는 모서리에 창틀을 세우지 않고 유리로만 접합시킨다. 그래야 좌우 두 면의 경치가 하나로 연결되기 때문이다. 그렇지 않고 창틀이나 기둥이 코너에 위치하면 경치

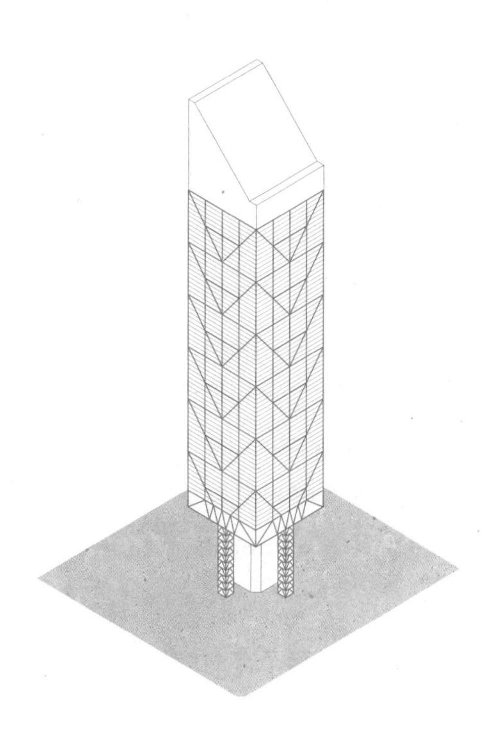

'시티그룹 센터' 구조도

가 나뉘어서 더 좁게 느껴진다. '시티그룹 센터'의 경우 거대한 기둥이 사각형 평면의 변의 가운데에 있기 때문에 광장에서 바라보는 풍경이 훨씬 더 개방감 있게 느껴진다. 특히나 사거리 코너에 있는 '시티그룹 센터' 광장은 코너에 기둥이 없기 때문에 주변의 사거리 교차로를 향해 열려 있다. 그런데 모든 사거리 도로 위는 아무런 건물이 지어지지 않고 비어 있다. 그렇다 보니 광장에 있는 사람들은 도로 사거리의 빈 공간을 쳐다보며 쉴 수 있다. 이렇게 광장의 코너에 기둥이 없는 덕분에 훨씬 더 시원하게 느껴지고 햇볕도 더 잘 든다. 공공의 공간인 도로의 상부 공간을 빌려서 사용하는 셈이다. 특히나 이곳 광장은 1층 도로보다 한 층 낮게 만들어져 있는데, 덕분에 지하철에서 올라오는 사람은 빠르게 지상에 올라왔다는 느낌을 받을 수 있고, 광장 내부에 있으면 주변의 자동차가 보이지 않는 효과도 있다. 광장에서 도로 쪽으로 올라가는 계단은 일부러 넓게 만들어서 벤치로도 사용할 수 있게 했다. 게다가 남서측 코너로 올라가는 이 계단 벤치에 앉으면 시선이 시끄러운 도로가 아니라 교회나 광장을 향하게 된다. 여러모로 시민을 위해 잘 작동하는 디자인이다.

고층 건물을 지을 때 가장 심각한 문제는 고층에 부는 바람이 가하는 압력, 즉 풍압 때문에 건물이 옆으로 흔들릴 수도 있는 위험성이다. 더욱이 '시티그룹 센터'는 기둥 네 개와 가운데 엘리베이터 코어[3]로만 지탱해야 할 뿐 아니라 이 기둥들이 꼭짓점이 아닌 각 변의 가운데에 있어서 구조적으로 더 불안한 상태다. 평소에는 괜찮지만 허리케인이라도 부는 날에는 아주 심각한 위험이 초래될 수도 있다. 이 문제를 해결하기 위해 '시티그룹 센터' 고층부에는 '동조 질량 감쇠기Tunned Mass Damper'라는 기계 장치를 내부에 설치해 놓았다. 장치의 원리는 네 개의 끈에 매달려 있는 무거운 추가 바람이 부는 방향으로 이동하면서 무게 중심을 이동시켜 건물의 구조를 더욱 안정적으로 만드는 것이다. 마치 우리가 바람이 세게 부는 날 바람이 부는 방향으로 몸을 기울여 걸으면 좀 더 안전하게 걸을 수 있는 것과 마찬가지다. 실제로는 건물이 바람에 밀려 왼쪽으로 기울 때 끈에 매달린 추는 관성의 법칙으로 제자리를 지키고, 결과적으로 추가 건물의 오른쪽에 위치하게 되면서 건물의 균형을 잡아 주는 원리다. 이 기법은 대만의 '타이베이 101Taipei Financial Center' 같은 초고층 건물에도 사용되고 있다. '타이베이 101'에 사용되는 추의 무게는 728톤이나 된다. 추가 이 정도로 무겁기 때문에 백 층 넘는 건물이 바람에 넘어지는 것을 막을 수 있다.

건축 설계를 하다 보면 끊임없는 문제에 맞닥뜨리게 되는데, 훌륭한 건축가는 그때마다 창의적인 해결책으로 문제를 푼다. 그리고 그 해결책의 결과가 디자인이 된다. 훌륭한 건축가는 그저 직관적으로 아름다운 모양을 만드는 사람이 아니다. 우리가 보는 훌륭한 디자인은 모두 '문제 해결의 결과물'이다. 자연의 디자인이 그렇다. 기린의 목이 긴 것도, 오리발에 물갈퀴가 있는 것도 다 문제 해결을 위해서다. '시티그룹 센터'의 디자인은 자리를 뜨지 않겠다고 고집을 부리는 교회에서 시작되었다. 건축가는 그 제약을 없애 버리기보다 오히려 제약을 풀기 위해 창의적인 생각을 하여 새롭고 독특한 디자인을 창조해 냈다. 제약은 새로운 창조의 어머니다.

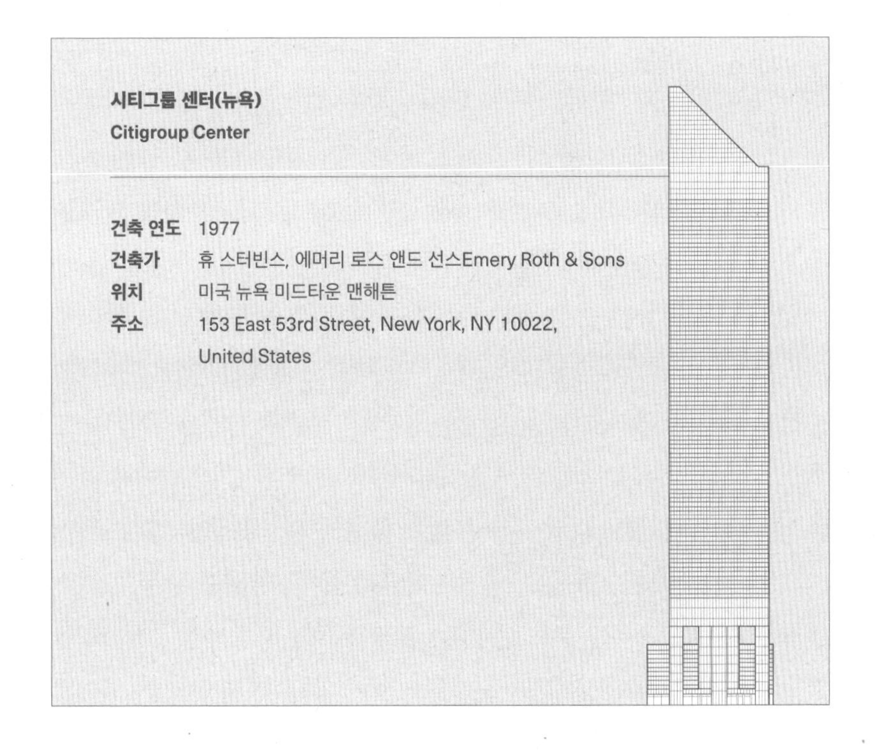

시티그룹 센터(뉴욕)
Citigroup Center

건축 연도 1977
건축가 휴 스터빈스, 에머리 로스 앤드 선스Emery Roth & Sons
위치 미국 뉴욕 미드타운 맨해튼
주소 153 East 53rd Street, New York, NY 10022, United States

16장	허스트 타워
2006년: 무엇을 보존할 것인가?	

입면만 남긴 빌딩

미국의 미디어 기업인 허스트 커뮤니케이션Hearst Communications의 본사 빌딩인 '허스트 타워Hearst Tower'는 뉴욕 맨해튼 57번가에 있다. 이곳은 1928년에 완성된 6층짜리 '허스트 사옥'이 있던 자리다. 기존 건물은 허스트 커뮤니케이션의 창업자 윌리엄 랜돌프 허스트William Randolph Hearst가 지었다. 허스트사는 최초의 본사 건물의 역사를 보존하면서도 동시에 새로운 고층 건물이 필요했다. 새롭게 46층짜리 건물을 지으면서 어떻게 전통을 보존할 수 있을까? 고민의 답은 기존의 6층 건물은 입면만 남겨 놓고 철거하고, 그 자리에 46층짜리 현대식 타워를 집어넣는 계획안이었다. 이러한 파격적인 안을 내놓은 사람은 '독일 국회의사당'을 건축했던 영국 건축가 노먼 포스터다.

현대 축구에서 최고의 선수는 아르헨티나의 리오넬 메시Lionel Messi다. 그는 작은 몸집으로 수비수 사

노먼 포스터

옛 '허스트 사옥'

기존의 6층 건물 위에
현대식 타워를 올린
'허스트 타워'

이를 종횡무진 드리블한다. 해설자에 의하면 메시의 강점은 드리블할 때 공을 몸에서 30센티미터 이상 떨어뜨리지 않아서 공을 빼앗기지 않는다는 점이다. 내가 보는 메시의 장점은 인간의 몸을 다른 사람보다 더 여러 개의 부분으로 보는 것이다. 대부분의 선수는 앞에 수비수가 있으면 돌파를 못 하고 옆으로 공을 돌리기에 급급하다. 수비수 한 명을 하나의 벽으로 이해하기 때문이다. 하지만 메시는 사람의 몸을 몸통과 네 개의 팔다리로 구성된 것으로 이해한다. 몸통에는 머리와 팔다리 네 개, 총 다섯 부분이 가지처럼 붙어 있다. 따라서 각각의 팔, 다리, 머리 사이에 다섯 개의 빈 공간이 있다. 메시는 사람이 앞에 서 있어도 이 다섯 개의 빈 공간으로 공을 통과시킨다. 축구장에서 남들보다 더 높은 해상도로 사람을 볼 수 있기에 가능한 일이다.

마찬가지로 '허스트 타워'를 만들 때 포스터가 그런 기발한 아이디어를 낼 수 있었던 것은 그가 건축을 남들보다 더 높은 해상도로 분석해서 볼 수 있기 때문이다. 포스터는 건축물을 한 덩어리로 보지 않았다. 그는 건물을 외부의 입면 벽과 실내 공간을 구성하는 바닥 면들로 분해해서 본 것이다. 그리고 그는 오래된 전통 건축물에서 중요하게 지켜야 할 것은 입면 벽뿐이라고 생각했다. 그 판단은 합리적이다. 내가 쓴 책에서 여러 번 나왔지만 중요한 내용이니 다시 한번 복습해 보자. 유럽은 1년 내내 비가 고루 내리기 때문에 지반이 단단해서 무거운 돌이나 벽돌로 건축한다. 이때 벽은 건물을 지탱하는 주요 구조체다. 벽이 구조체다 보니 창문을 크게 뚫으면 집이 무너진다. 그래서 유럽의 창문은 작은 세로형 창문이다. 창이 작으니 바깥 경치를 보기 어렵다. 자연스레 건물의 가치를 판단할 때 안에서 바라보는 밖의 풍경보다는 외부에서 바라본 입면이 가장 중요해졌다. 이렇게 서양 건축은 '입면 벽 중심의 건축'이다. 포스터는 이런 점을 이

기존 건물에 철골 기둥을 세운 뒤 철골 가지를 붙인 모습

해하고 있었기에 건축물의 외부 벽체만 남기고 내부는 과감하게 철거한 다음 신축했다.

반전의 미학

첫 번째 맞닥뜨린 기술적 문제는 오래된 6층 건물의 입면만 무너지지 않게 남겨 놓고 건물의 내부를 어떻게 철거할 것인가였다. 이 어려운 일을 수행하기 위해 먼저 기존의 건물에 수직으로 구멍을 여러 개 뚫고 철골 기둥을 세웠다. 이 철골 기둥에 철골 가지를 붙여서 기존 건물의 입면을 안쪽에서 붙잡게 만들었다. 이 공정을 마친 후에 기존 건물의 내부를 모두 철거하니 입면이 무너지지 않고 안전하게 보존되었다. 이후 땅을 파는 토목 공사를 하고 46층 건물을 신축했다. 이때 기존 건물의 입면이 있는 2층부터 6층까지는 과감하게 로비홀로 만들었다. 이

구간에는 건물 전체의 로비와 빌딩 전체를 받치고 있는 기둥과 엘리베이터 코어만 있다. 남측과 북측 거리에 면한 1층에는 일반 상점을 입점시켜서 지나가는 사람들은 평범한 주변 건물과 차이를 느끼지 못한다. 실제로 나도 택시를 타고 이 건물 앞에 내렸을 때 '허스트 타워'에 온 줄 몰랐다. 왜냐하면 내 눈에는 오래된 건물만 보였기 때문이다.

새롭게 만든 고층 신축 건물은 오래된 기존 건물 외벽보다 안쪽으로 더 들여서 지었다. 따라서 보존된 입면과 신축 건물 사이는 몇 미터 떨어지게 된다. 이 틈에 천창을 두어 자연광이 로비로 들어오게 했다(260쪽 상단 단면도와 하단 사진 참조). 이렇게 함으로써 2층 높이에 조성된 로비에 있는 사람은 5개 층 높이의 입면에 있는 수십 개의 창문을 통해 맨해튼 주변 경관을 볼 수 있게 되었고, 빙 두른 천창으로 들어오는 빛으로 로비 공간이 밝아졌다. 천창 덕분에 보존된 입면은 홀로 서 있는 느낌이 더욱 강해져서 특별해 보이는 효과도 갖게 되었

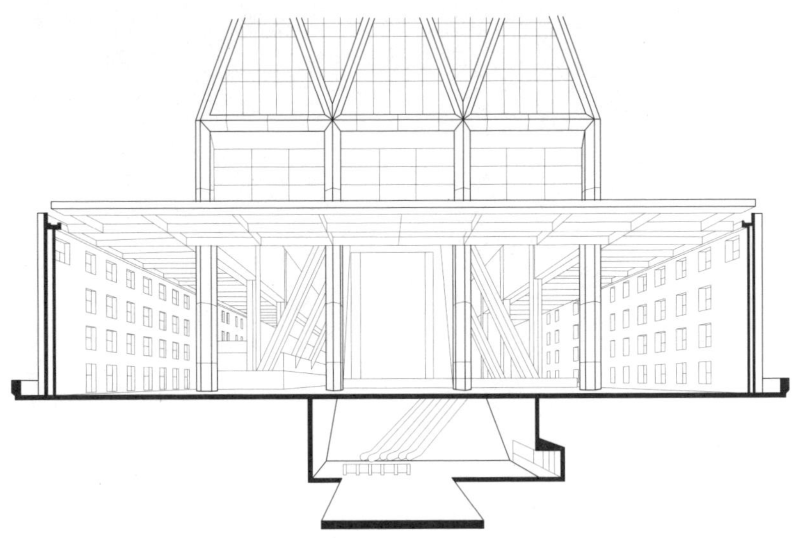

'허스트 타워' 단면도

'허스트 타워' 로비 천창

'허스트 타워' 로비

다. 이 로비 리모델링 디자인에서 우리가 건축 요소의 의미에 대해 생각해 볼 부분이 있다. 바로 창문이다. 사람들은 실내 공간에서 창문으로 바깥 경치를 바라본다. 과거 기존 건물에서는 사람들이 가로로 연속된 창문 몇 개를 통해서만 바깥 경치를 볼 뿐이었다. 그런데 새로 지어진 건물 로비에서는 같은 입면이 그대로 보존되어 있지만 사용되는 방식이 조금 다르다. 리모델링 이후에 사람들은 실내에서 창문 몇 개를 통해서 바깥 풍경을 보는 것이 아니라 5개 층에 뚫린 수십 개의 창문을 통해 한 번에 바깥 풍경을 볼 수 있다. 밖에서는 같은 창문처럼 보이지만 실내에서 그 창문을 통해 바라보는 풍경은 완전히 달라져 새로운 하나의 그림이 만들어진 것이다. 외부에서 바라보는 창문의 의미는 똑같이 유지되었지만, 내부에서 가지는 창문의 의미는 새롭게 재해석되었다. 이런 창문은 서양의 전통 건축에는 없었다. 그런 면에서 '허스트 타워'는 단순히 전통의 유지에 그치지 않고 전통의 재해석을 통해 문화재의 가치를 새롭게 창조해 낸 훌륭한 디자인이다.

현재 이 자리에는 신축 건물이 들어선 후에도 예전처럼 아름다운 오래된 석조 건물이 거리의 입면을 지키고 있어 익숙한 풍경이 이어진다. 그리고 그 건물 위로 올라간 눈부신 현대식 유리 타워는 또 다른 멋을 보여 준다. 미야자키 하야오宮崎駿 감독의 장편 애니메이션 〈천공의 성 라퓨타〉에는 하늘을 떠다니는 고대의 최첨단 성이 나온다. 이 성은 밖에서는 돌로 만든 평범한 성으로 보인다. 그런데 안에서는 그 벽들이 투명해져서 바깥의 하늘이 보이는 최첨단 기술을 갖추고 있다. 이 만화는 그런 반전의 미가 충격적이다. 그와 비슷한 반전의 미를 '허스트 타워'에서 느낄 수 있다. 1층 거리에서는 백 년 가까이 된 고건축이 보이지만 안으로 들어가면 백색 인테리어에 은색 기둥이 있고 자연광이 가득한 초현대식 고층 건물의 로비가 있다. 그 반전이 이 건물의 매력이다.

상층부의 현대식 부분을 살펴보자. 이 건물 입면의 특징은 다이아몬드형의 대각선이 강조된다는 점이다. 건물이 고층일수록 바람과 지진 등으로 인해 좌우로 작용하는 횡압력을 어떻게 견딜지가 가장 큰 문제다. 수직으로 내려가는 일반적인 기둥은 건축물 자체의 무게는 어렵지 않게 지탱하지만 옆에서 흔들면 쉽게 쓰러지는 문제가 있다. 그래서 횡압력에 더 잘 견디기 위해서는 기둥의 숫자를 늘려서 건물을 단단하게 잡아 주어야 한다. 그런데 기둥 숫자를 늘리는 것보다 더 효율적인 해결 방식이 있다. 바로 대각선 부재를 덧대는 것이다. 포스터는 '허스트 타워'에서 과감하게 대각선이 강조된 다이아몬드 모양 격자의 구조 체계를 입면에 도입했다. 다이아몬드 모양의 이러한 구조를 '다이아그리드Diagrid'라고 한다. 강한 대각선이 드러난 입면이다 보니 주변의 수직, 수평으로만 만들어진 건물들의 얼굴과 완전히 차별되는 개성 있는 모습이다. 더 특징적인 부분은 빌딩의 모서리다. 일반적인 사각형 건물들은 모서리가 직각을 이룬다. 그런데 이 건축물은 다이아몬드 격자 구조이다 보니 모서리 부분의 창문이 위아래로 삼각형 모양의 창문이 대칭을 이루는 마름모꼴로 되어 있다. 모서리에 있는 사람들은 이 거대한 삼각형 창문을 통해 남들과는 다르게 사거리의 풍경을 조망할 수 있다.

메시의 축구 같은 개발 전략

만약에 역사적 가치를 위해 오래된 건물을 보존만 해야 한다고 우겼다면 허스트사는 불만이 많았을 것이다. 어쩌면 빌딩 주인은 오래된 건물을 밤사이 부숴 버렸을지도 모른다. 서울에 그런 일이 실제로 있었다. 어느 유서 깊은 극장을 서울시에서 근대 유산으로 지정했다. 근대 유산으로 지정되면 개발이 제한되기 때문에 건물주는 근대 유산 지정의 실효성이 발효되기 하루 전에 밤새워 건물을 포클레인으로 부숴 버렸다. 만약에 문화재청에서 극장 건물의 입면만 잘 보존하고, 내부는 철거해서 개발할 수 있게 해 주었다면 '허스트 타워'처럼 전통의 보존과 자본주의의 실리를 모두 챙길 수 있었을 것이다. 물론 이때 공사비는 더 많이 들어간다. 그렇다면 건축주를 설득하기 위해서 시에서는 용적률 추가와 높이 규제 완화 같은 인센티브를 준다면 어떨까? 인센티브를 받은 건축주는 기꺼이 기존 건물의 부분 보존에 동의할 것이다. 주변 건물들은 더 높아진 그 건물에 불만이 있겠지만 덕분에 오래된 전통 건축의 입면을 보존하면서 더 좋은 도시 경관을 갖게 되는 이점이 있음을 알고 수용해야 한다. 그러기 위해서는 '사촌이 땅을 사면 배가 아픈' 마음을 버려야 한다. 우리나라에서는 평등한 사회를 만들기 위해 주변이 더 잘될 수 있는 일을 막기도 한다. 그런 마음 때문에 이 나라의 건축이 획일화되는 것이다. 부동산의 가치는 주변이 잘될 때 더불어 올라갈 가능성이 커진다.

'허스트 타워' 같은 디자인을 실현하기 위해서 우리는 건축물의 가치를 좀 더 세분화시켜서 바라볼 필요가 있다. 도시는 살아 있는 유기체와 같아서 변화는 불가피하다. 그 과정에서 많은 건물이 철거되고 새롭게 지어질 것이다. 그때마다 우리는 무엇을 보존해야 할지 잘 생각해 보아야 한다. '경회루'처럼 목구조 자체가 가치를 가지는 건물은 전체를 보존해야 하고, 어떤 근대식 건물은 입면만 보존해야 할 수도 있고, 어떤 경우는 건물은 부수고 새로 짓더라도 골목길의 모양만 보존해야 할 수도 있다. 우리는 좀 더 말랑하게 생각하면서도 예리해질 필요가 있다. 건축물을 하나의 덩어리로 보지 말고 가치를 분해해서 봐야 한다. 메시가 팔과 다리 사이, 목과 어깨 사이, 다리와 다리 사이로 공을 통과시키듯이 건축을 볼 때도 그런 눈을 가진다면 어려운 도시 재생을 더 멋있게 할 수 있을 것이다. 메시의 플레이처럼 박수 칠 만한 재건축 사례가 많아질수록 좋은 도시가 된다. '허스트 타워'는 좋은 사례를 보여 준다.

허스트 타워(뉴욕)

Hearst Tower

건축 연도 2006

건축가 노먼 포스터

위치 미국 뉴욕 맨해튼 57번가

주소 300 West 57th Street, 959 Eighth Avenue, Manhattan, New York, United States

17장	낙수장
1936년: 건축이 자연이 될 수는 없을까?	

땅에서 자라난 건물

건축이 자연이 될 수는 없을까? 건축을 자연의 일부로 만들고 싶은 건축가가 디자인한 집은 어떤 모습일까? 그 답은 프랭크 로이드 라이트의 '낙수장Falling Water'에 있다. 르 코르뷔지에의 '빌라 사보아'는 건축을 기계로 바라본 건축가의 작품이다. 르 코르뷔지에와는 완전히 대척점에 있는 건축관을 가진 사람이 프랭크 로이드 라이트다. 기계는 지역에 상관없이 동일한 가치를 가져야 한다. 자동차가 대표적인 예시다. 현대자동차 울산 공장에서 생산된 자동차는 서울에서도, 더운 하와이에서도, 추운 시베리아에서도 동일하게 작동한다. 주변의 기온에 따라 하와이에서는 에어컨을, 시베리아에서는 히터를 틀면 된다. 자동차는 이동의 목적을 위해 만들어진 기계다. 당연히 자동차는 특정 환경에 맞춰서 만들 수 없다. 우리는 시베리아에 파는 자동차의 외관을 하와이에서 다니는 자동차와 다르게 디자인하지는 않는다. 기계인 자동차는 어디서나 동일한 디자인을 갖는다. 자동차의 디자인은 환경에 따라 달라지지 않고, 대신 기계 장치를 통해 실내 환경만 인간에게 맞게 바뀐다. 건축을 기계로 본다면 마치 자동차처럼 어느 지역에 위치하든지 비슷한 디자인과 해결책을 가져야 한다. 하지만 건축은 자동차와는 다르다. 건축은 한번 자리를 잡으면 움직이지 못한다. 그렇다 보니 건축물이 있는 그 자리의 지리적·기후적 특징을 반영해서 맞춤형으로 디자인하게 된다. 더운 하와이에 짓는 건축물을 굳이 혹독한 추위에도 견딜 건물로 디자인할 필요는 없다. 그게 경제적이기 때문이다. 따라서 건축 디자인은 그 건물이 위치한 땅의 특징에 적합한 맞춤형으로 하는 것이 가장 이상적이다. 그러한 건축을 추구한 사람이 프랭크 로이드 라이트다. 라이트가 사막에 집을 지으면 마치 사막에서 자라난 선인장 같은 건축물이 된다. 미국 애리조나의 사막에 위치한 '탤리에신 웨스트Taliesin West'가 그렇다. 그리고 숲속에 집을 지으면 마치 한 그루의 나무가 자라나서 집이 된 듯하다. 미국 펜실베이니아의 산속 폭포 옆에 서 있는 나무 같은 건축물이 지금 소개할 '낙수장'이다.

'낙수장'으로 가는 길은 멀다. 건물이 있는 마을 이름부터가 베어런Bear Run이다. '곰이 뛰어다니는 곳'이라니 얼마나 산속인지 짐작이 갈 거다. '낙수장'은 역사상 가장 유명한 집이라 해도 과언이 아닐 것이다. 나는 '낙수장'을 대학교 1학년 때 선배의 작업실에 있던 프랭크 로이드 라이트의 작품집에서 처음 보았다. 건축과 학생들은 주로 선배의 작업을 도와주며 건축을 처음 접한다. 내가 다닌 대학교의 경우 1학년들은 건축 전공과목을 하나도 듣지 않고 공대 수업만 들었기 때문에 1학년 2학기 말에 선배의 방에서 본 건축 책이 내가 접한 첫 건축 책이었다. 그때 나는 건축에 대해 아무것도 몰랐었다. 건축을 전공하지 않은 독자분들과 마찬가지라고 보시면 된다. 그렇게 건축적 경험과 지식이 없었던 당시의 나에게도 프랭크 로이드 라이트의 작품은 너무나 멋있어 보였다. 이유는 당연하다. 그의 작품은 '자연스럽기' 때문이다. 건축물이 그냥 땅에서 자라난 것처럼 보인다. 그래서 그의 건축 세계를 '유기적 건축'이라고 부른다. 건축물이 생명이 없는 무기물이 아니라 살아 있는 생명체와 같다는 뜻이다. 그런 라이트의 건축 철학의 절정을 보여 주는 작품이 이 '낙수장'이다.

'낙수장'은 '떨어질 낙落' 자에 '물 수水' 자가 합쳐진 이름이다. 영어 이름은 'Falling Water'다. 집이 폭포 위에 있기 때문이다. 집이 폭포 위에 있다니……, 듣기만 해도 낭만적이지 않은가? 물론 "여름에 물 떨어지는 소리에 잠을 잘 수가 없겠다", "습기가 많아서 관절염에 안 좋을 것 같다", "수맥이 바로 밑으로 지나가는 집이네" 등등 비판적으로 보면 말이 안 되는 부분이 많이 떠오르긴 한다. 하지만 동시에 아주 시적이기도 하다. 우리가 계곡에 가면 가장 흔히 보는 풍경이 무엇인가? 시냇물이 흐르고 그 위로 나뭇가지가 드리운 모습이다. 아이들은 그 나뭇가지 위에 앉아서 물 위로 뛰어들기도 한다. 이러한 행복한 장면이 집으로 승화된 것이 '낙수장'이다. 집은 마치 한 그루의 아름드리 나무처럼 땅에서 솟아나서 나뭇가지를 드리우듯이 발코니를 폭포수 위로 내뻗고 있다. 나무뿌리 대신 건축 기초가 있고 나뭇가지 대신 발코니가 만들어졌다. 발코니에 서면 마치 폭포수 위의 나뭇가지에 올라탄 아이처럼 주변 환경을 둘러볼 수가 있다. '낙수장'의 발코니처럼 한쪽만 지지대가 있고 다른 한쪽은 팔을 뻗듯이 나간 건축 구조체를 '외팔보'라고 하고 영어로는 '캔틸레버'라고 부른다. 보통 이런 구조체는 짓기는 힘든데 만들고 나면 웬만하면 다 멋있다. 중력을 아슬아슬하게 극복하는 모습에서 긴장감을 느낄 수 있기 때문이다.

'낙수장'

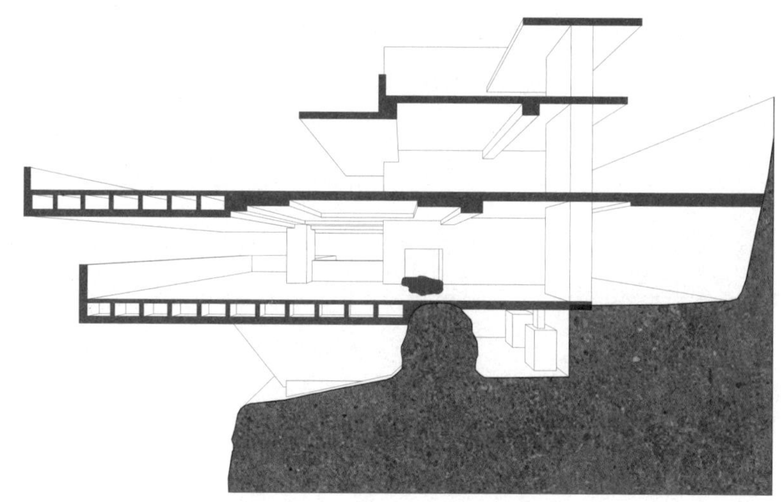

'낙수장' 단면도

형태는 기능을 따른다

프랭크 로이드 라이트는 시카고에서 건축 일을 시작했다. 그는 근대 건축의 아버지라고 불리는 루이스 설리번Louis Sullivan 밑에서 실무를 배웠다. 루이스 설리번은 "형태는 기능을 따른다Form follows function"라는, 건축계에서 가장 유명한 금언을 남긴 사람이다. 그는 철골과 콘크리트를 이용해 백화점같이 기존에는 없었던 새로운 형식의 건축물을 만든 사람이기도 하다. 라이트는 스승인 설리번이 말한 '형태는 기능을 따른다'는 사상을 이어받아 꽃을 피웠다고 보면 된다. 앞서 말했듯이 자연이 만든 모든 디자인은 이유가 없는 것이 없다. 나무의 모양을 예로 살펴보자. 나뭇가지가 위로 갈수록 펴지는 것은 나뭇잎들이 광합성을 하기에 적합하게 하늘과 접하는 면적을 최대한으로 키우기 위해서다. 나뭇가지들이 적당하게 거리를 두어야 이파리가 서로 간섭하지 않을 수 있고, 그 사이로 바람이 통과해 비바람에 나무가 쓰러지지 않을 수 있다. 나뭇가지는 끝으로 갈수록 가늘어지는데, 그렇게 해야 하중을 줄일 수 있기 때문이다. 반대로 나뭇가지가 줄기에 붙은 부분은 가늘고 가지의 끝으로 갈수록 굵어진다면 그런 나뭇가지는 무게를 지탱하지 못하고 부러질 것이다. 이렇듯 모든 자연의 디자인은 기능적으로 이유가 있기에 그렇게 나온 것이다. '형태는 기능을 따른다'는 명제는 자연에서 배운 지혜이며, 그것을 완성한 것이 프랭크 로이드 라이트의 유기적 건축이다.

자연과 하나 된 건축을 하기 위해서는 우선 주변의 자연을 잘 이해해야 한다. 그가 얼마나 자연 환경을 잘 이해하고 숙지하고 있었는지를 보여 주는 일화가 있다. '낙수장'은 라이트가 말년에 인생 역전을 이루는 계기가 된 재기작이다. 그는 경력 초기에 일찍이 성공했다. 그러다가 당대에는 허용되기 힘든 이혼을 하고 재혼했는데, 부인과 자녀가 집에서 일하는 일꾼에게 살해당하고 집이 방화로 소진되는 일을 겪게 된다. 그가 한창 일해야 할 나이에는 미국에 대공황이 닥쳐서 경력이 단절되었다. 그가 '탤리에신Taliesin'이라는 건축 학교를 운영해 학생들을 가르친 이유도 일거리가 없어서 강구한 생계를 위한 방편이었다. 그런데 우연히 그의 학생 중 한 명이 시카고 유명 백화점의 아들이었다. 지금 시카고의 가장 높은 건물이 '시어스 타워Sears Tower'인데 한때 세계에서 가장 높은 건물이었다. 이 건물의 이름인 시어스는 미국의 백화점 체인으로, 시어스의 전신이라고 할 수 있는 회사의 소유주가 에드거 코프먼Edgar Kaufmann이었다. 이 사람은 펜실베이니아주 베어런이라는 곳에 땅을 사 놓고 더운 여름마다 직원들과 함께 피서 와

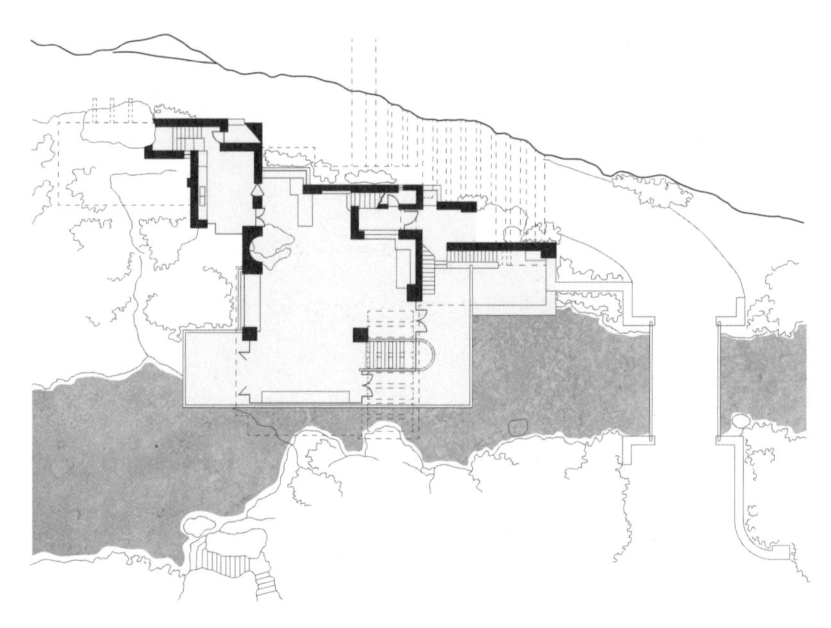

'낙수장' 1층 평면도

서 시간을 보냈다. 그 땅에 여름 별장을 지을 계획을 세우고 있었는데, 이때 라이트의 학생이었던 아들이 자기 선생님이 그 집을 설계하기에 적합한 사람이라고 추천하면서 '낙수장' 프로젝트가 시작된 것이다. 1867년생인 라이트가 '낙수장' 프로젝트를 시작할 때는 이미 한물간 뒷방 늙은이 같은 건축가였다. 그가 왕성하게 활동하던 시기는 수십 년 전이고, 이미 그보다 스무 살 어린 1887년생 르 코르뷔지에가 세계 건축의 새로운 시대를 열고 있었다. 그러던 라이트가 '빌라 사보아'가 지어진 지 5년 후에 '낙수장'이라는 주택 한 채를 완성하면서 "나 아직 안 죽었어."라고 외치듯 재기에 완전히 성공한 것이다. 정말 한 편의 드라마 같은 이야기다. 모든 전설적 인물이 그렇듯 라이트도 '낙수장'의 디자인에 얽힌 전설적인 이야기를 남겼다. 설계 의뢰를 받은 라이트는 현장을 보고 와서도 별로 디자인을 하지 않고 시간을 보내고 있었다고 한다. 그렇게 아무런 준비가 되어 있지 않던 어느 날 건축주로부터 전화가 왔는데, 라이트는 디자인이 다 준비되었는데 언제 보러 올 거냐며 넉살 좋게 이야기했다고 한다. 건축주가 사무실로 오려면 일곱 시간 정도가 걸렸는데, 라이트는 전화를 끊은 후 일곱 시간 동안 '낙수장'의 평면도, 입면도, 단면도를 순식간에 그렸다는 이야기다. 제자들은 옆에서 열심히 연필만 깎으면서 구경했다고 한다. 그런데 이때 라이트는 대지에 있는 나무 한 그루, 바위 하나까지 모두 정확하게 위치와 크기를 기억하고 도면에 그렸다는 것이다. 그만큼 그는 주변 상황을 완전히 파악한 후에 머릿속으로 완벽하게 '낙수장'을 디자인한 것이다. 마치 모차르트가 머릿속으로 작곡을 완성한 후 오선지에는 악보를 옮겨 적기만 했다는 일화와 비슷한 전설이다.

'자연'스러운 디테일

그가 주변의 상황을 얼마나 잘 이용하고 존중하면서 디자인했는가는 한 장의 사진을 보면 알 수 있다. 현장에 나무가 있었는데, 주택의 구조상 보가 그 나무를 지나쳐야 했다. 보통 사람 같으면 나무를 베어 냈겠지만 라이트는 보를 둥그렇게 돌려서 그 나무를 피해 가게 만들었다. '낙수장'의 내부에 들어가면 주변의 자연을 바라보게 창문이 나 있다. 건축에서 창문을 낼 때 같은 면적의 창문이라고 하더라도 벽의 중앙에 내는 것보다는 벽의 코너에 내는 것이 개방감을 더 준다. 라이트도 거실의 코너에 창문을 두었는데, 이때 코너를 감싸는 창문을 양쪽으로 열면 코너가 완전히 개방되게 디자인했다. 물론 이런 창문은 기성품이 아니고 주문 제작으로 만들었다. 당시에는 창틀도 단열 처

기존 나무를 피해서 만든 보

코너가 완전히 개방되는
창문. 오른쪽 하단을 보면
창문이 열리는 만큼 책상
상판을 잘라 냈다.

'낙수장'의 거실

리가 되어 있지 않아서 요즘 시대의 창틀보다 가늘었고 유리창도 복층 유리(이중유리)가 아니어서 더 얇고 투명했다. 게다가 주택의 열효율과 관련된 법규도 없었다. 그래서 창문의 모양을 지금보다는 더 쉽게 디자인할 수 있었을 것이다. 하지만 그렇다고 하더라도 이 집은 90년 전에 만들어진 집이다. 90년 전에 이런 디테일까지 생각했다니 놀랍다. 디테일의 감동은 여기서 그치지 않는다. 창틀의 색상은 라이트가 가장 좋아하는 '체로키Cherokee' 색깔인데 붉은 흙 같은 색이라고 보면 된다. 이런 색상은 창문 주변의 나뭇가지와도 잘 구분되지 않아 조화를 이룬다. 그리고 어느 창 옆에는 라이트가 디자인한 책상이 있다. 여기에 일반적인 책상을 가져다 두면 책상 다리가 창틀 코너를 가려서 외부 경치를 방해하게 된다. 그래서 이 책상은 한쪽 면이 창틀

'낙수장' 테라스와 계곡으로 내려가는 계단

'낙수장' 거실에서 계곡으로
내려갈 수 있는 계단

에 고정되어 있고 책상 다리가 없다. 창틀이 책상 다리 역할을 하게 합체한 것이다. 게다가 창문은 안쪽으로 90도까지 열리는데 이때 창문이 열리는 부분만큼 책상의 상판을 잘라 내어 4분의 1 원형의 구멍이 뚫려 있다. 따라서 코너의 열리는 창문, 다리 없는 책상, 창문틀은 각각 분절되어 있으면서도 하나로 조화를 이루며 연결되어 있다. 그것이 자연의 디자인이다. 나뭇가지와 나뭇잎은 각기 다른 기능을 가진다. 둘은 색상도 다르고 성분도 다르다. 하지만 나뭇잎은 나뭇가지에 붙어서 함께 하나의 나무를 이룬다. '낙수장' 안의 디테일들은 각기 기능에 따라 나누어져 있으면서도 동시에 서로 교합해서 하나의 디테일로 완성된다. 라이트의 '낙수장'은 전체적인 외관만이 폭포 위로 나뭇가지를 드리운 나무처럼 보이는 것이 아니라 디테일한 부분까지도 나무처럼 조화를 이루고 있다. '낙수장'을 보면 땅에서 자라난 건축이 무엇인지, 유기적 건축이 무엇인지 알 수 있다.

자연에서 자라난 건물이라는 개념을 완성하기 위해 이 건물의 주요 마감 재료로 사용한 것은 주변에서 구한 돌이었다. 거실의 바닥도 돌로 마감되어 있는데, 계곡 옆의 집은 습기가 많아서 마루를 사용하면 썩었을 것이다. 거실에서 바닥으로 나 있는 창문을 열면 계곡으로 직접 내려갈 수 있는 계단이 나온다. 여름에 이 창문을 열어 놓으면 계곡 위를 지나가는 바람이 거실을 관통해 반대편 창으로 나가게 된다. 천연 에어컨이다. 개울에서 놀다가 젖은 몸으로 거실에 올라오는 일이 많았을 텐데, 거실 바닥이 돌로 마감되어 있어서 아무런 문제가 되지 않았을 것이다. 훌륭한 건축가는 자신이 만든 건축물에서 거하는 사람의 모든 생활 모습을 상상하고 그에 대처하는 환경을 만들어 주는 사람이다. 따라서 건축가에게 가장 어려운 것이 주택 설계다. 왜냐하면 주택은 상업 시설이나 사무 공간보다 기능이 복잡하기 때문이다. 백화점에서는 물건을 사고팔면 되고, 사무실에서는 일만 하면 된다. 그런데 집에서는 먹고, 자고, 싸고, 모이고, 혼자 있고, 요리하고, 쉬는 등 온갖 행위가 이루어진다. 그리고 이 다양한 행동이 모두 좁은 공간에서 이루어진다. 건축가는 이런 복잡한 상황을 상상하고, 다양한 시간대의 갖가지 행위가 충돌하지 않는 공간을 만들어 주어야 한다. 이런 어려움에도 불구하고 '낙수장'은 주변 환경과 조화를 이루고 그 안의 사람들도 일상을 누릴 수 있게 세심하게 설계된 훌륭한 주택이다. 괜히 역사상 가장 유명한 주택이라는 호칭이 붙는 게 아니다.

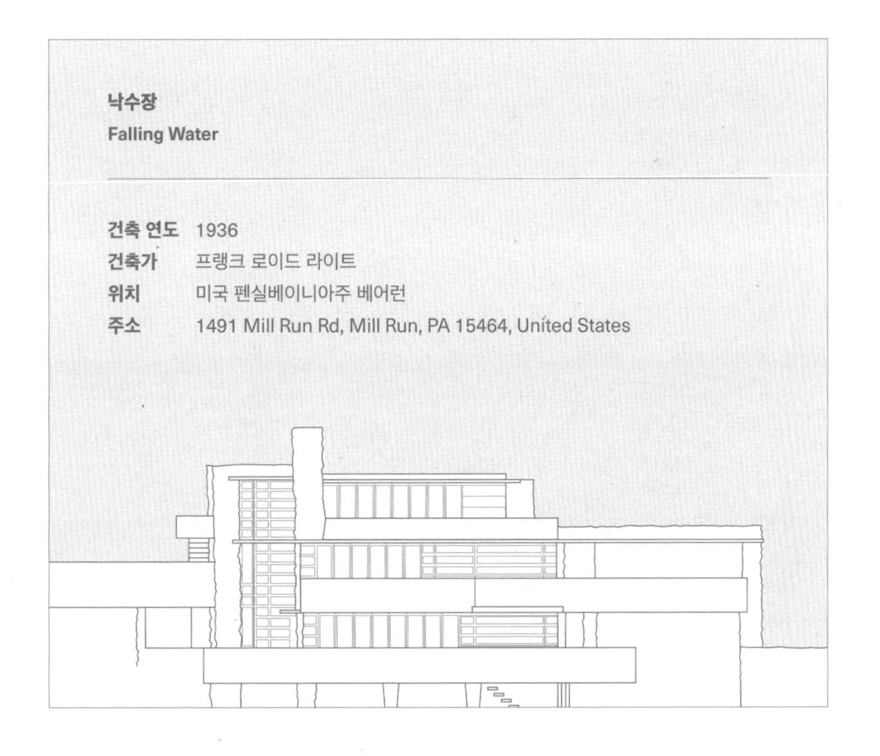

18장	베트남전쟁재향군인기념관
1982년: 공간으로 만든 한 편의 영화	

세운 돌에서 돌에 새긴 이름으로

인류 최초의 건축물은 기원전 8500년경에 만들어진 '괴베클리 테페'다. 고고학자들은 이 건물이 장례식을 치르는 용도로 지어졌을 거라고 추측한다. 돌을 쌓아 둥그런 벽체를 만들고 그 안에는 무게가 20톤쯤 되는 높이 6미터의 돌기둥을 세웠다. '스톤헨지', '고인돌', 이집트의 '오벨리스크', '광개토대왕비', 각종 탑의 공통점은 모두 돌을 세로로 세웠다는 점이다. 왜 인류는 죽은 자를 기리기 위해 돌을 세워서 놓았을까? 인간은 동물 중에서 유일하게 직립 보행을 한다. 사람이 죽으면 서 있지 못하고 눕는다. 사람에게 서 있다는 것은 살아 있는 생명을 뜻한다. 그러니 죽은 자를 기리기 위해서 살아 있었을 때를 기억할 수 있도록 무언가를 세워 놓는 것은 본능적인 행위가 아닐까 생각된다. 하나 더 흥미로운 점이 있다. 인류가 최초로 건축물을 만든 목적이 누군가의 죽음을 기리기 위해서였다는 점이다. 물론 집을 제일 먼저 지었겠지만 집은 나무와 지푸라기로 대충 지었다면, 죽음을 기리

스톤 헨지

고인돌

이집트의 '오벨리스크'

광개토대왕비

석가탑

직립 보행하다가(위),
죽으면 눕게 되는 인간

기 위한 건축물은 돌을 가공해서 만들었다. 돌을 가공하고 이동하고 세우는 것은 무척 힘든 노동이다. 왜 인류의 조상들은 이렇게 죽음을 기리기 위해 노력했을까? 왜 인간은 죽음을 생각했을까? 물론 코끼리도 동료가 죽으면 정해진 장소에서 함께 장례를 치른다. 하지만 인간처럼 죽음을 생각하는 공간을 힘들게 만들지는 않는다. 남아 있는 유적 중 인류 최초의 건축 공간이라 할 수 있는 기원전 15000~13000년에 만들어진 여러 동물이 그려진 알타미라 동굴의 벽화도 어쩌면 사냥하다가 죽은 동료를 기리기 위한 종교적인 공간이 아니었을까 상상해 본다. 초기 인류의 직업은 사냥꾼이었다. 그들은 사냥하다가 죽은 동료를 회상하기 위해 동굴 벽에 함께 사냥하던 곳과 비슷하게 동물들을 그려 놓고 그 공간에서 옛 추억을 회상하지 않았을까? 일종의 앨범처럼 말이다. 인간이 다른 동물과 다른 점은 많지만 가장 중요한 다른 점은 미래를 상상하고 그에 따라 죽음을 생각하는 능력이라고 말하고 싶다. 다가올 것을 미리 상상하는 능력이 있었기에 겨울을 생각하며 봄에 미리 씨를 뿌리는 농사를 지었고, 다가올 자신의 죽음을 생각하며 무덤을 준비했을 것이다. 그 건축 공간에서 죽음을 슬퍼하고 서로를 위로하던 인류는 이러한 공감 능력을 바탕으로 더 큰 사회 조직을 만들고 발전할 수 있었다. 세월이 흐르고 인간의 기술이 발달할수록 무언가를 기리는 건축물은 더욱 커지고 기법도 다양해졌다. 자연이 만든 실내 벽에 벽화를 그리는 대신에 인간이 돌로 건축물을 쌓아서 실내 공간을 만들고 창문에 스테인드글라스를 만드는 쪽으로 발전했다. 단순하게 돌을 세우던 것에서 발전하여 세운 돌에 조각을 해서 구체적인 인물의 모습을 한 조각상을 만들기도 했다. 시간이 흐르면서 죽음을 기리는 공간이나 물체에 장식이 늘었지만 '공감을 자아내는 기념의 공간을 만든다'는 본질은 그대로다.

과거에는 인류가 급작스럽게 사망하는 제일 큰 원인이 사냥이었다면, 기원전 7000년경의 농업 혁명 이후로는 사냥에서 전쟁으로 바뀌었다. 먹을 것을 구하기 위해 야생에서 목숨을 걸고 사냥하던 인류는 점차 정착해서 농사를 짓기 시작했다. 농업은 땅과 노동력이 필요한 일이다. 더 부자가 되려면 더 많은 땅과 더 많은 노동력이 필요했다. 주변 부족이나 국가와 전쟁을 해서 이기면 영토를 확장하고 노예를 확보해서 생산량을 늘릴 수 있었다. 땅과 노동력을 확보하기 위한 전쟁이 많아졌고, 청동기를 지나며 치명적인 무기가 발달하고 전차 등의 기동성이 더해지자 전쟁에서 사망자 수는 더 늘어났다. 전쟁에서 승리한 자를 기념하기 위한 개선문 같은 건축도 발달했고, 죽은 자를 기리기 위한 기념관도 만들어졌다. 이러한 일들은 최근까지도 계속해서 일어났다.

물과 죽음의 공간

지난 백 년간 가장 많은 전쟁을 한 나라는 미국이다. 제2차 세계대전, 한국전, 베트남전, 이라크전, 아프가니스탄전 등에서 수많은 젊은이가 생명을 잃었다. 그런 미국이 자신들의 역사에서 자랑하고 싶은 인물들과 전쟁을 기리기 위해 여러 기념관을 모아 놓은 곳이 수도인 워싱턴 D.C.에 있는 '메모리얼 파크Memorial Park'다. 이곳의 동쪽 끝에는 '미국 국회의사당United States Capitol'이 있다. 거기서 서쪽으로 더 가면 미국의 초대 대통령이자 영국과의 독립 전쟁을 승리로 이끈 조지 워싱턴George Washington을 기념하는 거대한 '오벨리스크' 모양의 '워싱턴 기념탑Washington Monument'이 있다. 그다음에는 '제2차 세계대전 국립 기념물National World War II Memorial', 그다음에는 거대한 직사각형의 인공 호수가 있다. 호수 너머에는 남북 전쟁에서 이기고 노예를 해방한, 미국이 가장 자랑하는 대통령 에이브러햄 링컨Abraham Lincoln의 기념관이 있다. '링컨 기념관Lincoln Memorial'에 좌정해 있는 백색의 링컨 조각상은 물 건너편의 '워싱턴 기념관'과 그 너머에 있는 '국회의사당'을 바라보고 있다. 미국의 자랑스러운 역사인 링컨, 제2차 세계대전, 워싱턴을 기념하는 건축물이 '국회의사당'과 하나의 축을 이루며 나열되어 있는 것이다. 링컨의 등 뒤로는 포토맥강이 흐르고, 그 강 너머에는 우리나라 '현충원'과 같은 '알링턴 국립묘지Arlington National Cemetery'가 있다. 그곳에는 케네디를 비롯하여 전사자들의 무덤이 있다. 자랑스러운 역사를 보여 주는 공간과 죽음을 애도하는 국립묘지 사이에 강이 놓여 있는 구조는 아주 적절한 배치라고 생각된다. 그리스 신화에도 저승 세계에 들어가기 위해서는 네 개의 강을 건너야 한다는 이야기가 있고, 기독교에서도 죽음을 '요단강을 건넌다'라고 표현하기도 한다. 그렇게 인류의 보편적 정서에서 강은 삶과 죽음을 나누는 공간적 경계다. 국

'링컨 기념관'(왼쪽 하단)과 '워싱턴 기념탑'(중앙 우상단) 그리고 '미국 국회의사당'(오른쪽 상단)이 하나의 축으로 나열돼 있다.

경이나 땅문서가 따로 없던 고대의 인류는 어느 땅이나 걸어서 갈 수 있었다. 공간의 경계가 없었던 것이다. 그런 고대 인류에게 유일한 공간적 한계가 있었다. 바로 물이었다. 상상해 보자. 고대 인류는 다리나 배를 만들 수 없었다. 그런 사람들에게 강같이 건널 수 없는 물은 자연이 만들어 낸 가장 강력한 공간적 한계이자 경계였을 것이다. 죽음 이후의 세상은 머리로는 상상할 수 있지만 갈 수는 없는 분리된 세상이다. 그렇다 보니 삶과 죽음을 나누는 경계를 강으로 상상했던 것은 지극히 당연해 보인다. 워싱턴 '메모리얼 파크'는 이렇게 중요한 축을 이룬다. 그리고 자랑스럽지 못한 슬픈 기억의 역사는 이 축에서 약간 벗어난 주변부에 위치한다. 비긴 전쟁이라고 할 수 있는 한국 전쟁의 희생자를 기리는 '한국전 참전 용사 기념비Korean War Veterans Memorial'는 '링

컨 기념관'과 '워싱턴 기념탑' 사이에 있는 수水 공간의 남측에 위치한다. 그리고 그 반대편인 수 공간의 북측에는 미국이 뼈아프게 패한 전쟁인 베트남 전쟁에서 죽은 용사들을 기리는 기념관이 배치되어 있다.

땅속에 묻혀 보는 경험

베트남 전쟁에서 전사하거나 실종된 미국인은 58,220명이나 된다. 이런 뼈아픈 역사를 기념하는 일은 정말 우울한 일이 아닐 수 없다. 일반적으로 기념관은 엄숙한 느낌을 주기 위해 어두운 공간에 한 줄기 빛이 들어오고 그곳을 바라보며 생각에 잠길 수 있게 만들어진다. '판테온'이 대표적인 사례다. 혹은 거대한 공간을 만들고 중앙에 기념하고

자 하는 대상의 거대한 조각상을 만들어 놓고 올려다보게 만드는 방식도 있다. 한 명을 기념할 때 주로 사용하는 기법이다. 대표적인 사례가 '파르테논 신전'이다. '파르테논 신전' 내부에는 거대한 아테네 여신상을 전시해 놓았었다. 워싱턴 '메모리얼 파크'에 있는 '링컨 기념관'이 이러한 '파르테논 신전'의 기법을 차용해 거대한 링컨 조각상을 놓고 있다. 근처에 있는 '제퍼슨 기념관Thomas Jefferson Memorial', '루스벨트 기념관Franklin Delano Roosevelt Memorial', '마틴 루서 킹 기념관Martin Luther King Jr. Memorial'도 마찬가지로 큰 인물 조각상이 있다. 그런데 58,220명을 기리는 기념관의 경우에는 58,220개의 조각을 만들 수가 없다. 아마 만든다면 레고 인형처럼 작아져야 하고 그런 작은 스케일을 내려다보면 오히려 더 우울해질 수 있다. 이와 비슷한 감정은 설치미술가이자 조각가인 서도호의 작품 「플로어(FLOOR)」에서 느낄 수 있다. 전시장 바닥의 유리판을 18만 개의 플라스틱 인형이 두 손을 들어 받치고 있는 작품이다. 소수의 사람을 받치기 위해 그 많은 사람이 희생되었다는 느낌을 주는 충격적인 작품이다. 또 다른 서도호 작가의 작품 「섬/원(Some/One)」은 금속으로 만든 215센티미터 높이의 거대한 갑옷이다. 가까이서 보면 그 금속이 가로 2.5센티미터, 세로 5센티미터의 타원형 미군 인식표라는 것을 알 수 있다. 군인이 사망하면 목에 달려 있던 두 개의 인식표 중 하나만 빼서 가져가고 하나는 시체에 남겨 둔다. 나중에 시신이 손상된 상태로 발견되어도 시신에 남아 있는 인식표로 사망자를 확인할 수 있기 때문이다. 즉 인식표 하나하나는 누군가의 죽음을 암시한다. 그런 인식표 7만 개를 연결해 만든 한 사람의 아름다운 옷이라니. 한 명의 잘못된 지도자로 인해 수많은 목숨이 희생되는 전쟁의 실상을 잘 보여 주는 작품이다. 하지만 이런 방식으로 '베트남전쟁재향군인기념관Vietnam Veterans Memorial'을 지었다면

「플로어(FLOOR)」(서도호)

찾아온 방문객들은 더 우울해져서 자리를 떠났을 것이다. 많은 숫자의 사상자를 진지하게 기리면서도 동시에 우울하지 않은 기념관은 어떻게 만들어야 할까?

1980년 미국 의회로부터 기금을 받은 '베트남 참전용사 기념기금'은 기념관 설계 공모전을 열었다. 18세 이상의 미국 시민이라면 누구나 응모할 수 있는 공모전이었다. 1981년 1,421개의 작품이 출품되었고 놀랍게도 당시 무명이었던 스물한 살의 예일대학교 재학생 마야 린Maya Lin의 작품이 당선되었다. 당시 그가 제출한 프레젠테이션 자료는 파스텔로 적당히 그린 스케치와 A4 용지 한 페이지의 설명서뿐이었다. 화려하지 않은 프레젠테이션 자료에서 놀라운 가능성을 발견

「섬/원(Some/One)」(서도호)

마야 린의 공모전
설계 자료(위)와
마야 린

베트남전쟁재향군인기념관

한 심사위원에게 경의를 표하지 않을 수 없다. 마야 린의 디자인은 놀랍게도 심플하다. 우선 건물이 하나도 없다. 그냥 빈 땅이다. 그런데 자세히 보면 땅이 약간 기울어져 있고 그렇게 아주 얇게 깎여 나간 땅의 한쪽에는 옹벽이 서서 땅을 무너지지 않게 받치고 있다. 그냥 빈 땅에 옹벽을 만들고 끝난 디자인이다. 기념관 자체만 보면 그냥 기분 좋은 잔디가 깔린 햇볕 잘 드는 공원이다. 그런데 자세히 들여다보면 놀라지 않을 수 없다. 이 옹벽은 각도가 넓은 'V' 자 모양이다. '베트남Vietnam'을 상징하는 'V'로 볼 수도 있고, 승리를 뜻하는 '빅토리victory'의 'V'일 수도 있겠다. 하지만 이런 어설픈 상징보다는 우리는 이 'V' 자가 가리키는 방향에 집중해야 한다. 이를 설명하기 위해서는 기념관으로 직접 걸어 들어가 봐야 한다.

배치도상 'V' 자 모양으로 된 길의 한쪽 끝에 서면 길이 아주 완만하게 기울어져 내려가는 것을 알 수 있다. 아주 완만하게 경사진 내리막길을 걷는 것은 일반 평지를 걷는 것보다 편하다. 중력이 걸음을 도와주기 때문이다. 경사가 급한 경사로에서는 몸에 균형을 잡기 위해 힘이 들어가지만 아주 완만한 경사로는 오히려 더 편하다. '베트남전쟁재향군인기념관'의 길은 그런 완만한 경사로다. 몇 발자국을 디디면 내 왼발 아래에 아주 작은 검은색 벽이 있는 것을 느끼게 된다. 이때까지만 해도 별다른 감흥은 없다. 온통 자연으로 둘러싸인 기분 좋은 공원이니까. 그런데 한발 한발 내디딜 때마다 내 왼편의 검은색 벽은 점점 더 높게 자라난다. 그리고 그 면적은 더 빠르게 증가한다. 순식간에 내 허리까지 검은색 벽이 올라와 있다. 그러다가 조금만 더 가면 내 눈앞을 검은색 돌벽이 가로막고 있다. 정신을 차리고 보니 나는 땅속에 들어와 있다. 기울어진 땅에서 중력에 몸을 싣고 편안히 걷다 보니 땅속에 들어온 것이다. 중력은 피할 수 없는 자연의 힘이다. 시간도 역시 피할 수 없는 자연의 섭리다. 사람은 시간이 흐르면 언젠가는 죽고, 죽으면 땅속에 묻힌다. 누가 묻어 주지 않아도 우리 몸은 썩어서 중력에 의해 땅으로 들어간다. 베트남전 참전 전사자들도 지금 어딘가의 땅속에 묻혀 있다. '베트남전쟁재향군인기념관'에서 중력에 이끌려 걸으며 땅속에 들어가는 듯한 경험은 마치 거스를 수 없는 시간의 흐름에 따라 죽음에 가까워지는 경험과 비슷하다.

검은색 대리석으로 둘러싸인 공간에 갇히면 마치 땅속에 묻힌 듯한 느낌이 든다. 참전 용사들과 함께 묻혀 보는 것이다. 이때쯤 되면 그 검정 대리석 벽에 눈이 가고 표면을 자세히 들여다보게 된다. 그 검은색 옹벽에는 전사자들의 이름이 빼곡히 적혀 있다. 대략 내 눈에 들어온 이름의 숫자만 해도 수백 명이다. '호랑이는 죽어서 가죽을 남기고, 사람은 죽어서 이름을 남긴다.' 한 사람의 이름은 한 명의 목숨을 의미한다. '베트남전쟁재향군인기념관'의 벽에는 죽어서 이름을 남긴 사람들이 무수히 많다. 그리고 58,220명의 이름은 하나의 벽을 이루고 있다. 마야 린이 58,220명의 사람을 기리기 위해 선택한 방법은 검정 돌에 이름을 새기는 것이었다. 선사 시대에 우리는 망자를 기리기 위해 돌을 세웠다. 문명이 발달하자 세운 돌에 그림을 새겨 넣었다. '괴베클리 테페'의 6미터 높이의 돌에는 추상적인 모양의 커다란 사람 얼굴이 새겨져 있다. 그러다가 문자가 개발되자 망자를 기리기 위해 돌에다가 글자를 새겼다. 아직도 우리는 묘비에 이름을 새겨 넣는다. 인간은 다른 동물과는 다르게 몇 글자만 읽어도 더 많은 것을 생각할 수 있는 능력을 가지고 있다. 글자는 단순한 상징성을 가진 기호지만,

베트남전 참전 전사자들의 이름이 빼곡히 적힌 검정 대리석 벽에 사람들의 얼굴이 비친다.

이름이 된 글자는 한 사람을 대표한다. '베트남전쟁재향군인기념관'에는 5만 명이 넘는 사람의 이름이 돌에 새겨져 있다. 나에게 그 사람들의 이름이 가지는 의미는 그들의 가족과 친지가 그 이름을 볼 때 느끼는 의미와 같을 수는 없다. 하지만 돌에 새겨진 그 수많은 이름만으로도 망자를 생각하고 전쟁과 생명에 대해 다시 한번 생각하게 만들기에 충분했다. '베트남전쟁재향군인기념관'에서는 그 어려운 일이 최소한의 공간적 체험으로 이루어지고 있다.

마지막 반전

이때 벽체의 색상도 중요한 역할을 한다. 이름들이 밝은 화강석이나 흰색 대리석에 새겨졌다면 이렇게 큰 감동은 없었을 것이다. 이 기념관에는 베트남전 전사자의 이름이 검은색 돌에 새겨져 있다. 우리는 장례식장에 가면 모두 검은색 옷을 입는다. 검정은 죽음을 상징한다. 검은색 돌 앞에서는 더 숙연해질 수밖에 없다. 그리고 그 검정 돌의 표면 처리도 중요하다. 물을 부어 가며 돌을 가는 물갈기 작업을 하면 표면이 거울처럼 반짝인다. 돌의 색상이 짙을수록 거울 같은 효과가 더 커진다. 이 기념관에서도 검은색 돌을 바라보면 표면에 내 얼굴이 비친다. 내 얼굴에는 많은 사람의 이름이 문신처럼 새겨져 있다. 죽은 자를 생각하며 살아 있는 내가 어떻게 살아야 할지 생각하지 않을 수 없는 충격적인 장면이다. 가끔 이름 옆에 스카치테이프로 꽃 한 송이를 붙여 놓거나 벽 아래에 사진을 놓아 둔 모습을 본다. 나와 일면식도 없는 사람들의 손길이지만 그 이야기의 애절함이 느껴진다. 여기까지가 이야기의 끝이라면 이 기념관을 보고 나가서 다들 술집에서 우울하게 술을 마셔야만 할 것 같다. 하지만 이 기념관의 여정은 여기서 끝나지

'V'자 가운데 꼭지점 코너를 따라 돌아서면 눈앞에 '워싱턴 기념탑'이 보인다.

않는다. 'V' 자의 가운데 꼭짓점까지 오면 벽의 높이가 내 머리를 훨씬 넘는다. 우울함의 극치다. 그런데 그 우울함의 클라이맥스를 겪은 직후 길이 오른쪽으로 꺾인다. 코너를 따라 돌아서면 내 눈에는 '워싱턴 기념탑'이 들어온다. 미국의 자랑스러운 역사인 건국의 아버지의 상징인 '워싱턴 기념탑'을 올려다보면서 내 기분은 급반전을 겪는다. 아마도 미국인들에게 그 느낌은 더 클 것이다. '베트남전쟁재향군인기념관'은 자랑스러운 미국 역사의 축선상에 놓이지는 못했지만 이곳을 나오면서 자랑스러운 '워싱턴 기념탑'을 볼 수 있게 동선이 배치되어 있다. 반대편에서 들어온 사람은 나가면서 '링컨 기념관'을 보게 된다. 그런 장면을 보고 힘을 내서 한 걸음 한 걸음 걷는다. 이번에는 중력을 거스르면서 올라가서 심장 박동이 빨라진다. 심박수가 빨라지면 살짝

흥분되고 긍정적인 마음이 생긴다. 우울증 환자에게 가장 좋은 처방 중 하나는 햇빛을 받으면서 빠른 걸음으로 걷는 것이라고 한다. '베트남전쟁재향군인기념관'에서 걸어 나올 때 딱 그런 경험을 하게 된다. 그리고 한 걸음씩 걸을 때마다 내 시야에서 검정 대리석 벽은 점차 사라지고 밝은 자연이 점점 더 많이 보인다. 이렇게 전쟁과 죽음에 대한 우울한 감상이 밝고 긍정적인 마음으로 전환되는 과정을 내 몸으로 직접 느끼게 된다.

잠깐 몇 분 걸었을 뿐인데 한 편의 영화를 보고 나온 것 같은 느낌을 받는 기념관이다. 이러한 경험이 가능한 이유는 크게 세 가지다. 첫째, 마야 린은 주변에 이미 위치하는 거대한 '워싱턴 기념탑'과 '링컨 기념관'을 이용하는 지혜가 있었다. 베트남 전쟁과 미국 역사라는 거대한 이야기를 두 개의 단순한 직선 산책로의 각도 조절만으로 함께 엮어서 관람객의 마음으로 스며들게 해 하나의 서사를 만들 수 있었다. 두 번째는 몸을 쓰게 했다는 점이다. 내리막을 어슬렁거리며 걸어 들어갈수록 이야기의 수렁으로 빠져들게 했고, 나올 때는 오르막을 오르면서 희망차게 땅속에서 벗어나도록 연출했다. 셋째는 인공의 건축은 최소한으로 하고 대부분은 기분 좋은 자연의 공원으로 만들었다는 점이다. 훌륭한 건축가는 주변의 좋은 에너지를 잘 이용하고, 더 훌륭한 건축가는 좋지 않은 에너지까지 좋은 것으로 전환한다. 마야 린은 정말 다루기 어려운 슬픔과 갈등의 이야기를 미국 전체 역사 이야기 속에 잘 버무려 한 편의 영화 같은 기념관을 만들었다. 최고다.

베트남전쟁재향군인기념관

Vietnam Veterans Memorial

건축 연도 1982

건축가 마야 린

위치 미국 워싱턴 D.C.

주소 5 Henry Bacon Drive NW Washington, D.C. 20002, United States

운영 연중무휴(24시간)

19장	더글러스 하우스
1973년: 살고 싶은 집	

뉴욕 5

1970년대 당시 젊은 건축가들의 꿈은 어느 날 문득 필립 존슨Philip Johnson으로부터 점심을 같이 먹자는 전화를 받는 것이었다고 한다. 필립 존슨은 근대 건축의 4대 거장 중 한 명인 미스 반 데어 로에의 제자이기도 하고, '글래스 하우스Glass House'라는 작품을 남겼으며, '뉴욕 현대 미술관The Museum of Modern Art' 내 건축 전시장의 큐레이터로 활동했던 건축가다. 그는 엄청난 영향력으로 건축에서 포스트모더니즘 시대를 열기도 했고, '뉴욕 현대 미술관' 전시를 통해 해체주의 건축을 세상에 알리기도 했다. 그가 키운 다섯 명의 젊은 건축가가 있는데, 리처드 마이어(1934~), 피터 아이젠먼(1932~), 마이클 그레이브스Michael Graves(1934~2015), 존 헤이덕John Hejduk(1929~2000), 찰스 과스메이Charles Gwathmey(1938~2009)다. 이 다섯 명의 건축가는 1975년에 건축가로서는 젊은 나이에 『다섯 명의 건축가Five Architects』라는 책을 함께 출판한다. 이후 그들은 '뉴욕 5'라는 이름으로 불리게 되었고, 한 시대를 대표하는 건축가들로 성장했다. 재미난 사실은 이들 다섯 명은 모두 초기에는 함께 책을 낼 만큼 비슷한 모던 건축의 색깔을 띠고 있었으나 나이가 들면서 서로 다른 색을 찾아 발전해 나갔다는 점이다. 리처드 마이어는 시종일관 백색 건축을 하면서 르 코르뷔지에의 '빌라 사보아'의 백색 건축을 이어받는 정체성을 유지한 반면, 피터 아이젠먼은 좀 더 이론적으로 치우쳐 해체주의 건축을 하고 이후 컴퓨터와 건축의 융합을 이끌었고, 마이클 그레이브스는 고전 건축의 모티브를 사용한 '포스트모더니즘'을 이끌었으며, 존 헤이덕은 뉴욕에 있는 건축 대학 쿠퍼 유니온Cooper Union에 남아 후학 양성에 힘을 쏟았다. 한편 찰스 과스메이는 초기에는 훌륭한 작품을 선보였으나, 나중에는 여러 가지 시도를 하다가 확실한 색깔을 보여 주지 못하고 커리어를 마무리하는 아쉬움을 남겼다.

리처드 마이어는 1934년, 주변에 비해 가난한 동네라 할 수 있는 뉴저지주 뉴어크에서 태어났다. 그는 코넬대학교에서 건축을 공부했으며, 본인 스스로는 자신의 건축을 르 코르뷔지에의 계보를 잇는 것으로 보고 있다. 실제로 그의 사무실에는 초기 대표작인 '스미스 하우스Smith House' 모형 옆에 '빌라 사보아' 모형을 만들어서 비교 전시해 놓고 있다. 마이어는 젊어서 성공한 건축가로도 유명하다. 건축계의 노벨상이라 불리는 프리츠커상을 49세에 수상했는데, 당시로서는 파격적으로 젊은 나이의 수상자였다. 그는 시종일관 '백색 건축'을 한 것으로도 유명하다. 다른 건축가들이 건축에서 흰색만 사용하면 그의 아류로 취급받을 정도다. 건축계의 '앙드레 김'이

리처드 마이어

라 할 수 있다. 겉으로 보기에는 똑같은 흰색이지만 사실 재료상으로는 몇 차례의 진화가 있었다. '스미스 하우스' 같은 초기 작품에는 나무 패널에 흰색 페인트를 사용했고, 이후에는 공장에서 흰색 페인트로 도장되어 나오는 알루미늄 패널을 사용했으며, 최근에 로마 근교에 지어진 '주빌리 성당Church of the Jubilee'에는 백색 콘크리트를 사용하기도 했다. '20세기 최고의 건축 설계비'를 기록한 로스앤젤레스의 '게티 센터Getty Center'를 설계할 때, 건축주는 색깔 있는 재료를 사용한 박물관을 원했고, 마이어는 흰색을 고집했다. 결국 둘의 오랜 싸움 끝에 베이지색으로 타협점을 찾은 것은 유명한 일화다. 실제로 마이어의 건축물은 베이지색 트래버틴 대리석으로 마감된 '게티 센터'와 천연 목재로 마감된 주택 한 채를 제외하고는 모두 흰색이다. 최근 마이어 사무실을 이어받을 파트너들은 몇 가지 새로운 시도를 하고 있지만 공식적으로 '마이어=백색 건축'이다. 마이어의 뉴욕 사무실에는 재료를 모아 놓은 방이 있는데, 그곳의 모든 재료는 백색이다. 마이어가 흰색을 고집하는 이유는 '흰색은 모든 색'이라는 생각 때문이다. 흰색이라고 해도 모두 같은 흰색이 아니다. 실제로 같은 흰색이어도 시간과 태양 빛의 상태에 따라 수십 가지의 다양한 색깔을 보여 준다. 『리처드 마이어의 서른 가지 색Richard Meier. Thirty colors』이라는 책에 이러한 다양한 백색이 잘 표현되어 있다. 같은 백색이어도 건축 재료의 재질, 건축물이 지어지는 지역의 태양광의 입사 각도와 광량에 따라 그 느낌이 다르다. 따라서 건물이 위치한 지역, 마감 재료, 건물 용도에 따라 세심하게 백색을 골라야 한다. 마이어의 사무실에서는 프로젝트마다 페인트의 흰색을 결정하는 일과 실제 시공에서 원하는 흰색을 만들어 내는 과정이 가장 힘든 일 중 하나다.

백색 마운트 종이 같은 건축

나는 루이스 칸과 안도 다다오의 열혈 팬이지만 누가 지은 집에 살고 싶냐고 물어본다면 망설임 없이 리처드 마이어가 설계한 집에 살고 싶다고 답한다. 그 이유는 칸이나 안도의 집에서는 공간이 압도하는 힘이 너무 커서 편히 쉴 수 없을 것 같아서다. 반면 마이어의 집은 자연 풍경, 빛, 통풍 등이 잘 어우러진 편안한 공간이다. 그뿐만 아니라 백색으로 마감되어서 누가 들어가 어떤 삶을 살더라도 잘 담아낼 것처럼 보인다. 백색은 그런 힘이 있다. 어떤 것을 가져다 두어도 담긴 것이 돋보이게 하는 힘이다. 백색의 인테리어는 배경으로 사라지기 때문이다. 그래서 미술관이나 갤러리는 작품을 돋보이게 하기 위해 백색 마감을 하고 가장 기본적인 상자 형태를 추구한다. 그래서 '화이트 큐브white cube'라고 하는 흰색 상자 형태가 가장 보편적인 갤러리의 공간 유형으로 알려져 있다. 그림이나 사진을 액자에 넣을 때 그대로 넣지 않고 사진 주변에 흰색 종이를 두르고 넣는데, 이런 종이를 '마운트mount'라고 부른다. 그런 흰색 마운트를 두르면 그림이나 사진이 더욱 돋보인다.

백색으로 만들어진 마이어의 공간은 액자의 흰색 마운트가 하는 역할을 한다. 흰색으로 마감된 인테리어는 그 안의 삶을 돋보이게 하여 삶이 주인공이 되게 한다. 반대로 같은 흰색이지만 자연 속에 놓인 흰색 외관의 건물은 그 자체로 돋보인다. 대자연 속에 박혀 있어도 눈에 확 띄어 강한 인상을 주는 흰색 건축물이 마이어 건축물의 이미지다. 흰색 건축물이 자연 속에서 눈에 띄는 이유는 자연에는 백색이 드물기 때문이다. 자연에는 무수히 많은 색상이 있지만 하늘의 구름이나, 눈 정도를 제외하고는 백색이 별로 없다. 백색은 가장 인공적인 색상이면서 동시에 가장 주변을 살리는 색이기도 하다. 마이어의 건축

호숫가 절벽에 있는 '더글러스 하우스'

호숫가에 위치한 '더글러스 하우스'

은 환경과 인간의 삶을 잘 프레임해 주는 액자 속 흰색 마운트 종이다.

지금 소개할 '더글러스 하우스'는 마이어가 건축주를 만나기 전에 이미 설계를 마친 작품이다. 마이어는 자신이 생각하는 가장 이상적인 주택을 미리 설계해 놓고, 훗날 건축주를 만났을 때 어울리는 대지가 있으면 적용하려고 했다. 그래서 사무실에 있는 오리지널 디자인의 건축 모형과 실제 건축된 '더글러스 하우스'는 좌우가 뒤집힌 모양이다. '더글러스 하우스'는 미시간 호수를 바라보는 절벽에 있는데, 진입하는 시퀀스가 특별하다. 우선 집의 후면에서 진입한다. 대체로 마이어가 설계한 집은 후면에서 진입한다. 마이어가 설계한 집은 보통 경치가 좋은 곳에 위치하는데, 방문자가 집에 들어가기 전에 그 경치를 보여 주지 않으려는 건축가의 의도다. 자신이 배치한 집으로 경치를 가리

'더글러스 하우스'는 집 후면에 진입로가 있다.

고 나중에 거실에 도착한 다음에야 스펙터클한 경치를 만나게 만든다. 만약에 경사지의 아래쪽에서 집으로 진입하게 되면 집에 들어가기도 전에 이미 경치를 다 보게 될 뿐 아니라, 거실에서 바라보는 풍경 하단에 도로가 항상 보이는 문제가 생긴다. 우리나라 대부분의 해안가 집들이 이렇게 되어 있다. 국도가 해안가에 있어서 건축물들에서 바라보는 경치에 도로가 지나가는 구도가 된다. 국도를 해안가에 두면 누구나 해안가의 경치를 즐길 수 있다는 장점은 있지만, 좋은 경치를 자동차로 이동하면서만 즐길 수 있을 뿐 조용하게 앉아서 쉴 수는 없는 구조가 된다.

'더글러스 하우스'에 가는 사람은 도로에서 나와서 우선 작게 조성된 주차장에 차를 세운다. 주차한 다음 경사 대지의 높은 쪽에서 진

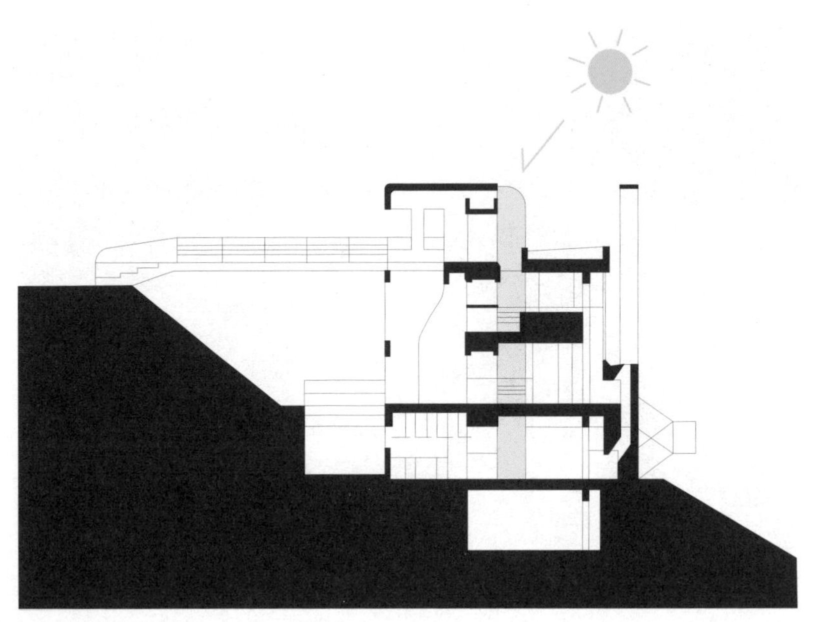

'더글러스 하우스' 단면도

입하면서 먼저 네모진 창문들이 뚫린 벽처럼 서 있는 평범한 집을 바라보게 된다. 그리고 주택에 진입하기 위해 다리를 건넌다. 집 안으로 들어가면 눈앞에 보이는 정면은 막혀 있고, 햇빛만이 천창을 통해 들어온다. 여기서 한 층 내려가면 작은 실내 발코니가 나오는데, 이곳에서 두 개 층 높이의 거실과 전면 창을 통해 미시간 호수의 장관이 펼쳐진다. 한 층 더 내려가면 거실이 나오고, 또 한 층 내려가면 식당이 나온다. 기울기가 45도 정도 되는 급경사지에 집이 있어서 집 안에서 바깥 경치를 바라보면 호수의 수평선과 나 사이에 아무런 장애물이 없다. 그래서 집 안에서 경치를 바라보면서도 마치 배 위에서 바다를 바라보는 듯한 느낌을 받는다.

거실에는 마이어의 시그니처 디자인 같은 벽난로가 있다. 특이한

'더글러스 하우스' 내부

점은 벽난로가 미시간 호수의 경치가 가장 좋은 쪽 면에 놓여서 경치를 가린다는 점이다. 문제가 있는 것처럼 보이지만, 조금만 생각해 보면 벽난로를 호수 뷰에 두면 두 가지 장점이 있다. 우선 벽난로는 요즘으로 치면 거실의 TV와 비슷하다. 벽난로를 켜면 사람들은 벽난로 주변으로 모이는데, 만약에 벽난로를 뒤쪽 벽에 설치하면 소파가 그 반대편에 놓여 사람들이 모두 호수를 등지고 앉는 꼴이 된다. 우리나라 아파트에서 TV를 거실 벽면에 걸어 두면 소파는 그 벽을 향해 배치되고, 그러면 결국 바깥 경치가 아무리 좋아도 자연스럽게 바라볼 수 없는 구조가 된다. 그래서 벽난로를 호수 쪽으로 두면 거실의 모든 가구가 호수 뷰를 중심으로 배치될 수 있다. 또 하나의 장점은 장면이 다양해진다는 점이다. 만약에 호수 뷰의 유리창에 아무것도 배치하지 않으면 넓은 파노라마로 호수 경치를 즐길 수 있는 장점이 있다. 그러나 문제는 거실 어디에서도 똑같은 장면을 보게 된다는 것이다. 자칫 잘못하면 지루할 수 있다. 그런데 벽난로를 거실 유리창 한쪽 편에 두면 거실의 왼쪽에서는 미시간 호수를 넓게 보다가, 벽난로 쪽으로 오면 시야가 막혀서 경치가 달라지고, 조금 더 가면 다시 넓은 호수 경치를 즐길 수 있다. 이러한 공간의 분절로 단조로움을 줄일 수 있다. 만약에 미시간 호수 경치를 극대화해서 즐기고 싶다면 옆에 있는 야외 데크로 나가서 감상하면 된다.

줄 맞춤 vs 비정형

리처드 마이어는 본인이 유명 건축가라기보다는 장인이라고 할 수 있는 '마스터 빌더master builder'로 인정받기를 원한다고 했다. 그만큼 그의 건축은 완벽한 시공을 요구한다. 실제로 모든 디자인의 초기 단계에 프로젝트마다 다른 모듈러 그리드(격자)를 설정해 놓고 건축물의 모든 선을 그리드에 맞추어 설계한다. 그렇기 때문에 시공 시에 조금이라도 줄이 어긋나면 아주 이상해 보인다. 한번은 화장실의 벽체는 타일로 마감하고 바닥은 돌로 마감하는 디자인이 있었다. 타일이나 돌은 정사각형이나 직사각형의 모양으로 생산된다. 이런 재료를 시공할 때 각 부재들 사이를 약간 띄우고 시멘트로 채워 넣는데 이를 '모르타르'라고 부른다. 이 모르타르 간격은 재료마다 다르다. 이 화장실의 경우 벽의 타일은 모르타르 폭이 1밀리미터라면 바닥의 석재는 1.5밀리미터가 되어서 어디에 줄을 맞출지 난감했다. 결국 각각의 모르타르 중심선끼리 맞추어 시공하는 것으로 결론이 났다. 그 정도로 정교함을 추구한다. 마이어 사무실의 직원들끼리는 "복잡한 형태의 건물을 디자인하는 '프랭크 게리' 사무실의 직원이 부럽다."라고 농담을 하기도 하는데, 그 이유는 형태가 복잡할수록 시공상의 작은 실수가 잘 보이지 않기 때문이다. 반대로 마이어가 추구하는 것처럼 건축물의 모든 줄이 맞아야 하는 미니멀한 건축은 실제로 디자인과 시공 과정에서 눈에 보이지 않는 고도의 기술을 필요로 한다. 나도 마이어의 사무실에서 일하는 동안 하도 도면상에서 줄 맞추는 일을 하다 보니 근무한 지 3개월 정도 지나고 나서는 집이나 사무실에서 물건을 놓을 때도 줄을 맞추어야 직성이 풀리는 문제가 생겼다. 사무실 동료들에게 물어보니 공통으로 가지고 있는 직업병이었다.

마이어의 사무실이 이렇게 줄 맞춤을 중요하게 생각하는 이유는 정리정돈된 공간의 규칙을 만들기 위해서다. 바닥, 벽, 천장까지 이어지는 선들의 줄을 맞추면 규칙성이 만들어진다. 바닥, 벽, 천장은 각기 다른 면이어서 건축가들은 설계 도면상 따로따로 디자인을 한다. 대부분의 우리나라 아파트들이 그렇다. 그렇게 디자인된 공간은 세 개의 요소가 따로 놀면서 정리 정돈이 안 된 어질러진 공간처럼 보인다. 심지어 우리나라 아파트는 평면상 벽들의 위치도 줄이 맞지 않는다. 벽들의 줄이 맞지 않으면 어긋나는 부분에서 불필요하게 버려지는 공간도 많아진다. 줄 맞춤의 노력은 좁은 공간을 기능적이고 미학적으로 만들려면 필수적이다. 우선 평면상 벽, 문, 창문 등의 위치를 설정할 때 줄을 맞출 수 있는 만큼 맞춘다. 그러고 나서 그 선들은 벽으로 이어지고, 더 나아가서 천장까지 이어져야 한다. 그렇게 선들이 정리되어야 기능적이고 미학적으로도 하모니를 이룬 공간이 된다. 그래서 마이어가 설계한 주택, 아파트, 호텔 같은 주거 공간이 높은 평가를 받는 것이다.

프랭크 게리 같은 건축가의 디자인은 반대로 줄을 맞추지 않고 복잡하고 화려한 비정형의 공간을 추구한다. 이런 디자인은 미술관이나 콘서트홀 같은 공간에서는 큰 문제가 되지 않는다. 오히려 콘서트홀에서는 비정형의 벽체들이 음을 난반사시켜 음향상 더 좋다. 미술관의 경우 우선 전시 공간이 크고 공간 안에 담기는 작품들도 모양과 크기가 제각각이어서 비정형의 디자인이 큰 문제가 되지 않는다. 하지만 주거 공간은 사용자인 인간의 크기가 대부분 비슷하다. 르 코르뷔지에가 이야기하는 모듈러에 대충 맞는다. 그리고 그 비슷한 크기의 사람들이 좁은 공간에서 복잡하게 움직여야 한다. 그런 주거 공간의 경우에는 비정형보다는 줄 맞춤을 한 공간이 적합하다. 줄 맞춤이 잘된 마이어의 공간에서는 정리 정돈된 편안한 마음을 느낄 수 있다. 마이어의 뉴욕 사무실 인테리어도 줄 맞춤과 정리 정돈의 표본이다. 내가 마이어의 사무실에서 근무하던 당시 집에서는 네 살과 한 살짜리 두 아들을 키우고 있었다. 항상 폭탄 맞은 듯이 장난감으로 어질러진 집에 있다가 사무실에 출근하면 명상하는 것처럼 마음이 편안해

졌는데, 그 이유는 공간이 흰색인 데다가 줄 맞춤이 되어 있어서였다. 여러분도 마음이 복잡하다면 안 쓰는 물건을 버리고, 청소와 정리 정돈을 하면 큰 도움이 될 것이다. 하다못해 컴퓨터 모니터 안의 아이콘들을 정리하는 것부터 시작하자. 컴퓨터나 스마트폰 배경 화면은 우리가 제일 많이 바라보는 창문이다. 그 창으로 어떤 공간이 보이느냐가 우리 삶에 큰 영향을 끼친다. 배경 화면으로 넓은 공간의 사진을 두는 것도 도움이 된다. 참고로 내 컴퓨터와 스마트폰 배경 화면은 맨해튼과 '센트럴 파크'가 내려다보이는 조감 사진이다. 그것만으로도 나는 3천억짜리 펜트하우스에 사는 창문을 가지게 된 것이다.

난간의 미학

마이어 디자인의 멋을 느낄 수 있는 또 하나의 디테일은 난간이다. 건축 작품을 감상할 때 난간을 주의 깊게 볼 필요가 있다. 난간의 모양과 디테일에서 건축가의 철학과 생각을 엿볼 수 있기 때문이다. 난간은 크게 네 가지 정도로 분류된다.

첫째, 벽으로 만든 난간, 둘째, 수직 바로 만든 난간, 셋째, 수평 바로 만든 난간, 넷째, 투명 유리로 만든 난간이다. 일반적으로 마이어는 난간에 수평 바를 사용한다. 아마도 수직 바로 난간을 만들면 경치를 많이 가리게 되는 문제를 피하고 싶어서였기 때문일 것으로 생각된다. 마이어가 얼마나 수평 난간을 고집하는지 보여 주는 일화가 있다. 로마는 기원전 9년에 아우구스투스 황제를 기리기 위해 '아라 파키스 Ara Pacis(평화의 제단)'라는 건축물을 만들었다. 현대에 들어 오래된 이 전통 건축물을 안전하게 보관하기 위해 '아라 파키스 박물관Museum of the Ara Pacis'이 기획됐는데, 이 박물관을 리처드 마이어가 설계했다. 그

'더글러스 하우스'에 진입하는 다리 난간

런데 이탈리아는 공공 건축물에 수평 바가 들어간 난간을 금지하고 있다. 이유는 아이들이 밟고 올라가서 떨어질 수 있기 때문이다. 로마시에서는 마이어의 수평 바 난간 디자인을 수직 바 난간으로 교체하라고 했지만 마이어는 소신을 굽히지 않고 긴 설득 끝에 수평 바 난간을 설치했다. 이렇듯 난간은 건축가에게 쉽게 타협할 수 없는 중요한 디자인 요소다.

'더글러스 하우스'에 진입하는 다리의 난간은 왼쪽은 수평 바로 되어 있고, 오른쪽 난간은 벽으로 만들어져 있다. 왜 그랬을까? 사람에 따라 높은 다리 위를 걸을 때 무서움을 느끼는 정도가 다르다. 수평 바의 난간 옆을 걸으면 시선이 아래까지 뚫려서 숲의 경치가 잘 보인다. 하지만 무서울 수 있다. 벽으로 된 난간은 막혀 있어서 아래 경치가 안 보인다. 대신 안정감을 준다. 그러니 걷는 사람이 자신의 상태에 따라 무서우면 벽식 난간에 붙어서 걷고, 경치를 즐기고 싶으면 수평 바 난간에 가깝게 걸으면 된다. 단순한 다리지만 난간에 따라 다른 형식의 공간 체험을 할 수 있게 디자인되었다. 마이어의 건축은 형태나 색상과 재료가 화려하지 않다. 하지만 흰색 배경이 되어 주는 동시에 정교하게 다듬어진 디테일로 건축에 담긴 자연과 사람을 더욱 돋보이게 한다. 마이어는 살고 싶은 공간을 만드는 건축가다.

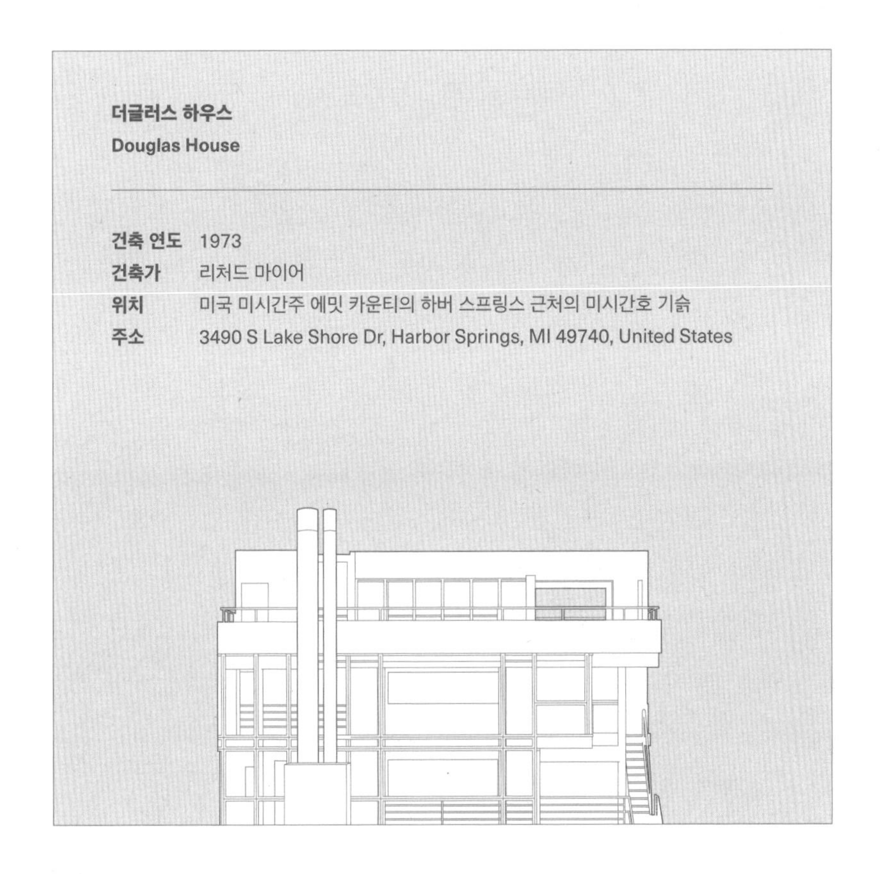

더글러스 하우스
Douglas House

건축 연도 1973
건축가 리처드 마이어
위치 미국 미시간주 에밋 카운티의 하버 스프링스 근처의 미시간호 기슭
주소 3490 S Lake Shore Dr, Harbor Springs, MI 49740, United States

20장	킴벨 미술관
1972년: 침묵과 빛 사이에 위치한 건축	

드라마 같은 삶

루이스 칸의 인생 역정은 건축만큼이나 흥미롭다. 루이스 칸은 1901년에 에스토니아의 한 유대인 가정에서 태어나 1906년 미국으로 이민을 갔다. 유년기 시절에는 대부분 초기 이민자들이 그랬듯이 경제적으로 어려운 생활을 했다. 칸은 유아 시절 불 곁에서 놀다가 얼굴에 화상을 입어 어른이 되어서도 화상 자국이 얼굴에 남아 있었는데, 위대한 건축가가 되고 나니 그 상처마저도 범상치 않은 포스로 느껴졌다. 그의 복잡한 사생활은 건축사의 소문난 바람둥이 프랭크 로이드 라이트와 쌍벽을 이룰 정도다. 결혼은 한 번 했으나, 사실상 두 번째 부인과 세 번째 부인이 있었고, 그 사이에서 각각 한 명의 자녀를 낳아 두 딸과 아들 하나를 뒀다. 그리고 이들은 모두 필라델피아 시내의 서로 가까운 동네에 살았다고 한다. 자세한 내용은 칸의 유일한 아들이자 막내인 나다

루이스 칸

니엘 칸Nathaniel Kahn 감독이 만든 다큐멘터리 영화 〈나의 설계자: 아들의 여행My Architect: A son's Journey〉에 잘 나와 있다. 이 영화는 칸의 건축을 가장 잘 표현하고 있기 때문에 건축에 관심 있는 분들은 꼭 봐야 할 영화다. 무엇보다 그의 작품을 영상으로 볼 수 있다는 것이 너무나 감동적이다. 칸은 73세에 인도 출장을 다녀온 후 뉴욕의 펜실베니아역Pennsylvania Station 화장실에서 심장마비로 세상을 떠났다. 그의 시신은 며칠이 지난 후에야 발견됐다. 사망하면서 칸이 여권의 주소를 지웠고, 경찰의 소통 문제 때문에[4] 신원을 확인하는 데 3일이나 걸렸다. 참으로 파란만장한 삶을 살았으며 그만큼이나 새로운 건축을 만들기 위해 자신과의 싸움도 처절하게 했던 사람이다. 건축가로서나 인간으로서나 삶을 불태웠다는 표현이 어울리는 사람이다.

침묵과 빛 사이

『침묵과 빛 사이Between Silence and Light』[5]는 건축학자 존 로벨John Lobell이 칸의 건축 세계를 설명하는 책이다. '침묵과 빛 사이'만큼 루이스 칸의 건축 세계를 한마디로 잘 압축해서 설명하는 말은 없는 듯하다. 그의 건축물에 들어가면 침묵하게 되고 왠지 조용히 묵상해야 할 것 같은 느낌이 든다. 그만큼 사람을 생각하게 만들고 인간의 영성을 일깨우는 무언가가 있다. 그의 공간은 불필요한 장식이 없는 순수한 공간이면서 동시에 항상 자연의 빛이 주인공이기 때문이기도 하다. 칸은 항상 빛에 관심이 많았다. 종교성이 강한 유대인의 후손이기 때문에 빛, 진리, 형이상학 같은 개념에 몰두하지 않았을까 추측해 본다. 건축 스타일로 보자면 그는 당시 유행했던 국제주의 양식의 모던 건축보다는 그리스 로마 건축 같은 고전 건축에 더 관심이 많았다. 칸은 "빛은 건축물에 닿기 전에는 자신이 얼마나 위대한 존재인지 알지 못했다"라는 멋진 말을 남겼다. 빛은 그림자가 없으면 인지되지 않는다. 그림자 역시 빛이 없으면 인지되지 못한다. 빛과 그림자는 인지되기 위해 서로가 필요하다. 건축물이 빛을 받으면 건축물 뒤로 그림자를 드리운다. 그때에야 비로소 빛은 자신의 위대함을 알게 된다는 이야기다. 칸에게 건축은 그림자를 만듦으로써 빛으로 하여금 빛이 되게 하는 위대한 존재였던 것이다. 그의 이러한 생각은 동양의 음양 사상과도 일맥상통한다. 칸의 이 말은 빛과 건축을 엮어 만든 이야기 중 가장 멋진 말인 것 같다. 칸의 건축을 한마디로 요약하자면 '빛이 빛되게 하기 위한 장치'라고 할 수 있다. 태양 입사각이 수직에 가까운 미국 남부 텍사스에 지어진 '킴벨 미술관'은 지붕에 천창을 내어서 빛을 들이고 반사판을 이용하여 빛을 천장으로 반사했고, 태양 입사각이 낮은 미국 북부 뉴잉글랜드 지역에 지어진 '필립스 엑서터 도서관 Phillips Exeter Academy Library'에서는 측창을 이용해 햇빛을 옆으로 유입하고 평면상 'X' 자 모양의 반사판을 디자인했다. 칸의 건축 디자인의 첫 번째 원칙은 '태양 빛을 어떻게 디자인할 것인가? 그림자를 어떻게 디자인할 것인가?'이고 건축은 그 목적을 위해 존재하는 하나의 부산물일 뿐이었다. 그는 항상 태양광을 어떤 방식으로 건축물 내부로 들여올지 고민했다.

칸의 건축물의 또 다른 특징은 건물이 어떻게 만들어졌는지 잘 드러나게 디자인되었다는 점이다. 건축물의 요소는 크게 구조체와 비구조체로 나뉜다. 구조체는 기둥이나 엘리베이터를 감싸는 콘크리트 벽같이 하중을 받으면서 건물을 지탱하는 요소다. 이것들이 없어지면 건물은 무너진다. 반면 사무실 건물의 실내에서 방과 방 사이를 구획하

'리처드 의학연구소' 입구

는 가벽들은 없어져도 건물이 무너지지 않는다. 이런 요소들이 비구조체다. 칸은 구조체의 재료는 노출 콘크리트로 하고 비구조체는 벽돌이나 나무 등 다른 재료로 만들어서 건축물이 어떻게 서 있는지 명확하게 보여 주었다. 칸의 이런 디자인 특징이 잘 보이는 건축이 '리처드 의학연구소'다. 이 건축물은 콘크리트 구조로 되어 있는데, 연구실 공간에서는 이를 잘 드러내기 위해 구조체인 슬래브 부분은 노출 콘크리트로 되어 있고, 구조가 아닌 부분은 벽돌과 유리창으로 이루어져 있다. 그가 구조미를 표현하는 정도는 여기서 그치지 않는다. '리처드 의학연구소'에서 콘크리트 슬래브의 코너 부분은 양측에서 튀어나온 캔틸레버로 구성되어 있다. 구조적으로 살펴보면 코너로 갈수록 보[6]의 아랫부분은 무게만 더할 뿐 구조적으로 도움이 되지 않는다. 일례로 다리의 교각을 보면 기둥에서 보가 멀어질수록 두께가 얇아지는데, 이 원리 때문이다. 따라서 '리처드 의학연구소'에서 칸은 구조적으로 도움이 되지 않고 짐만 되는 보의 하부를 없애고 대신 창문을 더 크게 만들었다. 그러한 구조적인 고민은 그대로 입면 설계가 되어 드러난다. 고대 그리스 신전이나 고딕 성당 같은 고전 건축물들은 구조체가 그대로 마감재가 되면서 노출되어 있는데, 칸의 건물 역시 구조체가 구분되어서 노출되어 있기 때문에 고전 건축물의 느낌을 준다.

전통의 재해석

칸의 건축은 서양 고전 건축에서 많은 모티브를 채용한다. 그의 또 다른 걸작인 '필립스 엑서터 도서관'의 로비 공간을 올려다보면 중세 성당의 천장을 올려다보고 있는 것 같은 착각이 들 정도로 유사한 면이 있다. 좌우상하 대칭의 기하학적인 공간 구조에 자연광이 들어오기 때문이다. 하지만 그는 고전 건축을 단순하게 도용하지는 않고, 반드시 그만의 재해석을 넣는다. 이런 경향은 그의 최대 걸작이라 일컬어지는 텍사스의 '킴벨 미술관'에 잘 나타난다. 이 미술관은 외부에서 보면 미국 시골에 있는 곡물 창고인 사일로를 눕혀 놓은 듯한 모습을 하고 있다. 하지만 내부에 들어가 보면 아주 놀라운 공간이 연출된다.

'필립스 엑서터 도서관' 로비 천장

'킴벨 미술관'의 구조는 로마 시대 때 많이 만들어졌던 둥그런 볼트vault 구조가 반복된 형태다. 그런데 고전 건축의 볼트 지붕과는 다른 점이 있다. 바로 볼트의 정수리 부분이 천창으로 되어 있어서 빛이 들어온다는 점이다. 이 천창을 통해 강렬한 텍사스의 빛을 유입한 후 금속 반사판으로 반사해 노출 콘크리트로 되어 있는 천장을 비춘다. 볼트 구조의 원리를 살펴보자. 볼트는 기본적으로 아치가 한쪽 방향으로 연속된 형태다. 그러니 볼트 구조를 이해하려면 아치 구조를 이해하면 된다. 둥근 모양을 한 아치 구조의 원리를 살펴보자. 머릿속으로 아치를 좌우로 잘랐다고 상상해 보자. 그러면 왼쪽에 있는 4분의 1 원형의 아치는 오른쪽으로 쓰러지려고 할 것이다. 반대편 오른쪽에 있는 4분의 1 원형의 아치는 왼쪽으로 쓰러지려고 한다. 그런데 이 둘

'킴벨 미술관'. 둥그런 지붕 정수리 부분에 천창이 설치되어 있다.

이 서로 맞대고 있기 때문에 아치가 유지되는 것이다. 이때 가장 큰 압축력을 받는 부분은 어디인가? 바로 아치의 가장 높은 꼭대기다. 그래서 예부터 벽돌로 아치를 만들 때도 맨 꼭대기 부분에는 깨지지 말라고 단단한 돌을 집어넣었다. 이때 이 돌을 '중요한 돌'이라는 뜻으로 '키스톤keystone'이라고 불렀다. 하지만 칸은 이러한 전통을 거꾸로 뒤집어서 구조적으로 가장 중요한 키스톤을 빼내고 그 빈자리로 빛이 들어오게 했다. 가장 힘을 받아야 하는 부분을 비운 것이다. 이것이 전통을 해석하는 칸의 방식이다. 키스톤을 빼도 아치가 유지되는 이유는 몇 미터마다 한 번씩 보를 삽입해 좌우측을 연결해서 받쳐 주고 있기 때문이다. 전통의 아치와 달리 이러한 구조를 쓸 수 있는 이유는 '킴벨 미술관'의 지붕 아치는 벽돌이 아닌, 철근 콘크리트로 만

킴벨 미술관

들어졌기 때문이다. 형태는 아치와 비슷하지만 재료가 달라서 생기는 차별화된 특징을 교묘하게 이용하고 있는 것이다. 다른 프로젝트에서 칸은 아치를 또 다른 방식으로 재구성한다. '필립스 엑서터 도서관'과 '방글라데시 국회의사당'에서는 아치를 위아래로 맞닿게 붙여서 벽에 동그란 구멍을 냈다. 칸의 건축은 얼핏 보아서는 평범한 고전 건축처럼 보이나 자세히 보면 전통의 재해석을 통해 근본적으로 다른 건축을 추구한 것을 발견할 수 있다. 이런 재해석을 하나씩 발견할 때마다 마치 탐정이 결정적인 증거를 발견했을 때 같은 희열을 느낄 수 있다.

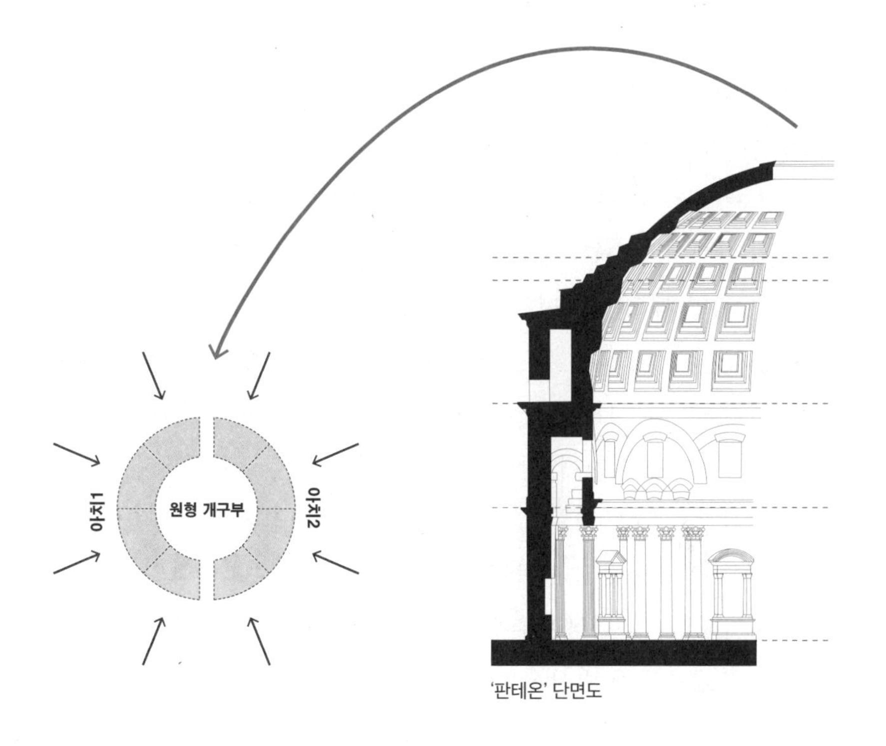

'판테온' 단면도

태양 빛 vs 달빛

건축 지식이 있는 분들은 '키스톤을 최초로 없앤 건축은 판테온이 아닌가? 라는 의문을 가질 것이다. 맞다. '킴벨 미술관'처럼 가장 압축력을 많이 받는 부분의 건축 재료를 제거한 후에 그곳으로 빛이 들어오게 하는 방식은 이미 2000년 전에 '판테온'에서 완벽하게 시공한 선례가 있다. '판테온'은 지붕 꼭대기에 구멍을 내고 구멍 주변으로 아치를 둘렀다. '오쿨루스oculus'라고 불리는 이 동그라미가 지붕의 꼭대기로 모이는 하중을 모두 받는, 두 개의 아치가 맞대고 있는 모양이다(위 왼쪽 그림 참조). '판테온'과 '킴벨 미술관'은 둘 다 천장 꼭대기에 구멍을 내고 빛을 들인 디자인이라는 공통점은 있지만 동시에 큰 차이점이 있다. '판테온'과 '킴벨 미술관'은 모두 콘크리트 구조로 만들어졌다. '판테온'은 화산재로 만든 로마 시대의 콘크리트로 만들어졌고, '킴벨 미술관'은 철근이 들어간 현대식 철근 콘크리트로 만들어졌다. 비슷한 재료를 사용한 '판테온'과 '킴벨 미술관'의 가장 큰 차이점은 빛의 유입 방식이다. '판테온'은 내리쬐는 빛을 그대로 건축 내부로 들여오지만, '킴벨 미술관'은 빛을 건축물에 반사시켜 실내로 들여온다. '판테온'은 천장 꼭대기에 뚫린 구멍을 통해 직접적으로 빛이 들어온다. 천장의 단순한 구멍으로 들어오는 빛은 때로는 강한 선으로 보이고, 때로는 은은하게 퍼지며 '판테온'의 내부 공간을 채운다. 단순한 형태로 시시각각 바뀌는 빛의 효과를 극대화했다는 점이 탁월하다. '판테온' 천장의 동그란 구멍은 마치 하늘에 떠 있는 동그란 태양의 재현 같은 느낌이다. 반면 '킴벨 미술관'은 텍사스 광야의 강한 직사광선을 곡선 모양의 금속판에 반사시켜 노출 콘크리트 돔 천장을 비춘다. 이때 '킴벨 미술관'의 거친 회색 콘크리트 천장은 마치 태양 빛을 반사하는 달 표면 같아 보인다. 이런 방식은 콘크리트의 물성을 물씬 느끼게 해 준다. 어두운 방에서 햇빛을 받는 콘크리트의 물성은 다른 곳에서는 볼 수 없는 풍경이다. 안도 다다오가 좁은 틈새로 된 천창을 통해 노출 콘크리트 벽체에 빛을 비추는 경우가 가끔 있지만, '킴벨 미술관'처럼 노출 콘크리트 천장에 햇빛이 비치는 경우는 그 어디에도 없다. 오직 '킴벨 미술관'에서만 느낄 수 있는 정취다. '판테온'의 빛이 자체 발광하는 태양 빛이라면 '킴벨 미술관'의 빛은 태양 빛이 콘크리트의 거친 표면에 반사되어 보이는 달빛이다.

이때 반사판의 디테일은 전시되는 대상에 따라 다르게 디자인되어 있다. 전시품이 회화인 경우 색상을 제대로 보여 주기 위해 균질한 빛이 많이 필요하다. 따라서 타공 철판으로 만든 금속판을 사용한다. 타공 철판은 마치 방충망처럼 작은 구멍이 많이 뚫려 있는데, 빛을 투

과시키기도 하고 반사시키기도 한다. 여기서는 지붕 꼭대기에서 들어오는 빛의 절반은 투과되고, 절반은 반사되어 천장을 비춘다. 이렇게 회화 전시장은 어느 정도 태양광으로 조도를 확보하게 만들어졌다. 반대로 조각품을 전시할 때는 형태를 명확하게 보여 주기 위해 전시품에 강한 국부 조명을 주어 그림자가 떨어지게 한다. 따라서 '킴벨 미술관'의 조각품 전시 구역에서는 반사판의 절반 정도를 불투명한 금속판으로 만들어서 대부분의 빛을 투과시키지 않고 천장으로 반사시키게 해 놓았다. 그렇게 전시장의 자연광 조도를 낮춘 후 전시품에는 인공조명을 비추어서 명확한 그림자를 만든다. 이렇듯 칸은 '킴벨 미술관'에서 전시되는 작품의 종류에 따라 빛의 양과 질을 조절할 수 있게 반사판의 디테일을 조정했다.

시간을 담은 곡선

‘킴벨 미술관’에 숨겨진 또 하나의 ‘전통의 재해석’은 지붕을 구성하는 볼트 구조의 곡선 모양이다. 기존의 볼트 지붕의 모양은 반원형이다. 유클리드 기하학에서 말하는 원의 정의는 한 점에서 같은 거리에 있는 점들을 연결한 선이다. 이 정의에는 시간의 개념이 없다. 따라서 전통적인 원형 아치 볼트는 시간의 개념이 없는 디자인이다. 하지만 ‘킴벨 미술관’의 지붕 모양은 ‘사이클로이드cycloid’ 곡선이다. 사이클로이드 곡선이란, 원이 직선 위를 굴러갈 때 이 원둘레 위의 한 점이 그리는 궤적을 말한다. ‘원이 굴러가면서 그리는 궤적’이기 때문에 ‘굴러간다’라는 행위에 담긴 시간의 개념이 도입된다. 이렇게 ‘킴벨 미술관’의 볼트 지붕에는 시간 개념이 들어가 있다. 미술사에서 뒤샹Marcel Duchamp의 「계단을 내려오는 누드 2Nude Descending a Staircase No. 2」나 피카소의 그림 같은 작품을 가리켜 입체파라고 한다. 「계단을 내려오는 누드 2」는 다른 시간대의 피사체를 한 장의 캔버스에 그려 넣은 것으로, 마치 카메라의 조리개를 열고 몇 초 동안 노출해서 찍은 사진 같은 그림이다. 이로써 그림은 이제 한 대상을 묘사할 때 한 순간이 아니라 여러 다른 시간대의 모습을 입체적으로 표현할 수 있게 되었다. 입체파가 미술사적으로 의미를 갖는 이유는 2차원의 그림에 4차원의 시

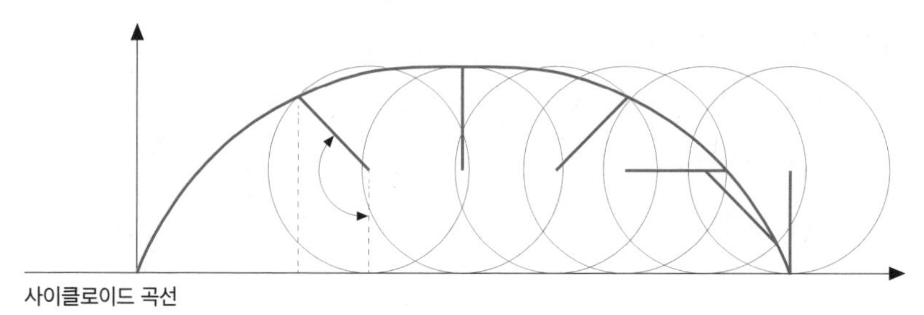
사이클로이드 곡선

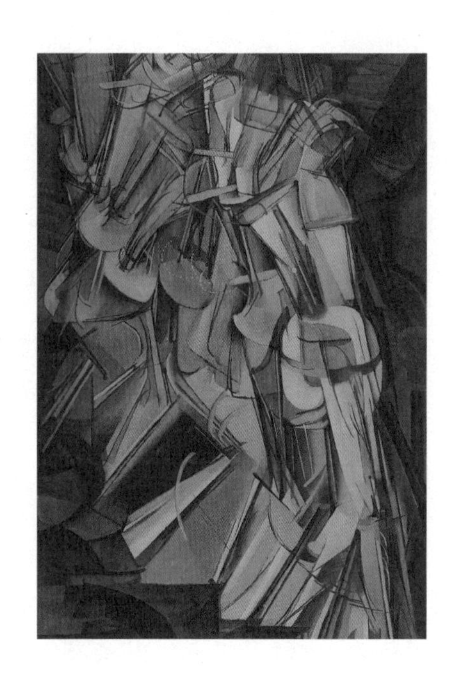

「계단을 내려오는 누드 2」
(마르셀 뒤샹)

간 개념을 넣었기 때문이다. 내가 아는 바로는 건축에서 처음으로 입체파처럼 시간의 개념을 도입한 디자인이 '킴벨 미술관'의 사이클로이드 곡선이다. '킴벨 미술관'은 첫인상은 평범해 보이지만 뜯어보면 비범한 건축 디자인을 구현한 작품이라는 것을 알 수 있다.

숨겨진 세 개의 정원

'킴벨 미술관'에는 이 건축물의 모형이 두 개 전시되어 있다. 하나는 나무로 만든 오리지널 모형이고, 다른 하나는 실제로 건축된 모습을 보여 주는 백색 플라스틱 모형이다. 두 계획안의 가장 큰 차이점은 규모의 차이이다. 오리지널 계획안은 더 큰 규모였고 중정이 다섯 개 들어가 있다. 하지만 실제 완성된 미술관은 규모가 축소되어 중정이 세 개다. 이 중정을 찾아보는 것도 '킴벨 미술관'을 즐기는 중요한 포인트다. 외관상으로 '킴벨 미술관'은 긴 볼트 구조 다섯 개가 연속으로 붙어 있는 모양이다. 만약에 이렇게만 만들어졌다면 실내 공간이 정말 심심한 구조가 되었을 것이다. 그런 단순함을 극복하기 위해 칸은 세 개의 중정을 만들고 각각의 크기와 비율을 다르게 했다. 빛의 질을 다르게 표현하려고 한 것이다. 빛이 중정에 들어오면 반사되는데, 이때 중정의 가로, 세로, 높이의 비율과 크기에 따라 빛의 유입량과 반사율이 달라진다. 가장 큰 정방형의 중정은 카페테리아 바로 옆에 있다. 중정을 둘러싼 네 개의 면은 투명 유리창으로 만들어져서 주변에서 아름다운 정원을 바라볼 수 있다. 관람객들은 이곳으로 나가서 점심을 먹을 수도 있다. 또 하나의 중정은 전시장 중간에 박혀 있다. 전시를 보다 보면 갑자기 중정이 나와서 답답한 느낌을 없애 준다. 이 중정은 두 개의 면은 유리창으로, 두 개의 면은 불투명 벽으로 만들어져 있다. 이때 중정을 통해 들어오는 직사광선이 전시품에 안 좋은 영향을 주는 것을 최소화하기 위해서 유리창은 반투명 커튼으로 가려져 있다. 그런데 마지막 세 번째 중정은 전시장 어디에서도 찾을 수 없다. 이 중정은 전시장이 있는 층에 빛을 들이려는 목적으로 만들어진 것이 아니다. 대신 전시장보다 한 층 아래에 있는 사무 공간에 빛을 들이기 위한 장치다. 사무실에 가면 가운데로 빛이 들어오는 중정이 뚫려 있는 것을 볼 수 있다. 전시장 층에서는 이 중정이 벽으로 막혀서 숨겨져 있다. 이렇게 단순한 중정일 뿐인데도 크기와 비율을 다르게 하여 빛의 질을 다르게 구성하고, 중정을 둘러싼 벽을 투명, 반투명, 불투명 세 가지로 만들어서 각각의 중정이 전시장과 다양한 방식으로 영향을 주고받을 수 있게 하였다. 훌륭한 건축가는 이렇게 단순한 방식으로 다양성을 만들어 낸다. 실제로 전시장에 가면 이 중정들과 가벽들로 인해 너무나도 다이내믹한 전시 공간이 연출되는 것을 느낄 수 있다.

건축으로 철학을 하는 사람

칸은 철학적 질문을 던지면서 건축 설계를 한 것으로도 유명하다. 그는 디자인을 할 때 건축 재료를 사람처럼 대한다. 예를 들어 이런 식의 이야기다. "벽은 두껍고 단단해서 인간을 보호해 주었다. 그런데 어느 날 인간은 바깥 경치를 보고 싶어서 벽에 구멍을 뚫었다. 벽은 아프고 슬펐다. 이에 인간은 창틀을 예쁘게 만들고 인방보[7]를 얹어 주었다. 벽은 자신이 아름다워졌다고 느꼈다." 또한 칸은 "벽돌은 아치가 되고 싶어 한다."라고 건축을 의인화해서 설명하기도 했다. 그는 '모든 재료는 되고 싶은 무언가가 있다'는 말을 하기 위해 이러한 동화 같은 이야기를 만들었다. 칸은 이런 실존적인 질문들을 통해서 건축의 의미를 새롭게 정의하고 이를 디자인으로 표현한다. 어느 분야에서 경지에 이른 사람들은 자신이 연구하고 다루는 대상을 살아 있는 생명체로 보거나 더 나아가 사람처럼 느끼는 것 같다. 그 정도로 그 분야를 사랑하고 대화하고 있다는 말이다. 그래서 그 분야의 대가가 되는 것이다. 건축가 중에서는 칸이 대표적인 인물이다.

그 밖에도 칸의 교육관을 엿볼 수 있는 유명한 일화가 있다. 칸이 학교를 설계할 때 교실의 창문을 크게 만들어서 바깥의 자연 경치를 교실 안의 학생들이 잘 볼 수 있게 했는데, 작품 설명을 들은 교장 선생님이 그런 식으로 디자인하면 학생들이 밖만 쳐다보고 수업하는 선생님께 집중하지 못한다고 불평하였다. 이에 그는 "자연보다 더 주목받을 만큼 대단한 선생님이 계신가요?"라고 질문했다고 한다. 이렇듯 칸은

카페테리아 옆에 가장 큰 중정이 있다. (사진 오른쪽)

‘킴벨 미술관’의 콘크리트 구조체를 그대로 보여 주는 볼트 구조

주어진 문제를 단순히 해결하는 것이 아니라, 근본적인 질문을 통해 깊게 생각하며 이전에는 없었던 새로운 건축을 만들려고 노력했다. 칸의 건축은 눈에 보이지 않는 영적인 감동을 준다는 면에서 분명 이전의 근대 건축을 능가한다. 그는 또한 실존적 질문에 건축적으로 대답한 대표적인 건축가다. 또한 전통을 이해하고 이를 승화시킨 건축가이기도 하다. 아마도 건축에 조금이라도 관심을 두고 공부한 사람이라면 루이스 칸이 20세기 후반을 대표하는 건축가라는 데 이견이 없을 것이다.

참고로 '킴벨 미술관'에 방문할 때는 오전부터 오후까지 있기를 추천한다. 외부 공간은 오후 3시 이후에 해가 서측에 있을 때 가장 멋있다. '킴벨 미술관'의 콘크리트 구조체를 그대로 보여 주는 볼트 구조가 정원 쪽으로 한 칸 만들어져 있는데, 이곳에는 오후에 해가 서편으로 넘어갔을 때 빛이 잘 들어온다. 이때 '킴벨 미술관'의 진짜 모습을 감상할 수 있다. '킴벨 미술관'의 남측으로는 렌초 피아노가 디자인한 '파빌리온Pavilion'이 있고, 북측으로는 안도 다다오가 설계한 '포트워스 현대미술관Modern Art Museum of Fort Worth'이 있다. 이곳에 가면 세 거장의 작품을 동시에 비교하며 감상할 수 있다.

킴벨 미술관
Kimbell Art Museum

건축 연도 1972
건축가 루이스 칸
위치 미국 텍사스주, 포트워스. 포트워스 시립공원 동쪽
주소 3333 Camp Bowie Boulevard, Fort Worth, Texas 76107, United States

운영 화요일 – 목요일, 토요일 10 a.m. – 5 p.m.
금요일 12 p.m. – 8 p.m.
일요일 12 p.m. – 5 p.m.
월요일 휴관

21장 소크 생물학 연구소

1965년: 채움보다 더 위대한 비움

주인 공간과 하인 공간

20세기 전반부는 프랭크 로이드 라이트와 르 코르뷔지에의 시대였다고 해도 과언이 아니다. 이 책만 보더라도 서른 개의 작품 중 일곱 개가 두 건축가의 작품이다. 미스 반 데어 로에와 알바 알토Alvar Aalto 같은 거장도 있었지만, 라이트와 르 코르뷔지에는 각기 반대되는 건축 철학을 가지고 완전히 새로운 건축을 선보였던 양대 산맥임에는 분명하다. 마치 지난 20년 가까이 메시와 호날두가 축구를 장악한 것과 비슷하다. 이 두 거장이 만든 20세기 초반 건축은 이후 아쉽게도 세계 어디를 가나 똑같은 모양으로 만들어진 국제주의 양식으로 변질되어 버린다. 보통 건축에서 천재들은 새로운 기술을 빠르게 적용해서 시대가 필요로 하는 새로운 건축을 제시하는 사람들이다. 르 코르뷔지에는 철근 콘크리트를 이용해 자신만의 새로운 건축을 보여 주었으나 이후의 사람들은 르 코르뷔지에의 공간적인 새로움은 전수하지 못하고 오로지 철근 콘크리트로 만든 라멘 구조[8]만 사용하게 된다. 그래서 전 세계 어디를 가든지 똑같은 상자 모양의 건물들로 뒤덮이게 된다. 이러한 근대 건축에 염증을 느낀 건축가가 있었는데, 앞서 나온 '킴벨 미술관'의 건축가인 루이스 칸이다. 루이스 칸은 일찍 성공한 건축가는 아니다. 그는 펜실베이니아대학교에서 건축학과 교수로 재직하면서 설계 사무소를 운영했는데, 자신만의 건축 철학을 드러내기 시작한 주요 작품은 1955년에 지은 작은 샤워장이다. 그의 나이 54세가 되어서야 처음으로 제대로 된 자신만의 작품을 내놓은 것이다. '트렌턴 배스 하우스Trenton Bath House'로 불리는 이 건물은 뉴저지 시골 동네 야외 수영장에 지어진 샤워장이다. 규모로 보면 정말 초라한 건물이지만 칸의 건축에서 중요한 '주인 공간'과 '하인 공간' 개념을 처음으로 보여 주는 중요한 건물이다.

쉽게 풀어 설명하자면, '주인 공간'은 거실, 침실, 사무 공간, 전시 공간 같이 그 건물의 주요 기능을 담당하며 사용자가 체류하는 시간이 많은 공간이고, '하인 공간'은 계단실, 엘리베이터, 화장실, 창고, 다용도실같이 보조적인 기능을 담당하며 체류하는 시간이 짧은 공간이다. 이 같은 공간의 성격 구분은 호텔 같은 건축 형식에서 명확하게 볼 수 있다. 우리가 손님으로 호텔에 방문했을 때는 실제로 음식을 준비하는 주방이나 침대 시트를 빠는 세탁 공간, 룸서비스를 하는 웨이터들이 다니는 공간은 볼 수 없다. 이는 건축가가 호텔을 설계하면서 동선을 분리하고 서비스 공간을 따로 구획해 놓았기 때문이다. 칸은 모든 건축물을 디자인할 때 이 같은 방식으로 '방'의 기능에 따라 주인 공간과 하인 공간으로 나누어서 배치하였다. 그는 이렇게 주인 공간과 하인 공간의 영역을 명확하게 구분해 한쪽으로 몰아 배치함으로써 각종 설비 및 공조의 효율성을 높일 뿐 아니라, 강약이 있는 공간감을 연출

트렌턴 배스 하우스

하고, 성격이 다른 공간들을 원활히 넘나들도록 자연스러운 전이 공간을 만들어 훨씬 좋은 공간 구성을 이루었다.

'트렌턴 배스 하우스'로 돌아가 보자. 이 건물은 경사진 지붕을 가졌다. 얼핏 보면 대단하지 않은 건물이다. 지붕이 중요한 건축 요소였던 곳은 우리나라가 속한 동아시아다. 대륙의 동쪽에 위치한 동아시아는 계절풍의 영향으로 장마철이 있어서 비가 많이 내리기 때문에 빗물을 빨리 배수하는 것이 건축에서 가장 중요한 기능이다. 빗물을 빨리 배수하기 위해서는 경사진 큰 지붕이 필요하다. 또 비가 많이 내려서 땅이 물러지기 때문에 무거운 건축 재료보다는 가벼운 목재를 사용해야 했다. 따라서 동양 건축은 네모진 평면의 네 귀퉁이에 있는 나무 기둥 네 개가 경사진 지붕을 받치는 구조다. 이 샤워장 건물 역

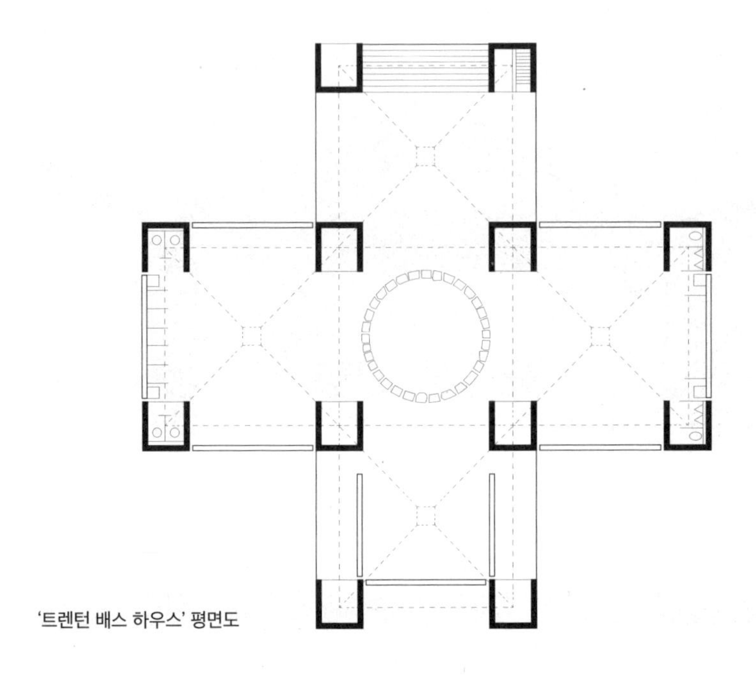
'트렌턴 배스 하우스' 평면도

시 경사 지붕을 네 개의 코너에서 받치고 있는 모습이다. 그런데 자세히 보면 받치고 있는 것이 나무 기둥이 아니라 작은 방이다. 이 방들은 화장실 같은 기능을 한다. 그리고 그 재료는 동양 건축의 나무가 아니라 콘크리트 벽돌이다. 벽돌로 벽을 쌓아 건물과 방을 만드는 것은 서양 건축의 특징이다. 칸이 디자인한 샤워장 건물의 경사진 지붕은 동양 건축을 연상케 하면서도 실질적 구조체는 서양식 벽식 구조로 되어 있다. 그런 이유에서 동서양이 섞인 묘한 느낌을 자아낸다. 기둥을 화장실 방으로 만든 것은 얼핏 보면 특별해 보이지 않을 수 있다. 그런데 평면도를 자세히 보면 특이한 점이 있다. 동양 건축물을 위에서 내려다보고 기둥이 박힌 곳을 따라 선을 그으면 격자형이 만들어진다. 기둥은 두 격자 선이 만나는 지점에 위치하고, 이 선이 위치한 곳이 보가 지나가는 곳이기도 하다. 그런데 칸의 샤워장 평면도를 보면 그 격자를 만드는 선들이 두께를 가지며 거기에 방이나 샤워 시설들이 설치되어 있다. 이중으로 그려진 격자 선 안에 서비스 기능을 하는 하인 공간들이 배치된 것이다. 하나의 건축물에도 다양한 기능이 있고 각각의 기능에 따라 다른 공간이 필요하다. 칸은 건축물의 용도에 따라 공간을 분리해서 디자인하는 명쾌한 사고 체계를 가지고 있었다. 그리고 그 사고 체계가 처음으로 드러난 것이 이 작은 샤워장 건물이다. 칸은 생전에 이런 말을 했다. "세상이 나를 알게 된 건물은 '리처드 의학연구소'지만, 내가 나를 발견하게 된 작품은 뉴저지 샤워장이다."

샤워장에서 만들어진 철학을 가지고 제대로 된 건축물을 지은 것은 1961년에 건축된 펜실베이니아대학교의 '리처드 의학연구소'다. 이 작품을 통해 비로소 루이스 칸은 세상에 알려지게 된다. 그의 나이 60세다. 세상에, 이런 위대한 건축가가 세상에 알려진 게 환갑이 되어서라니. 환갑까지 아직 시간이 남은 나에게 많은 위로와 귀감이 되는 건축가다. '리처드 의학연구소'에서 주인 공간은 연구실이고, 화장실/덕트/엘리베이터 등의 공간은 하인 공간으로 규정되어 평면상으로 분리되어 있다. 주인 공간인 연구실은 정방형으로 만들어져 있고, 그 주변부로 붙어 있는 굵은 기둥 같은 시설들이 모두 하인 공간에 해당한다. 이러한 공간 구성이 그대로 건축물의 외관을 결정한다. 기능이 형태를 결정하는 아주 명쾌한 디자인이다. 하지만 이 작품은 문제점도 있었다. 다름 아니라 연구실 공간이 너무 작게 분절되어 있다는 점이다. 칸은 여러 개의 연구실 건물을 다리처럼 생긴 복도로 연결하면 문제가 없을 거라고 생각했다. 그런데 실제 의학 연구팀은 구성 인원수가 수시로 변한다는 특징이 있다. 의학 연구팀은 초기에는 두세 명으

리처드 의학연구소

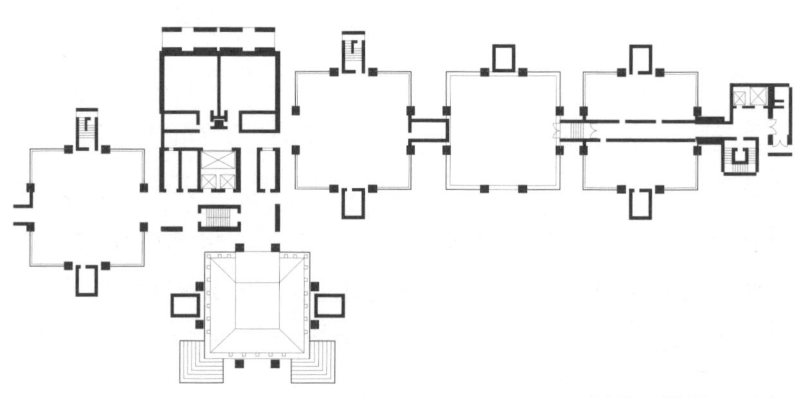

'리처드 의학연구소' 평면도

로 시작하다가 연구 성과가 좋으면 열 명, 스무 명, 오십 명으로 규모가 커지는 유기적인 조직 체계를 가져야 한다. 그런데 '리처드 의학연구소'는 작은 방들로만 나누어져 있어서 연구팀원의 규모가 빈번하게 변동되는 운영 방식에 대응하기가 어려웠다. 여기서 배운 교훈으로 칸은 다음번 연구소 프로젝트에서는 새로운 디자인 전략으로 문제를 해결했다. 그 작품이 바로 '소크 생물학 연구소(소크 연구소)Salk Institute for Biological Studies'다.

나무가 없는 중정

'소크 생물학 연구소'는 소아마비 예방 백신을 만든 조너스 소크Jonas Salk 박사가 설립한 연구소다. 소크 박사는 자신의 연구소 건축을 위해 루이스 칸을 찾아갔다. 칸은 '소크 생물학 연구소'를 지으면서 이전에 '리처드 의학연구소'에서 배운 교훈을 적용했다. '리처드 의학연구소'에서는 설비 시설들을 평면적으로 외부로 빼냈다면, '소크 생물학 연구소'에서는 연구 공간과 설비 공간을 수직적으로 구분했다. 쉽게 말해서 연구실 층을 만들고, 그 위에 거의 한 층 높이만큼의 넉넉한 공간을 온전히 설비 시설을 위한 공간으로 확보했다. 이 설비 시설 층은 거대한 콘크리트 트러스 구조로 되어 있어서 연구실 층에서는 기둥이 없는 넓은 폭의 공간을 확보할 수 있었다. 이로써 운동장처럼 넓은 공간이 기둥 하나 없이 펼쳐지게 되었다. 이 공간에서 연구원들은 기능에 맞게 평면을 자유자재로 구성할 수 있다. 그런데 '소크 생물학 연구소'가 유명한 것은 이러한 기능적인 우수함 때문만이 아니다.

'소크 생물학 연구소'는 태평양을 바라보는 캘리포니아 사막의 절벽 끝자락에 있다. 두 개의 큰 건축물이 좌우 대칭으로 놓여 있고, 그

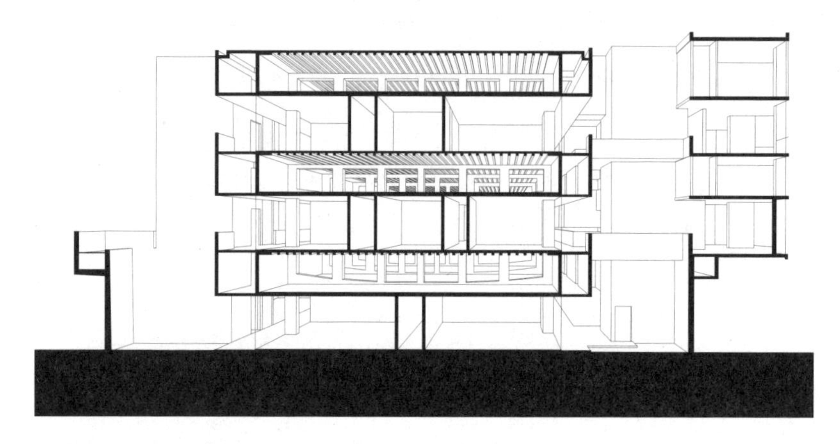

'소크 생물학 연구소' 단면도

사이에는 직사각형 모양의 중정이 있다. 이 중정은 나무 한 그루 없이 트래버틴이라는 대리석으로 포장되어 있다. 사막 기후에 나무 한 그루 없이 돌로 마감된 중정이라니 좀 이상하지 않은가? 원래 칸은 중정을 나무가 우거진 숲으로 디자인했었다. 사막 기후이기에 연구원들이 숲이 우거진 중정에서 나무 위 새소리를 들으며 쉴 수 있기를 바랐던 것이다. 그런데 건축 설계가 진행되던 중 칸은 건설 현장에 멕시코 건축가 루이스 바라간을 초대했다. 바라간은 현장 방문 후 칸에게 건축사에 남을 중요한 조언을 해 주었다. 그는 "중정에서 숲을 없애면 당신은 하늘을 건축 입면으로 가질 수 있을 것이다."라고 말했다. 칸은 이 충고를 받아들이고 숲을 없앴다. 실제로 '소크 생물학 연구소'에 진입하면 정면에 보이는 광경은 건물이 아니라 파란 하늘이다. 건물은

‘소크 생물학 연구소’(위)와 ‘알람브라 궁전’ 수로

좌우에 액자처럼 벽으로만 보이게 서 있을 뿐이다. 이렇게 건축 역사에서 가장 유명한 비어 있는 공간, 하늘을 입면으로 갖는 건물이 태어나게 되었다. 이렇게 광장으로 만들어진 중정에는 가운데를 가로지르는 수로가 있는데, 마치 조그만 샘에서 흘러나온 물이 태평양으로 흘러가는 것처럼 보인다. 이 디자인은 스페인 '알람브라 궁전the Alhambra'의 사자궁에 있는 수로에서 영감을 얻은 것으로 보인다. 이 작은 샘물과 수로를 지켜보고 있으면 마치 태평양이라는 거대한 진리의 물과 연결된 인간의 조그마한 지혜를 보고 있다는 생각이 든다. 해 질 녘에 물이 나오는 물가에서 태평양을 바라보고 있노라면 붉은 노을이 수로에 비친다. 이 붉게 물든 물은 시간이 지날수록 점차 내가 서 있는 샘 쪽으로 거슬러 올라온다. 이는 마치 태양이 나에게 다가오는 듯한 착각을 일으킨다. 이렇듯 칸의 건축에는 물리적인 것 이상의 시적인 감동을 주는 요소가 있다.

두 얼굴의 입면

이 건축물이 특별한 또 하나의 이유가 있다. 바로 두 개의 얼굴을 가진 건물이라는 점이다. 이 건물은 입구에서 들어올 때 바라보는 입면과 중정을 가로질러 태평양 쪽으로 가서 뒤돌아 바라보는 입면이 완전히 정반대의 이미지를 가진다. 먼저 관찰자가 태평양을 향해 있는 경우에는 가운데 푸른 하늘의 좌우로 창문 하나 없는 노출 콘크리트 벽만이 마치 액자처럼 서 있는 모습을 볼 수 있다. 그야말로 침묵하는 공간이며, 루이스 바라간이 말한 것처럼 하늘을 입면으로 하는 공간이다. 대리석 바닥의 광장과 좌우의 콘크리트 벽은 하나의 그릇처럼 파란 하늘을 담고 있다. 하지만 같은 건물을 반대편에서 바라보면, 좌우

에 서 있는 건축물의 모든 입면이 창문으로 가득 차 있다. 개별 연구실에서 태평양을 바라볼 수 있게 만들어진 창문들이다. 그 창문들 덕분에 마치 건축물이 나에게 뭔가 재잘거리는 소리가 들리는 듯하다. 한쪽에서 바라보면 침묵하는 입면이고, 반대쪽에서 바라보면 수다쟁이 입면이다. 마치 남녀의 두 얼굴을 가진 야누스 같은 느낌이 나는 건축물이다.

이 밖에 또 하나 세심한 디자인 요소가 숨겨져 있는데, 중정 쪽으로 나 있는 개별 연구동에서 한 층의 모든 방을 없애고 그곳을 야외 휴식 공간으로 만들어 놓은 점이다. 이 공간은 큰 연구실에 있던 연구원들이 쉬는 시간에 나오는 공간인데, 여기서 연구원들은 태평양을 바라보고 신선한 공기를 마시며 쉴 수 있다. 또 때로는 쉬는 동안 회의를 하는데 사용하도록 벽면의 일부가 칠판으로 되어 있다. 연구원들은 태평양을 바라보며 이 칠판에 글씨를 써 가면서 아이디어를 나눌 수 있다. 얼마나 이상적인 회의실인가. 놀라운 것은 이 모든 것이 사전에 다 계획되어서 노출 콘크리트 거푸집을 짤 때부터 칠판이 놓일 두께를 확보해 놓았다는 점이다. 그렇게 만들어져서 실제 이 칠판은 칠판이라기보다는 그저 평범한 벽처럼 느껴진다. 그 위에 글씨를 쓰는 사람은 칠판에 글을 쓰는 선생님이 아니라 벽에 낙서하는 어린아이 같은 기분이 들 것이다. 루이스 칸은 이러한 심리적인 부분도 염두에 두고 설계했을 것이다. '소크 생물학 연구소'는 개념과 계획부터 시공 디테일까지 완벽한 수준의 명품 건축을 보여 준다.

소크 생물학 연구소
Salk Institute for Biological Studies

건축 연도	1965
건축가	루이스 칸
위치	미국 캘리포니아주 샌디에이고 라호이아
주소	10010 N Torrey Pines Rd, La Jolla, CA 92037, United States
운영	월요일 – 금요일 9 a.m. – 4 p.m. 토요일, 일요일 휴관

22장	도미누스 와이너리
1998년: 아름다움은 무엇인가?	

프랙털 지수 1.4

인간은 무엇을 보고 아름답다고 느낄까? 우리는 어떤 사람의 얼굴은 아름답다고 느끼고 어떤 사람의 얼굴은 못생겼다고 생각한다. 놀랍게도 태어난 지 얼마 안 된 어린아이도 얼굴이 아름다운 사람에게는 호의적으로 반응하고 그렇지 못한 사람에게는 호의적이지 않게 반응했다는 실험이 있다. 무엇이 아름답다고 느끼는 것은 후천적으로 배우는 것이 아니라 선천적으로 느낀다는 것을 보여 주는 실험이다. 사람들은 평균값에 가까운 모양의 얼굴을 아름답게 느낀다고 한다. 예를 들어 눈 사이가 아주 넓은 사람이 있고 아주 좁은 사람이 있다면 그 중간쯤 어딘가의 비율을 선호한다는 것이다. 얼굴의 형태가 극단적이라는 것은 다른 유전자와 섞이지 않아서 유전자가 편협하다는 뜻이기도 하다. 반대로 유전자가 섞이면 형태가 평균값에 가까워진다. 여러 유전자가 섞일수록 강한 우성의 유전자가 모인다는 것이고, 생존 확률이 높아질 수 있으니 본능적으로 평균값에 가까운 비례의 얼굴을 선호한다는 설명이다. 나름대로 설득력 있는 설명이다. 그렇게 아름다움을 정량적으로 설명하는 개념 중 '프랙털 지수'라는 것이 있다.

하얀색 도화지가 있다고 치자. 그것은 완전한 규칙의 상태다. 프랙털 지수로는 1이다. 여기에 검은색 볼펜으로 낙서를 하기 시작한다. 그러면 불규칙성이 점점 늘어난다. 프랙털 지수가 1.1, 1.2, 1.3으로 점점 늘어난다. 그러다가 나중에 아주 새카맣게 되어서 더 이상 낙서를 할 수 없는 완전한 불규칙의 상태가 되면 프랙털 지수가 2가 된다. 우리가 아름답다고 생각하는 수준은 프랙털 지수 1.4 정도의 적당하게 불규칙한 상태라고 한다. 우리가 아름답다고 여기는 자연을 보자. 자연은 가까이서 보면 아주 불규칙한 모습이다. 돌과 바위의 크기와 모양도 제각각이고, 나뭇가지의 모양도 어느 것 하나 똑같은 것이 없다. 그런데 조금 더 멀리서 자연을 바라보면 규칙성이 있다. 대부분의 나뭇잎 색상은 광합성을 하는 엽록체의 색깔인 녹색으로 통일되어 있고, 나무줄기는 땅에서 시작하는 부분이 가장 굵고 위로 올라갈수록 점점 가늘어진다는 점이 동일하다. 나뭇가지는 본가지가 올라가다가 옆으로 잔가지가 뻗어 나가고, 그 잔가지에서 더 가느다란 잔가지가 옆으로 빠져서 뻗어 나간다. 이러한 규칙들이 있기에 자연은 조화로워 보인다. 줌인해서 쳐다보면 불규칙하지만 줌아웃해서 거리를 두고 바라보면 규칙이 보인다. 그렇게 프랙털 지수 1.4의 적절한 불규칙성이 만들어진다.

예술에서는 이런 자연의 원초적인 아름다움을 얻기 위해 부단한 노력을 해 왔다. 가장 손쉽게 자연의 아름다움을 가져오는 방식은 자연을 모방하는 것이다. 고대 이집트의 신전 기둥을 보면 기둥의 꼭대기인 주두 부분이 야자수 이파리처럼 조각된 것을 볼 수 있다. 수직으로 서 있는 기둥은 나무줄기를 흉내 낸 디자인이다. 그래서 꼭대기 부분에도 오아시스의 야자수처럼 이파리 장식을 넣은 것이다. 이런 양식은 그리스로 넘어가서도 코린트 양식[9]으로 이어진다. 자연 모방은 인류 역사에서 계속해서 나타난다. 식물을 흉내 낸 아르누보 양식도 대표적이다. 하지만 다른 방식으로 자연의 불규칙한 아름다움을 재현하는 경우도 있다. 그중 성공적인 것이 지금 설명할, 미국 캘리포니아의 '도미누스 와이너리Dominus Winery'다.

필연적 불규칙

앞서 자연의 적절한 불규칙성의 아름다움을 설명하면서 나뭇가지가 위로 갈수록 가늘어진다는 점을 이야기했다. 나무는 왜 그런 모습일까? 나무는 광합성을 해야만 살아남는다. 주변의 나무와 경쟁해서 더 많은 태양 빛을 받아야 하는데, 가장 좋은 방식은 더 높게 올라가서 더 넓게 퍼지는 것이다. 그런데 너무 높게 올라가면 바람에 쓰러질 위험도 커진다. 그렇다 보니 중심을 잡기 위해 아래쪽의 줄기는 굵고 위로 갈수록 가늘어진다. 또 옆에서 불어오는 바람의 압력을 줄이기 위해 나뭇가지 사이사이에 공간을 비워서 바람이 통과하게 한다. 나뭇잎이 경직되어 있으면 바람의 저항을 그대로 받는데, 이를 피하기 위해 나뭇잎은 바람에 쉽게 흔들릴 수 있게 나뭇가지에 붙은 접합부가 유연하다. 그리고 일단 나무줄기가 땅에서부터 위로 올라가면 그다음부터는 옆으로 퍼지는 경쟁을 해야 한다. 그러니 나뭇가지가 옆으로 뻗어 나가게 되고, 중심부에서 반지름이 커지게 뻗어 나갈수록 면적은 제곱, 체적은 세제곱의 비율로 커진다. 넓어진 빈 공간에는 잔가지가 뻗어 나가 나무의 표면적을 넓힌다. 이때 옆으로 계속 펴져 나가기만 하면 나무가 균형을 잃고 쓰러진다. 나뭇가지가 커지는 만큼 땅속으로

뿌리가 뻗어 나가면서 기초를 튼튼히 하고 수분과 영양분을 흡수하는 일이 동반되지 않으면 구조적으로나 에너지의 흐름으로나 지속 가능하지 않게 된다. 그러니 나뭇가지가 뻗어 나간 직경, 나무줄기의 굵기, 나무뿌리의 크기는 어느 정도 균형을 맞추어 나가면서 커져야 한다. 나무의 디자인에서 보듯이 모든 디자인은 문제 해결을 위한 필연성을 갖는다.

'도미누스 와이너리'의 가장 큰 특징은 입면이다. 멀리서 바라보면 이 와이너리는 그냥 가로로 긴 상자형 건축물이다. 너무 심심한 상자 모양이어서 자연과 상반되는 디자인으로 보인다. 하지만 그 내용을 들여다보면 너무 '자연스러운' 건축물이라는 것을 알 수 있다. 일단 이 건물의 외장을 싸고 있는 것은 전문 용어로 '게비온gabion'이라

도미누스 와이너리

고 불리는 것이다. 주로 토목 공사에서 사용하는데, 철망으로 상자 형태 프레임을 만들고 그 안에 주변에서 구한 돌을 넣는다. 이렇게 상자형으로 만들면 차곡차곡 쌓기가 편리하다. '도미누스 와이너리'도 주변에서 구한 돌을 철망에 넣고 그것을 쌓아서 입면을 만들었다. 그런데 상자를 쌓으면 어떤 상자가 가장 힘을 많이 받을까? 맨 아래에 있는 상자다. 아래로 내려갈수록 위의 상자들이 누르는 무게를 더 많이 견뎌야 한다. 그렇다 보니 아래의 상자는 위의 상자보다 단단해야 한다. 단단하려면 재료의 밀도가 높아야 한다. 단위 면적당 더 많은 돌을 넣는 것이다. 같은 크기의 철망에 더 많은 돌을 집어넣으려면? 작은 돌을 넣으면 된다. 불규칙한 큰 돌들은 서로 부딪혀서 많이 넣을 수가 없다. 하지만 돌의 크기가 작으면 사이사이에 촘촘하게 더 많이 들

철망으로 프레임을 만들고 아래에서 위로 갈수록 밀도가 낮은 (크기가 큰) 돌을 쌓았다.

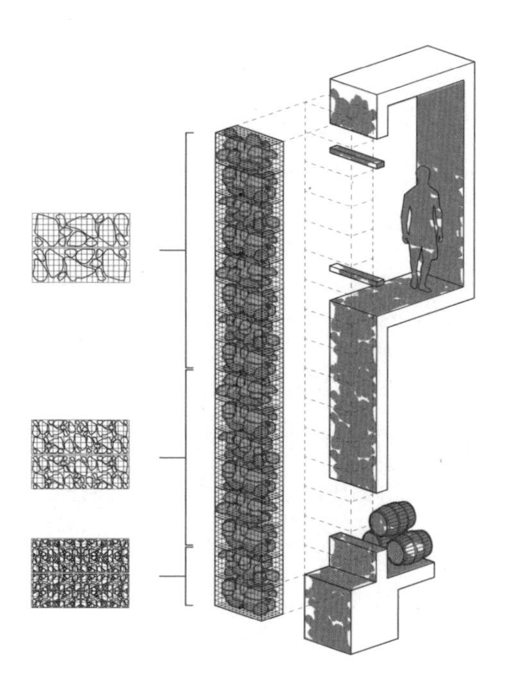

'도미누스 와이너리' 구조도

어간다. 그리고 돌끼리 만나는 표면적이 늘어나면서 더 안정적인 구조가 된다. 그래서 '도미누스 와이너리' 입면의 게비온을 자세히 들여다보면 아래로 갈수록 작은 크기의 돌을 채워 넣었고, 위로 갈수록 큰 돌을 넣었다. 구조적으로 필연적인 디자인이다. 그런데 이 건물의 흥미로운 점은 여기서 그치지 않는다. 돌을 넣은 게비온에 빛을 비추면 어떻게 될까? 돌과 돌 사이의 틈으로 빛이 새어 나온다. 큰 돌을 넣을수록 틈이 넓어서 더 많은 양의 빛이 들어올 것이다. 이때 빛이 만들어 내는 모양은 정말 찬란하게 아름답다. 우리가 5월 봄철에 신록이 우거진 나무를 아래에서 올려다보면 나뭇잎 사이로 햇빛이 찬란하게 산란해서 들어오는 것을 볼 수 있다. 바람에 흔들리는 나뭇잎 사이로 불규칙하게 들어오는 빛이기에 아름다운 것이다. '도미누스 와이너리' 벽면 돌 사이로 들어오는 캘리포니아의 강렬한 빛이 만들어 내는 공간은 마치 나뭇잎 사이로 들어오는 빛이 만드는 나무 아래 공간 같은 시원하고 찬란한 아름다움을 선사한다.

자연과의 이중주

나는 여기서 이 건축물을 설계한 자크 헤르조그Jacques Herzog와 피에르 드 뫼롱Pierre de Meuron의 천재성을 보았다. 그들도 캘리포니아 자연의 아름다움을 느꼈을 것이다. 그 자연은 멀리 보이는 사막 지대의 언덕일 수도 있고, 선인장일 수도 있다. 또는 인간이 심은 포도나무 밭일 수도 있다. 그중에서도 이들은 캘리포니아의 빛에 집중했다. 그런데 그 작렬하는 빛을 그대로 들인다고 아름다움이 될까? 그랬다면 포도주를 저장하는 와이너리로서는 최악의 건축물이 되었을 것이다. 포도주 저장소는 햇빛이 최소화되어야 한다. 캘리포니아의 강한 빛과 와

이너리라는 건물 용도의 조화를 위해 그들이 선택한 방식은 '게비온'으로 만든 입면이다. 돌이 깨지면서 만들어지는 불규칙한 모양들은 그대로 돌 틈으로 들어오는 빛의 불규칙성을 만든다. 돌은 깨질 때 분자 구조에 따라 갈라지는 모양이 결정된다. 그러나 이때 돌이 깨지게 힘을 가하는 것은 인간이다. 인간은 구석기 시대부터 그런 일을 해 왔다. 돌에 충격이 가해졌을 때 돌의 분자 구조에서 가장 취약한 부분에 균열이 가면서 모양이 결정된다. 돌을 깨기 시작한 것은 인간이지만, 깨지는 최종 모양은 자연이 결정한다. 헤르조그가 한 일은 각기 다른 모양과 크기로 깨진 돌들을 분류해 구조적인 이유에서 작은 돌은 아래에 넣고, 큰 돌은 위에 넣는 일을 한 것이다. 거기까지 건축가가 하고 나면 캘리포니아의 태양 빛이 그 벽을 때리고 불규칙한 돌 틈 사이로 통과하면서 공간이 완성된다. '도미누스 와이너리'는 인간의 구상과 자연의 섭리가 합쳐져서 만들어진 공간이다. 건축가는 그 돌들을 조합할 방법만 개발했고 나머지는 자연이 완성했다. 그냥 자연의 겉모습을 모방해서 만든 건축물은 그 자체로도 아름다운 예술이지만, 엄밀히 말하면 자연의 짝퉁이다. 모방한 것은 절대로 그 오리지널을 뛰어넘을 수 없다. '도미누스 와이너리'의 디자인은 자연을 그대로 모방한 것이 아니라 자연과 협업한 것이다. 음악으로 치면 이중주 혹은 듀엣 곡 같은 디자인이다.

자크 헤르조그와 피에르 드 뫼롱은 둘 다 1950년 출생으로 아인슈타인이 졸업한 것으로 유명한 스위스 취리히 연방공과대학교ETH에서 건축을 전공했다. 이들은 1978년에 스위스 바젤에서 사무실을 함께 설립한 후 지금까지 유지하고 있다. 2001년에는 프리츠커상을 수상했고, 몇 년 후에는 '베이징 국립 경기장The National Stadium, Niaochao National Stadium(国家体育场)' 현상 설계에 당선되면서 명실상부한 세계적 건축가의 반열에 올랐다. '베이징 국립 경기장'은 새의 둥지를 연상케 하는 디자인이다. 새 둥지는 새들이 나뭇가지를 주워다가 얼기설기 엮어서 만들어 내는 집이다. 나뭇가지의 길이와 모양이 제각각이어서 불규칙한 형태를 띤다. 그러면서도 동그란 형태의 모양을 유지한다는 점이 특징이다. 새 둥지처럼 자연스럽게 보이게 하려면 적절한 불규칙성을 만드는 것이 관건이다. 그러면서도 거대한 올림픽 주경기장을 만들려면 구조적으로도 안정적이어야 한다. 그런데 구조적으로 안정적으로 만들면 불규칙성이 사라져서 새 둥지처럼 보이지 않게 된다. 헤르조그는 구조적 안정성과 디자인의 불규칙성이라는 두 마리 토끼를 잡기 위해 기발한 구조적 발상을 했다. 둘을 분리해서 진행한 것이다. 우선

베이징 국립 경기장

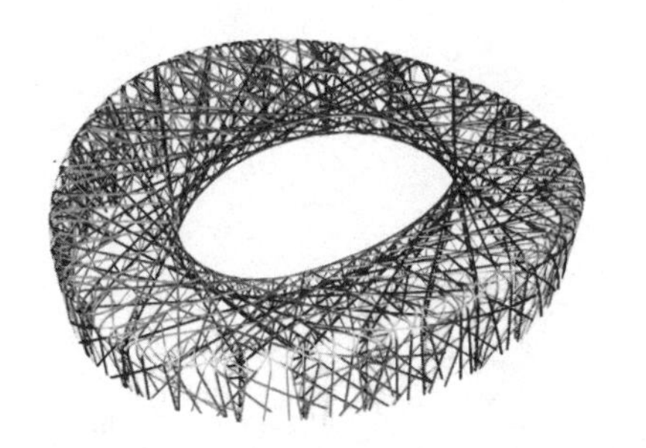 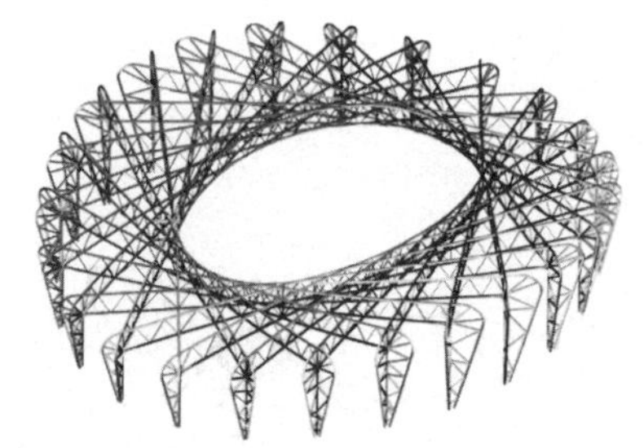

스타디움은 보통 윗부분이 타원형으로 뚫려 있는데, '베이징 국립 경기장'은 그 구멍 난 타원의 주변을 따라 기둥과 보로 만들어진 보편적인 'ㄷ' 자 형태의 트러스가 돌아가는 방식으로 주요 구조를 완성했다. 건축물은 위에서 내려오는 하중을 받치는 것도 중요하지만 비틀어지는 힘을 받치는 구조도 중요하다. 이를 해결하는 가장 효과적인 방식은 기둥 사이사이에 사선으로 지나가는 부재를 넣는 것이다. 헤르조그는 수직으로 완성된 주요 구조체의 기둥 사이에 횡압력을 지지하는 사선의 보강 철골 부재를 불규칙한 형태로 집어넣었다. 그렇게 함으로써 나뭇가지로 만든 새 둥지처럼 보이는 디자인을 완성했다.

설계가 훌륭해도 하나의 건축을 완성하는 데 필요한 시공 기술은 또 다른 문제다. 이 경기장의 건축 과정을 담은 다큐멘터리를 보면 경기장을 구성하는 트러스를 제작하기 위해 밑에서 받침대 역할을 하는 보조 구조체를 만들어야 했는데, 문제는 그 받침대를 철거할 때 경기장이 워낙 크다 보니 보의 처짐 현상도 너무 심하다는 점이었다. 만약에 중구난방으로 받침대를 철거하면 건축물이 찌그러지면서 붕괴할 수도 있는 위험이 있었다. 당시 이 문제를 해결하기 위해 보를 받치는 받침대 아래에 유압식 장치를 넣었다. 이 유압식 받침대는 컴퓨터에 의해 원격으로 장치가 풀리게 되어 있었는데, 구조기술사가 계산한 순서대로 수십 개의 유압 받침대가 순차적으로 내려가게끔 프로그램을 만들어 철거를 진행했다. 불규칙한 아름다움은 단순하게 이루어지는 것이 아니라 오히려 더 고도의 기술력이 있을 때 가능하다. 자연도 그러하다. 자연은 인간이 함부로 손을 대기에는 너무 복잡한 시스템이다.

도미누스 와이너리
Dominus Winery

건축 연도 1998
건축가 자크 헤르조그, 피에르 드 뫼롱
위치 미국 샌프란시스코 내파밸리
주소 2570 Napa Nook Rd, Yountville, CA 94599, United States

운영 월요일 – 금요일 9 a.m. – 5 p.m.
토요일, 일요일 휴관

23장	해비타트 67
1967년: 그리스 언덕을 캐나다에 만들다	

집마다 마당이 있는 아파트

내가 실제로 본 마을 중 충격적으로 아름답다고 느꼈던 곳은 그리스 산토리니섬의 '이아Oia 마을'이다. 주변의 화산재 성분의 흙을 주재료로 해서 만들어진 백색 회벽의 집들이 옹기종기 붙어 있는데, 워낙에 경사가 급한 산지다 보니 아랫집의 지붕이 윗집의 테라스가 되는 식으로 연속되어 있다. 그리고 집과 집 사이에는 골목길 계단이 만들어져 있다. 각기 다른 모양의 땅에 맞춰서 집을 짓다 보니 집들의 모양이 제각각 달라 개성이 있다. 그러면서도 모든 집에서 지중해의 푸른 바다를 볼 수 있다. 산토리니섬에서 나는 '개성 있게 각기 다른 모습이면서도 모두 하늘이 보이는 마당 같은 테라스가 있는 집들'을 보았고, 이것은 내가 꿈꾸는 우리나라 아파트의 모습이 되었다. 그런데 이런 산토리니섬의 이아 마을 같은 꿈의 아파트가 이미 56년 전에 캐나다에 지어졌다. 캐나다 몬트리올에 있는 '해비타트 67Habitat 67'은 그리스 산토리니섬 언덕에 있는 마을을 옮겨 놓은 듯한 작품이다. 이 혁신적

산토리니의 이아 마을

인 아파트가 지어진 것은 1967년으로, 내가 태어나기도 전이다. 이 아파트의 건축가는 싱가포르에 있는 옥상 수영장이 딸린 호텔인 '마리나베이 샌즈Marina Bay Sands'를 설계한 모셰 사프디Moshe Safdie다. 이 아파트의 가장 큰 장점은 마당 같은 베란다가 있다는 점이다. 건축가는 산토리니 같은 지중해 언덕의 주거 양식에서 영감을 얻어 이런 디자인을 했다고 한다. 아파트라고 해서 모두 같은 평면도로 만들어진 것은 아니다. 이 아파트에는 방 하나짜리부터 네 개짜리까지, 총 열다섯 개 타입의 평면으로 이루어진 158세대가 있다.

우선 '발코니'와 '베란다'와 '테라스'의 용어 정리부터 해 보자. 우리는 사진 속의 집 앞에 있는 외부 공간을 흔히 테라스라고 생각한다. 하지만 정확하게 말하면 사진 속에 보이듯이 위에서 지붕이 막지 않

해비타트 67

고 아랫집의 옥상을 바닥으로 사용하는 것은 베란다고, 테라스는 건물의 1층에 있는 데크 같은 공간을 말한다. 흔히 길가 카페에서 건물 앞 주차장에 불법으로 만들어 놓은 데크가 테라스다. 우리나라 아파트의 매달린 툇마루 같은 것은 발코니라고 부른다. 그런데 우리나라 아파트의 발코니는 두 가지 문제를 가지고 있다. 첫째, 폭이 너무 좁다. 건축 법규상 발코니로 인정되어 용적률 계산에 안 들어가게 하려면 폭이 1.5미터가 넘으면 안 된다. 쉽게 말해서 1.5미터까지는 공짜로 더 지을 수 있다는 얘기다. 그렇다 보니 모든 아파트의 발코니 폭이 1.5미터다. 그리고 최대한 이 법을 이용하기 위해서 집 앞에 모두 1.5미터 폭의 긴 발코니를 넣는다. 모든 집에 발코니가 만들어지다 보니 윗집 발코니가 지붕처럼 덮고 있어서 하늘이 잘 보이지 않는다. 좁고 길다 보니 마주 보고 앉을 수 있을 정도의 폭이 안 되고 빨래를 너는 것 외에는 쓸 기능이 별로 없다. 윗집 발코니가 지붕처럼 덮고 있으니 비도 맞을 수 없고, 그렇다 보니 외부 공간 같다는 느낌도 안 든다. 이 와중에 침대에서 자는 것이 중산층의 삶의 형식이 되면서 침대를 사용하지 않는 시간에도 침대는 자리를 많이 차지해 방이 좁아졌다. 이때 동네마다 생겨난 알루미늄 새시 가게들이 발코니에 창문을 달아주고 이 공간을 방이나 거실로 확장해 주었다. 이제 우리의 집에는 자연을 접할 수 있는 외부 공간의 씨가 말랐다. 그런데 '해비타트 67' 같은 '베란다'가 있는 곳은 아파트라도 마당이 있는 것처럼 살 수 있다. 이 아파트 베란다의 중요한 디자인 특징은 두 가지다. 첫째, 베란다가 한쪽 변의 길이가 3미터가 넘는 정방형에 가까운 비율로 만들어졌다는 점이다. 둘째, 하늘이 열려 있다는 점이다. 덕분에 햇볕을 쬐거나 화분이 비를 맞을 수 있다. 높은 곳에서 바라보는 전망은 앞으로 확 열려 있어서 일반적인 주택 마당에서 앞집만 바라보는 경치보다 좋다. 게다가 집마다 자신의 베란다 바닥에 각기 다른 마감재를 사용해서 개성 있는 분위기를 만든다. 어느 집은 빨간 타일, 그 옆집은 나무 데크를 깔았다.

세대별 개성 있는 아파트

이 아파트가 더 좋은 이유는 세대별로 모양이 다르다는 점이다. 우리나라 아파트는 3천 세대 단지 내 거의 모든 집이 밖에서 보면 똑같아 보인다. 발코니 확장을 해서 모든 세대의 모습은 유리창 뒤로 숨어 버렸다. 그렇다 보니 각 집들은 자신만의 개성이 하나도 없다. 사람은 자신만의 개성을 가질 때 자존감을 가질 수 있다. 모두 비슷하게 생긴 집은 그곳에 사는 사람들의 자존감도 없앤다. 모든 집의 모양이 똑같다 보

각 세대의 형태가 다양한 '해비타트 67'

니 자신만의 가치가 없고 그렇다 보니 사람들은 자신의 집의 가치를 집값으로만 본다. 획일화되면 가치관이 정량화되는 문제가 생기는 것이다. 우리나라 국민이 집값, 성적, 연봉, 키, 체중 같은 정량화된 지표를 가장 중요하게 생각하게 된 데는 획일화된 아파트가 한몫했다. 그런데 몬트리올 '해비타트 67'은 각 세대가 다양한 형태를 가지며 주변의 집들과도 다채로운 관계를 맺는다. 베란다는 내 개성에 맞게 꾸미면서 공간으로 나를 표현할 수 있다. 그만큼 거주자는 자신만의 개성과 가치를 찾을 수 있고, 이는 곧 자존감을 높이는 효과를 가져온다. 우리나라 아파트는 닭장같이 똑같이 생겨서 이런 개성 표현이 안 된다. 집마다 태극기를 걸었느냐, 안 걸었느냐의 차이만 있는 집합 주택이다. 이런 획일화된 아파트에 살다 보니 결국 나를 표현할 수 있는 공간은 인스타그램이

입주자 각자가 취향에 맞게 꾸민 '해비타트 67' 내부

나 페이스북 같은 SNS뿐이다. 그래서 더욱더 카페 인증 샷과 펜션 인증 샷에 목숨을 걸게 되었다. 우리에게는 '해비타트 67'같이 마당 같은 공간에서 내 개성을 표현할 수 있는 아파트가 필요하다. 이렇게 말하면 사람들은 그런 디자인은 비현실적으로 비싼 공사비 때문에 불가능하다고 한다. 과연 우리가 엄두도 못 낼 정도로 비쌀까? '해비타트 67'은 조립식이어서 생각만큼 만들기 복잡한 아파트는 아니다.

158세대가 각기 다른 모양처럼 보이는 '해비타트 67'의 세대 타입은 겨우 열다섯 개다. 몇 개 안 되는 평면 타입으로 어떻게 이렇게 다양한 모습의 풍경을 만들었을까? 그것은 각 세대를 쌓는 방식을 조금씩 다르게 했기 때문이다. 마치 레고 블록 한 개의 크기나 모양은 몇 종류가 안 되지만 쌓아 올리는 방식을 다르게 해서 다양한 형태를 만드는 것과 비슷하다. 인간의 유전자도 염기의 종류는 A, G, C, T 네 가지뿐이지만, 그 조합에 따라 무한대의 다양한 생명체 디자인이 나오는 것과 마찬가지다. '해비타트 67'에서는 공사비를 절감하기 위해 공장에서 미리 제작한 콘크리트 패널을 현장에서 조립하는 방식을 택했다. 일반적으로 건축 공사비가 비싼 이유는 야외에서 작업해서 날씨의 영향을 많이 받게 되는 이유가 크다. 그런데 건축물 제작의 대부분을 공장에서 대량으로 하고 현장에서 조립만 하면 공사 기간을 혁신적으로 줄일 수 있고, 결과적으로 공사비를 절감할 수 있다. 이 건물이 지어진 캐나다 몬트리올의 경우 겨울이 길고 추워서 공사가 더 어려운데, 공장에서 제작하는 콘크리트 패널 방식은 이 문제를 해결했다. 단위 세대들이 모여서 전체를 이루는 디자인 개념은 세포들이 모여서 유기체를 완성하는 것과 같은 개념이다. 세포 증식의 원리를 이용한 이러한 디자인 개념을 '메타볼리즘metabolism'이라고 한다. 메타볼리즘은 직역하면 '신진대사'인데, 한마디로 건축을 '세포를 가진 생명체'로 바라보는 시각이다.

'해비타트 67'은 미리 제작한 콘크리트 패널을 현장에서 조립하는 방식으로 공사비를 절감했다.

원자 vs 세포

수천 년 서양 과학의 역사는 최소 단위를 찾는 역사이기도 하다. 고대 그리스의 학자들은 세상이 물, 불, 공기, 흙이라는 네 가지 원소로 구성되었을 것이라고 상상했다. 고대 원자론을 체계적으로 완성시킨 데모크리토스는 원자라는 한 개의 단위로 만물이 만들어졌다고 상상했다. 시대가 지나면서 이런 상상에서 나아가 관찰과 발견을 통해 물질은 분자라는 최소 단위로 구성되었다는 사실이 밝혀졌다. 그 후 분자는 원자로, 원자는 원자핵과 전자로 구성되어 있으며, 원자핵은 양성자와 중성자로 구성되어 있다고 밝혀졌다. 20세기 들어서는 양성자와 중성자가 쿼크와 글루온으로 만들어졌음이 밝혀졌다. 그러나 물질의 최소 단위는 마치 러시아 인형과 같았다. 러시아 인형은 뚜껑을 열면 그 안에 다른 인형이 들어 있고, 그 인형의 뚜껑을 열면 그 안에 또 더 작은 인형이 들어 있다. 물질의 근원을 찾는 과정에서도 러시아 인형처럼 최소 단위를 쪼개면 또 다른 최소 단위가 나왔다. 과학자들은 이러한 과학적 발견에 허탈감을 느꼈다. 왜냐하면 아무리 작게 쪼개어도 정작 생명의 근원에 대해서는 알 수 없었기 때문이다.

물질의 최소 단위가 쿼크라면, 생명의 최소 단위는 세포다. 세포의 모습을 가지고 있기 전의 물질은 무기질로 취급받지만, 세포를 이루면서부터 비로소 생명체로 인정받는다. 생명과학자들은 복잡성 이론 등을 통해 생명체가 만들어지는 과정을 연구했다. 과학자들은 크게 물질을 연구하는 부류와 생명을 연구하는 부류로 나누어지는 듯하다. 건축에서도 과학처럼 이런 양분화가 일어났다. 어떤 이들은 건축을 무기질 재료의 조합으로 바라본다. 그들은 벽체, 바닥, 창문, 문 같은 요소들로 건축물을 분해해서 바라본다. 하지만 그러한 분석만으로는 건축의 본질을 설명하기가 어렵다. 마치 쪼개진 쿼크만으로는 생명이 설명되지 않는 것과 같다. 이에 반해 건축물을 생명체처럼 바라보는 부류의 사람들이 있었다. 그들은 건물의 최소 단위를 하나의 집 또는 방으로 본다. 그들에게 방은 마치 생명의 세포와도 같은 것이었다. 그래서 이들은 세포가 증식하듯이 방이 증식해서 하나의 커다란 건물이 되는 '메타볼리즘'이라는 양식을 만들었다. 1960년대에 시작된 이러한 생각을 이끄는 주류는 일본 건축계였다. 아무래도 동양인인 일본 건축가들은 음양의 조화로 세상을 바라보는 동양적 사고에 기반을 두고 건축도 관계를 바탕으로 한 생명성을 가진 것으로 바라보게 되었을 것이다.

메타볼리즘이 처음 세상에 발표된 것은 1959년 '근대건축 국제회의

Congrès Internationaux d'Architecture Moderne: CIAM'에서다. 이 회의에서 일본 건축가 단게 겐조丹下健三가 메타볼리즘 개념을 발표했고, 그는 이후 MIT로 가서 한 학기 동안 학생들과 실험적인 메타볼리즘 스튜디오를 열었다. 1960년에는 메타볼리즘 건축가들과 루이스 칸의 만남이 있었다. 그렇다. 또 루이스 칸이다. 칸은 메타볼리즘 건축가들과 그가 설계한 '리처드 의학연구소'에 대한 이야기를 나누었다. '리처드 의학연구소'에서 어떻게 방과 설비를 분리하고 조합했는지 설명하면서 칸은 메타볼리즘에 영향을 준다. 그렇다. 또 '리처드 의학연구소'다. 루이스 칸은 이 건물 하나로 메타볼리즘에도 영향을 미쳤고, 앞서 유럽편에서 소개되었던 하이테크 건축의 시작을 연 렌초 피아노의 '퐁피두 센터' 디자인에도 영향을 미쳤다. 루이스 칸은 그 정도로 중요한 위치를 차지하는 건축가다.

메타볼리즘의 대표작은 1972년 도쿄에 지어진 '나가킨 캡슐 타워 Nakagin Capsule Tower'다. 이 건물의 캡슐 형태의 방들은 공장에서 제작되어 건설 현장으로 이송된 후 크레인을 이용해 조립되었다. 1972년에 만들어진 집합 주택임에도 실내 사진을 보면 SF 영화에 나오는 미래 주택의 모습처럼 보인다. 사진에서 어린아이 머리 두 개만 한 카세트가 침대 머리맡에 있는 것을 보고 나서야 '아, 이게 1970년대 작품이구나'라는 충격이 온다. 그전에는 50년 전 작품이라는 생각이 안 든다. 메타볼리즘 건축가들은 전체 도시도 세포 증식하듯이 캡슐을 성장시키는 방식으로 만들려는 원대한 꿈을 가졌었다. 이렇게 1960년대에 유행하던 메타볼리즘의 혁신적인 생각들을 캐나다에 실현한 것이 '해비타트 67'이다. '나가킨 캡슐 타워'처럼 모셰 사프디도 '해비타트 67'의 콘크리트 패널과 화장실 등을 공장에서 제작하고 현장에서 조립하여 만들었다. '해비타트 67'이 건축되는 과정은 마치 신진대사를 통해

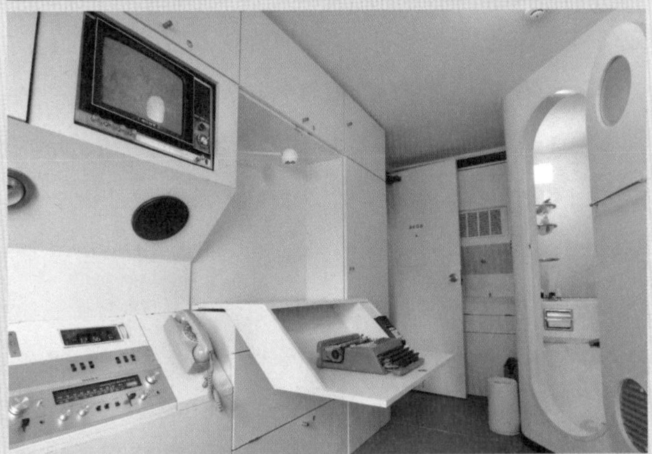

구로카와 기쇼의 '나가킨 캡슐 타워' 외부와 내부

해비타트 67

세포가 증식하는 것과 같았다.

사프디는 1938년 이스라엘에서 태어났다. 그는 캐나다 맥길대학교에서 건축을 공부했는데, '해비타트 67'은 그의 20대 학창 시절 논문에서 처음 구상되었다. 캐나다 정부는 그의 논문을 1967년의 '몬트리올 엑스포'에서 실험적인 건축 프로젝트로 선정해서 실행한 것이다. '해비타트 67' 같은 아파트가 우리나라에 건설되지 못하는 가장 큰 이유는 아파트의 동 사이에 거리를 유지해야 하는 법규 때문이다. 발코니를 만들면 그만큼 아파트 동과 동 사이를 더 떨어뜨려야 해 손해를 보기 때문이다. 게다가 우리나라에는 아파트 건물 가로 길이가 60미터를 넘으면 안 된다는 규정도 있다. '해비타트 67'같이 베란다가 많은 디자인은 성냥갑 같은 건물보다 표면적이 넓어져서 건설비가 올라가는 단점도 있다. 베란다 바닥의 방수 공사와 단열 처리 등 신경 쓸 일도 많다. 분양가 상한제를 시행해서 기껏 아파트 분양가를 억제하면 입주와 동시에 수억 원씩 가격이 뛰는 게 우리 현실이다. 몇 년 후면 분양가 상한제에 맞춰 지어진 별로 좋지도 않은 건축물을 비싸게 사는 꼴이 된다. 최초의 입주자는 분양가 상한제 덕분에 로또 당첨된 것 같은 혜택을 보지만 이후 대부분의 국민은 향후 100년간 허접한 집을 비싸게 사게 된다. 안타까운 상황이다. '해비타트 67'의 마당 같은 베란다를 아파트 분양 시 용적률 계산에서는 빼 주면서 분양하는 전용면적에 넣게 해 주면 이런 새로운 시도가 더 늘어날 것이다. 시장 경제에서는 가격 책정 방식이 세상을 움직이는 보이지 않는 손이 된다. 건축 법규라는 소프트웨어를 업그레이드해서 마당 같은 발코니나 베란다가 있는 아파트가 중산층 주거의 표준 모델이 되면 좋겠다.

해비타트 67
Habitat 67

건축 연도 1967
건축가 모셰 사프디
위치 캐나다 퀘벡주 몬트리올
주소 2600 Av Pierre-Dupuy, Montréal, QC H3C 3R6, Canada

3 부

아시아

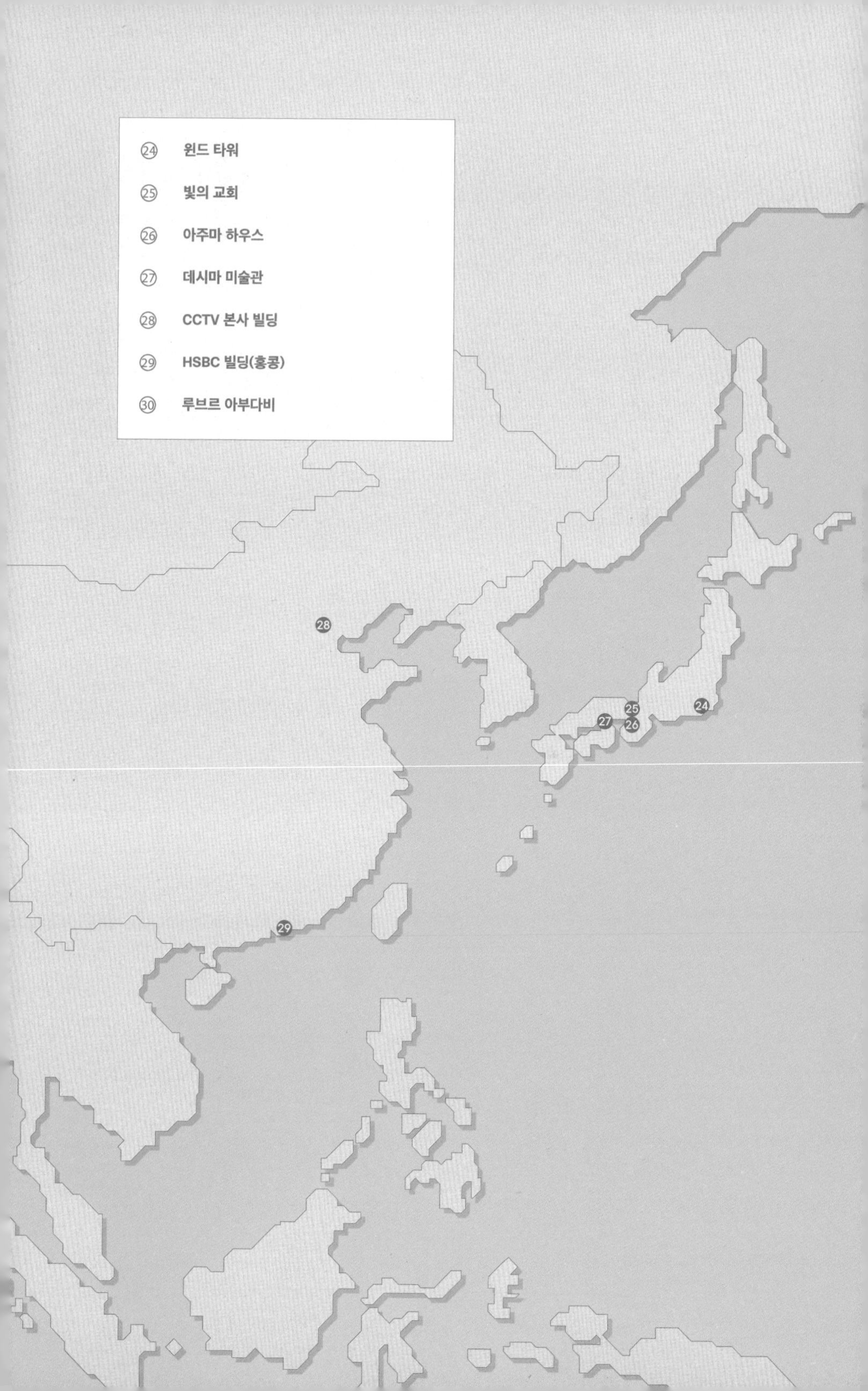

㉔ 윈드 타워
㉕ 빛의 교회
㉖ 아주마 하우스
㉗ 데시마 미술관
㉘ CCTV 본사 빌딩
㉙ HSBC 빌딩(홍콩)
㉚ 루브르 아부다비
24
25
26
27
28
29

24장	윈드 타워
1986년: 실체는 무엇인가	

원효 대사와 알타미라 동굴

눈에 보이는 것은 실재인가 아니면 허상인가? 동양에서는 현실에 대해서 오래전부터 의심해 왔다. 중국 전국 시대 도가의 대표적인 인물인 장자莊子는 '호접지몽胡蝶之夢'이라는 이야기를 한다. 자신이 꿈에서 나비가 되어 훨훨 날아다녔는데, 그 꿈이 너무 생생해서 꿈에서 깨어난 다음에도 내가 나비가 된 것인지, 아니면 나비가 꿈에 내가 되었는지 모르겠다는 이야기다. 내가 느끼는 것이 중심인 지극히 일인칭 시점에서 세상을 바라보는 이야기다. 우리나라에도 의상 대사와 당나라 유학길에 오르던 원효 대사의 여행길 이야기가 있다. 원효 대사는 여정 중에 동굴에서 하룻밤을 보내게 됐다. 그는 밤중에 자다가 일어나서 옆에 있던 물을 맛있게 마셨는데, 아침에 보니 해골에 담긴 물이었음을 알고 큰 깨달음을 얻었다는 이야기다. 이때의 깨달음을 화엄경의 핵심적 가르침인 '일체유심조一切唯心造'라고 한다. 각자의 마음이 현상계[1]를 만들어 내고, 마음이 사라지면 현상계도 사라진다는 것

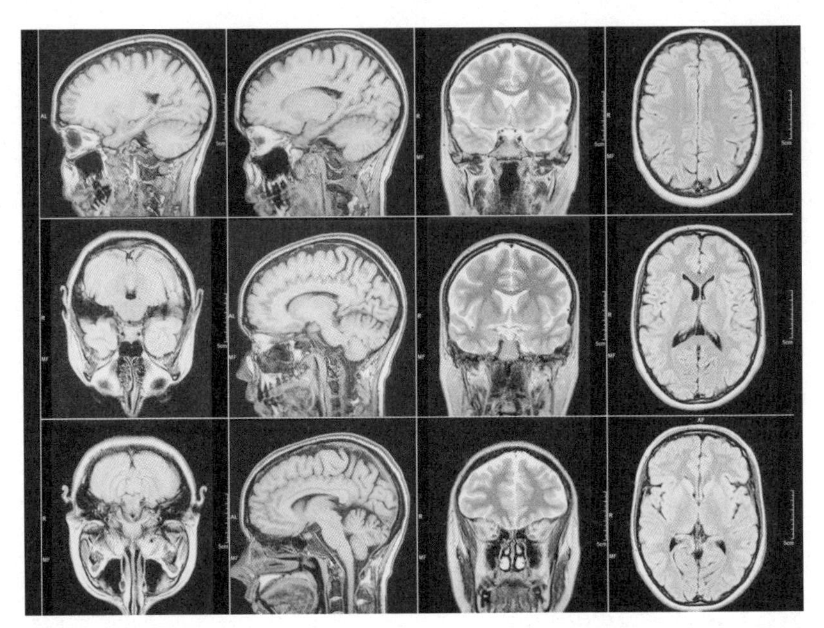

뇌 연구를 위한 MRI 촬영

이다. 장자의 이야기나 원효대사의 이야기나 차이는 있겠지만 둘 다 인간의 의식이 세상의 중심에 있는 시각이다. 좀 더 현대적으로 이야기하자면 우리의 뇌가 만들어 내는 인식에 의해서 세상이 구축된다는 것이다. 심리학자 프로이트 이후 인간은 사람의 마음을 연구(정신 분석)하기 시작했는데, 최근 들어서는 좀 더 과학적으로 연구하기 시작했다. 이전에는 의식과 무의식의 세상을 인문학적으로 탐험해 왔다면 지금은 MRI 촬영으로 좀 더 객관적이고 물질적인 방식으로 뇌 연구를 진행하고 있다. 우리는 오감을 느끼는 감각 기관을 통해서 내 몸 밖의 정보를 수집한다. 그리고 모든 정보는 뇌에 전기적 신호로 들어가서 종합되고 인식되어 외부 세상을 머릿속에 구축하고 인지한다. 그렇다면 세상은 두 가지로 나뉜다. 하나는 내 의식과 상관없는 객관적인 '물

알타미라 동굴 벽화

리적 세상'과 내 의식이 만들어 낸 산물인 '인지의 세상' 두 가지다. 그런데 이 둘은 너무 밀접하게 연결되어 있어서 명확하게 구분하기는 어렵다. 세상은 원자로 구성된 물질의 세상일 수도 있지만 동시에 내 머릿속의 데이터 정보로 구축된 것일 수도 있다. 건축 역시 '물질적 본질'과 '의식의 산물' 사이에 존재한다. 차가운 쇠를 손으로 만져 보거나 무거운 돌을 들어 보면 건축은 확실하게 물질의 세상이다. 그러나 어떤 건축물을 보면 건축은 물질이라기보다 정보에 가깝다.

역사를 보면 건축 공간이 정보로 인식되는 일들은 오래전부터 꾸준하게 있어 왔다. 그 첫 번째는 '알타미라 동굴'일 것이다. 돌로 만들어진 동굴의 벽체는 확실하게 물리적인 물성의 공간이다. 하지만 동굴의 표면에 각종 그림을 그려 넣게 되면 그림이라는 상징적 정보에

고딕 성당의 스테인드글라스

의해서 공간은 다르게 채색되고 변화한다. 동굴 벽에 그려진 소와 사슴 그림들로 인해서 우리는 이미 동굴 벽의 바위를 바라보거나 생각하지 않는다. 대신 동물 그림이 전달하는 이야기의 정보 속으로 빠져든다. 이런 동굴 벽화를 느끼기 위해서는 횃불이라는 빛이 필요하다. 빛이 없으면 알타미라 동굴 벽화를 그릴 수 없고, 그림을 그릴 수 없으면 알타미라 동굴 벽화가 만드는 상징적 공간은 존재하지 않는다. 시대가 흘러서 고딕 성당에서는 스테인드글라스의 그림들이 그 역할을 했다. 여기서는 횃불 대신에 태양광을 이용했다. 인간이 유리를 가공하여 사용할 수 있게 되었기 때문이다. 이렇듯 인간은 때로는 인공의 빛을 이용해서, 때로는 태양광을 이용해서 단순한 물질적인 물성의 공간을 뛰어넘어 정보로 만들어지는 공간을 구축해 왔다. 현대에 와

서는 전구, 프로젝터, TV 모니터, LED 등을 통해서 좀 더 정교하게 빛을 조절하고 이용할 수 있게 되었다. 빛의 정보를 이용한 건축 공간의 구축은 계속됐다. 그 선구적인 작품이 일본 건축가 이토 도요오伊東豊雄의 '윈드 타워Tower of Winds'다.

바람의 방향이나 세기에 따라 다른 빛을 연출하는 '윈드 타워'

타공 철판과 모기장

지난 40년간 아시아 건축계의 양대 산맥이라 한다면 안도 다다오와 이토 도요오를 꼽을 수 있다. 놀랍게도 둘은 동갑내기 건축가다. 하지만 서로 다른 건축 스타일을 가지고 있으며, 다른 작품성만큼이나 다른 성장 배경을 가지고 있다. 안도는 정식 건축 교육을 받지 않은 자수성가형 건축가인 반면, 이토 도요오는 동경대에서 교육을 받은 엘리트 출신 건축가다. 세계 건축계에는 재능 있고 똑똑한 건축가들이 넘쳐나는데, 동경대 출신이라는 선입견 없이 보더라도 현대 건축가들 중에서 가장 진보적이면서도 스마트한 건축을 하는 사람은 이토 도요오가 아닌가 생각된다. 참고로 이토 도요오는 일본인이지만 아버지의 직장 때문에 해방 전 서울에서 출생한 특이한 이력이 있다. 좋은 작품이 많지만 그의 작품 중 가장 중요한 작품을 꼽으라면 나는 '윈드 타워'를 선택한다. 요코하마 버스 정류장 옆에 있는 높이 21미터의 이 타워는 지하 쇼핑센터의 통풍과 물탱크 역할을 하는 기존 타워를 리모델링한 것이다. 이 타워의 입면은 타공 철판으로 둘러싸여 있는데, 이 재료가 이 타워의 성격을 규정하는 중요한 역할을 담당하고 있다.

타공 철판은 철판에 작은 구멍들이 뚫려 있는 재료로, 가정집에 있는 모기장과 비슷하다고 보면 된다. 표면에 있는 작은 구멍 때문에 이 재료는 어두운 쪽에서는 밝은 쪽이 투명하게 보이고 밝은 쪽에서 보면 은색의 불투명한 재료처럼 보인다. 집에 있는 방충망도 낮에 밖을 바라보면 경치가 보이지만, 밖에서 창문의 방충망을 보면 은색의 금속 면으로 보인다. '윈드 타워'는 타공 철판이 가지고 있는 재료적인 특징 때문에 낮 시간 동안에는 주변을 걷는 보행자 눈엔 실린

이토 도요오

더 형태의 은색 구조물로 보인다. 그러나 밤이 되어 타공 철판 표면 안쪽에 설치된 조명 기구가 빛을 내기 시작하면서 투명하게 내부가 들여다보이는 구조물이 된다. 이때 조명 기기들은 타워 주변에 부는 바람의 방향이나 세기에 따라서 각각 다른 빛을 연출하게 된다. 이렇게 함으로써 눈에 보이지 않는 바람이라는 자연을 테크놀로지의 힘을 빌려서 형형색색 다른 시각적 정보로 변환시켜서 보여 주는 장치가 만들어졌다. 이는 건축적으로 여러 가지 의미가 있다. 먼저 타공 철판이라는 재료의 특성을 잘 이해하고 여기에 현대 조명 기술을 접목함으로써, 건축물 자체가 하나의 물질성만 가진다기보다는 빛의 연출에 의해서 존재 자체가 있었다, 없었다 시시각각 바뀌는 하나의 정보가 된 것이다. 마치 빛의 착시 현상을 이용해서 '자유의 여신상'을 없앴다가 만들어 냈다가 하는 마술사 데이비드 카퍼필드 같은 일을 이토 도요오가 하고 있는 것이다.

'윈드 타워'는 건축적으로는 현실과 비현실, 혹은 실재와 허구 사이를 넘나드는 건축이 만들어졌다는 데서 의미를 찾을 수 있다. 이는 생활의 많은 부분을 인터넷과 TV에 의존해 살아가면서 삶의 절반은 실제 공간에서 나머지 절반은 인터넷 가상 공간에서 살아가고 있는 이 시대의 문화적 패러다임을 가장 잘 반영하는 건축물이라고 할 수 있다. 우리는 아침에 잠자리에서 눈을 뜨면 현실 세계에서 생활한다. 하지만 눈을 뜨자마자 스마트폰을 열고 뉴스를 보고 인스타그램을 확인하면서 가상 공간 속으로 들어가 생활한다. 허기진 배를 채우기 위해서 점심을 먹기도 하지만 저녁에는 컴퓨터 게임을 하면서 몇 시간을 보내기도 한다. 하루가 다 지나고 잠자리에 들려고 하면 나는 하루 중에 얼마를 현실 공간에서 보냈고 얼마를 가상 공간에서 보냈는지 잘 알

수 없을 정도로 우리의 의식은 두 세상 사이를 왔다 갔다 한다. 그러나 그러한 현실과 가상이라는 이분법적 구분은 제삼자 시점에서 바라보았을 때나 구분돼 보이는 것이지, 내 의식의 관점에서 본다면 현실 공간이나 가상 공간이나 둘 다 정보를 처리해서 만들어진 공간과 세상일 뿐이다.

'윈드 타워'는 낮에는 은색으로 빛나는 금속의 건축물로 보이지만, 밤이 되면 구체적 형체 없이 현란하게 변화하는 빛으로만 존재한다. 마치 스마트폰을 켜기 전의 스마트폰은 검은색 유리 면일 뿐이지만, 스마트폰을 켜고 나면 총천연색의 빛이 전달하는 정보의 폭포로 바뀌면서 유리 표면으로 만들어진 전화기라는 물질에 대한 의식은 사라지는 것과 같다. 수천 년 동안 건축은 주로 물질에 대한 이야기였다. 하지만 '윈드 타워'는 건축은 물성을 갖는 재료이기도 하지만 동시에 그 물질성은 사라지고 빛의 정보로만 존재할 수 있다는 것을 보여 주었다. 이토 도요오는 '윈드 타워'를 만든 지 5년이 지난 후 같은 시리즈 작품으로 '윈드 에그'를 만들었다. 이 작품은 달걀 모양 내부에서 프로

'윈드 에그'(좌)에 영상이 투사되면(우) 물성이 사라진다.

젝터로 타공 철판에 영상을 투사시키는 것이다. 타공 철판이나 모기장 같은 재료는 영상 프로젝트를 투사하게 되면 앞면과 뒷면에 동일하게 이미지가 맺힌다. '윈드 에그' 작품 사진을 보면 영화 〈블레이드 러너〉를 투영하고 있는데, 그렇게 되면 그 영상이 맺힌 부분은 은색 금속의 달걀이 아니라 영상 정보만 남게 된다. 물성이 사라지게 된 것이다.

건축계의 힙스터

시각 이미지를 통해서 전통적인 물성을 사라지게 하는 작업의 효시는 백남준의 비디오 아트일 것이다. 기존의 전통 조각품은 양감을 가지는 재료 덩어리를 통해서 메시지를 전달한다. 예를 들어서 미켈란젤로의 「다비드」상을 보면 다비드의 팔다리 길이와 비례와 포즈를 아름다운 비례감을 가지게끔 정교하게 계획해서 조각했다. 그런데 사람 모양을 한 백남준의 작품은 비디오 모니터로 만들어져 있다. 모니터상에 시시각각 변화하는 동영상이 틀어지면 우리는 그 작품을 사람 모양의 작품이 아니라 그 모니터가 쏟아 내는 정보로 판단하게 된다. 물성은 사라지고 정보만 남게 되는 것이다. '윈드 타워'나 '윈드 에그'는 백남준의 작품처럼 빛의 이미지가 나타나기 전에는 각각 원기둥 모양이나 달걀 모양의 금속 조형물이다. 하지만 인공의 빛이 틀어지는 순간 완전히 다른 정보의 건축물이 된다. 이토 도요오의 이러한 작업은 훗날 영상 이미지가 건축물 입면을 가득 채우는 압구정동 갤러리아백화점 같은 여러 아류를 낳기도 했다. 1990년대 들어서 많은 건축물이 입면에 LED 화면을 입혀서 건축 입면을 완성했다. 이 같은 움직임은 건축이 이미지와 테크놀로지에 지나치게 의존함으로써 건축 본연의 감동을 잃게 되는 폐단을 낳기도 했다.

이 같은 현상이 극단적으로 표현되면 건축 디자인을 영상 매체가 대체하게 되어 모든 도시가 뉴욕의 타임스 스퀘어처럼 되어 버릴 위험이 있다. 현재 서울 강남의 많은 거리는 이미 대형 LED 광고판으로 도배가 되고 있다. 이렇게 될 경우의 문제는 그 지역 고유의 장소성이 사라진다는 점이다. 지금 강남 도산대로에 가면 거리의 표정에 건축물은 없고 대신 명품 브랜드 광고 영상들만 넘쳐 나고 있다. 도산대로는 없고, 카르티에나 디오르 같은 명품 브랜드의 이미지만 남는 것이다. 도산대로 본연의 가치는 없고 다국적 기업의 브랜드 이미지가 도산대로 공간을 만들고 있다. 모든 건축이 LED로 도배된다면 전 세계 모든 도시가 동질성을 갖게 되는 평평한 세계가 될 것이다. 이러한 폐단을 염려해서인지 이토 도요오는 '윈드 에그' 작품 이후에는 미디어 건축은 하지 않고 혁신적인 구조를 시도하는 쪽으로 디자인의 방향을 전환했다. 그는 건축의 진정한 힘은 중력을 이기는 구조에 있음을 깨달은 것 같다. 진정한 선구자는 팔로워가 생겼을 때 그 자리를 뜨고 없다. 마치 힙플레이스를 개척하는 힙스터가 자신이 만든 힙플레이스가 너무 알려져서 아무나 가는 핫플레이스가 되었을 때 이미 그 자리를 떠나고 없는 것과 같다. 그런 면에서 이토 도요오는 현대 건축계의 진정한 힙스터다.

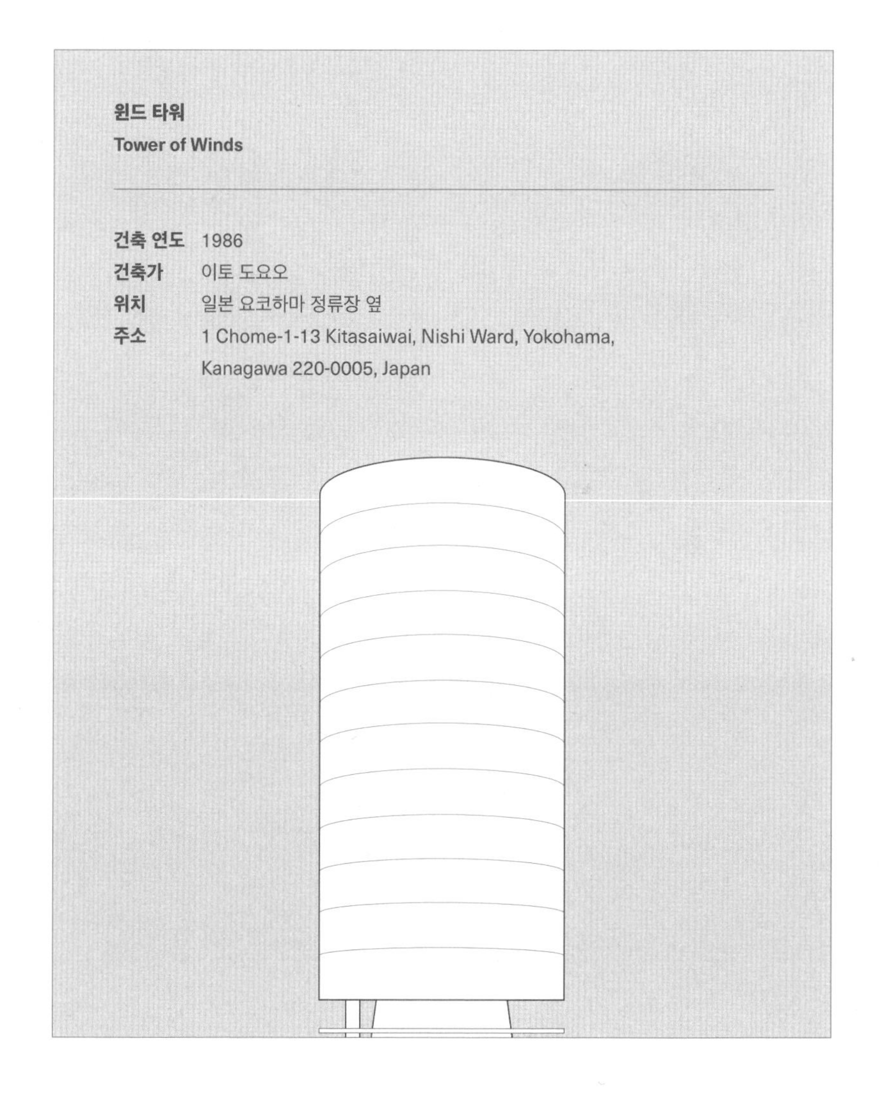

25장	빛의 교회
1989년: 전통 건축의 파격적 재해석	

한국과 일본에 낮은 담장이 많은 이유

일본은 기독교 인구가 전체 인구의 1퍼센트밖에 되지 않는다. 그런데도 결혼식은 교회 예배당에서 하고, 피로연은 호텔에서 프랑스식 코스 요리로 대접한다. 따라서 괜찮은 호텔에는 결혼식을 위한 교회 예배당이 하나씩 있는데, 안도 다다오가 1986년에 완공한 '바람의 교회Chapel on Mt. Rokko(Chapel of the Wind)'와 1988년에 완공한 '물의 교회Church on the Water'가 대표적인 사례다. 물의 교회 담당자에게 들은 바로는 지금도 하루에 네 차례 정도의 결혼식이 있고, 비용은 옵션에 따라서 2천만 원에서 4천만 원 정도라고 한다. '바람의 교회'는 현재 옆에 있는 '오리엔탈 호텔'이 철거된 상태여서 사용하지 않고 방치된 상태다. '물의 교회'와 '바람의 교회'에서 처음으로 눈에 들어오는 특징은 둘 다 기다란 'ㄱ'자 모양의 담장이 건축물을 감싸고 있다는 점이다. 이런 콘크리트 담장은 안도의 건축물에서 아주 중요한 요소다. 극동아시아의 건축에는 낮은 담장이 많이 사용되는데, 이는 기후의 영

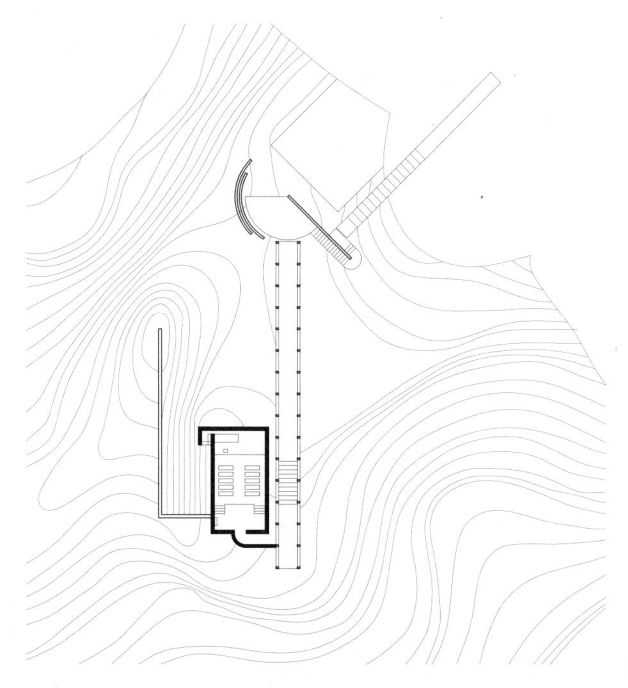

'바람의 교회' 도면

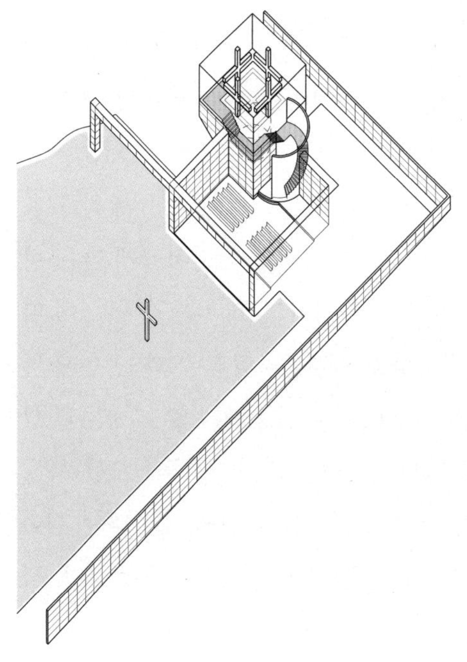

'물의 교회' 도면

향 때문이다. 극동아시아는 몬순 기후의 영향으로 장마철에 비가 많이 온다. 비가 오면 지반이 약해져서 돌과 벽돌 같은 무거운 건축 재료를 사용하면 약해진 지반이 감당을 못해서 벽이 쓰러진다. 따라서 가벼운 목재를 사용해서 건축한다. 목재를 주재료로 쓰면 벽이 아닌 기둥이 지붕을 받치는 모양새가 된다. 나무 기둥이 구조체가 되면 기둥과 기둥 사이에 커다란 창문을 만들 수 있다. 이러한 건축은 바깥 경치를 보기에는 좋으나 창호지로 만든 창문만 있어서 보안상 취약해지는 문제가 있다. 그래서 동양 건축에서는 집의 보안을 위해 건물 주변에 담장을 만드는 것이 일반화되어 있다. 자연스럽게 본 건물과 담장 그리고 둘 사이의 빈 공간인 마당으로 집이 구성된다. 이렇게 한국, 일본, 중국의 집에는 담장이 아주 중요한 건축 요소가 된다. 이때 담장 역시 벽이기 때문에 높게 만들면 장마철에 쓰러진다. 그래서 극동아시아 건축에서 담장은 궁전 같은 특별한 경우를 제외하고는 낮게 만들어졌다. 그러다 보니 집 안에서 밖을 쳐다보면 시야 상단에 하늘을 가리는 처마가 있고, 다음으로 마당이 보이고, 그다음에는 낮은 담장과 담장 너머의 나무와 먼 산이 보이는 풍경이 연출된다. 이것이 일반적인 우리나라와 일본에서 보이는 집의 풍경이다.

시간이 돈이고, 공간이 돈이다

일본의 경우에는 우리나라와 달리 이 담장을 이용해서 진입로를 복잡하게 구성하는 경우가 많다. 대표적으로 교토에 '은각사'라는 절이 있는데, 입구부터 긴 담장을 따라서 구불구불하게 여러 번 꺾인 진입로를 통해서 절로 들어가게 하고 있다. 일본은 왜 이렇게 진입로를 복잡하게 만들까? 우선 기능적으로 보면 외부에서 침입자가 들어오는 길을 어렵게 해서 보안을 더 좋게 만들려는 목적이 있다. 교토에 있는 '사무라이 마을'을 보면 주택의 담장으로 만들어진 골목길이 거의 미로처럼 구성되어 있는데, 외부 침입자가 쉽게 공간을 파악하지 못하게 하려는 의도였다고 한다.

일본에 복잡한 진입 경로가 만들어진 이유를 조금 다르게 설명하는 사람도 있다. 『신토에서 안도로Shinto to Ando』라는 책에 수록된 권터 니치케Günter Nitschke의 글은 일본 조경 디자인의 특징을 '시간이 돈이고, 공간이 돈'이라는 이론으로 흥미롭게 설명하고 있다. 그에 의하면 미국과 같이 공간이 넘쳐나는 지역에서는 시간이 더 중요하기 때문에 '시간 거리'를 줄이는 방향으로 건축이 발전해 왔다고 한다. 고속도로가 대표적인 예다. 이와는 반대로 일본 같은 섬나라에서는 공간이 제한적이다 보니 이동하는 시간은 적게 들지만 공간은 항상 부족했다. 그래서 일본에서는 시간보다 공간이 더 중요한 가치를 갖게 되었다. 이때 좁은 공간을 실제보다 더 넓게 느끼게 하려고 시간을 지연시켜서 심리적으로 공간을 더 넓게 느껴지게끔 조경과 건축 디자인이 발전한다는 것이 그의 이론이다. 실제로 일본 전통 건축은 주된 공간으로 들어가기까지의 진입로가 복잡하게 디자인되어 있다. 이러한 전통은 일본 다도의 대가 센노 리큐千利休의 작품에서 잘 보인다. 그가 디자인한 집을 보면 진입로가 여러 차례 꺾이고 담장에 의해서 시선이 막힌 모습을 띠고 있다. 이러한 진입로 덕분에 실제 아주 작은 집임에도 불구하고 여러 개의 다른 장면들이 연출되고 기억된다. 그래서 경험자는 공간을 실제보다 더 넓게 느끼게 된다. 복잡한 진입로가 만들어진 이유는 역사상 긴 봉건 시대를 거쳐 와 전쟁이 잦았던 일본 사회였기에 적들의 침입을 어렵게 하기 위한 목적이 있으나, 니치케의 말처럼 작은 공간을 크게 느끼게 하기 위한 이유도 있었을 것이다. 이런 일본 전통 건축의 복잡한 진입 경로는 안도의 건축에서 제대로 재현된다.

일본 전통 건축 + 서양 기하학 건축

자연 경관 속에 아름답게 자리 잡고 있는 '바람의 교회'와 '물의 교회'에 안도는 길고도 복잡한 진입로를 만들었다. '바람의 교회'의 경우에는 예배당이라는 주요 공간에 들어가기 전에 방문객들은 다섯 번을 회전하고 다섯 번의 단 높이 차이를 경험해야 해서, 총 열 차례가 되는 복잡한 과정을 거쳐야만 예배당에 도달할 수 있다. '물의 교회'는 더 복잡해서 백 미터가 넘는 담장을 포함해서 열한 번의 회전과 여섯 개의 계단을 오르내려야 하는 과정이 들어가 있다. 이러한 전이 공간을 걷게 되면서 방문객은 기존의 세계에서 점점 더 다른 공간으로 들어가는 경험을 하게 되고 이런 경험은 안쪽의 예배당 공간을 더욱 성스러운 느낌이 나도록 돕고 있다. 이렇게 길고도 복잡한 진입 경로는 마치 영화의 클라이맥스 이전에 스토리를 발전시켜 가는 과정과도 비슷하다. 사람의 눈은 카메라가 되고 건축가가 설정한 진입 경로는 카메라인 내 눈으로 찍은 영상의 촬영 궤도가 된다. 그런데 안도 건축의 복잡한 진입 경로는 일본 전통 건축에서 조금 더 진화된 모습을 띤다. 기존 일본 전통 건축 진입로는 수평적으로 좌우로만 복잡하게 꺾어진 반면, 안도는 여기에 오르락내리락하는 계단까지 포함시켜서 더 복잡한 3차원 미로 같은 진입 경로를 만들었다. 이렇게 한 데는 피라네시 그림의 영향이 보인다. 조반니 바티스타 피라네시Giovanni Battista Piranesi는 1740년대에 활동한 이탈리아 화가인데, 그는 건축을 하고 싶었으나 당시 이탈리아에서는 건축물이 대부분 이미 지어져 신축의 기회가 없

'물의 교회' 외관

었다. 그는 건축 설계 의뢰가 들어오지 않자 대신 그 열정을 에칭 그림으로 건축물을 남기는 데 쏟았고, 그런 그의 작업은 역사적으로 당시의 건축 상황을 기록으로 남기게 되는 뜻하지 않은 공헌을 하게 되었다. 그의 작품 중에는 상상 속의 감옥을 그린 에칭 연작 「상상의 감옥」(1749~1750)이 있는데, 그림 속에는 계단들이 복잡하게 미로처럼 삼차원 공간에 펼쳐져 있다. '바람의 교회'와 '물의 교회'에서 진입 과정에 만들어진 복잡한 계단 구성은 「상상의 감옥」 그림 속에 그려진 삼차원 미로 같은 계단처럼 느껴진다.

안도는 젊어서 한 유럽 여행을 통해 서양 전통 건축의 기하학적 공간이 주는 힘을 체험했다고 말했다. 그래서인지 안도의 건축 평면을 살펴보면 대부분의 공간이 사각형, 원, 삼각형 같은 기하학이다. 그리고 그 모양도 기하학적인 비례를 생각해서 방의 크기와 비율을 정하는 것을 알 수 있는데, 이는 동양 건축에서는 찾아보기 힘든 특징이다. 이러한 기하학적 특징 외에 안도 건축의 특징 중 하나는 본 건물에 진입하기 전에 복잡한 진입 경로 시퀀스가 있다는 점이다. 안도 다다오의 건축은 한마디로 일본 전통 건축의 공간 시퀀스와 서양 전통 건축의 기하학적 특성을 융합한 건축이다. 안도가 세계적인 건축가가 된 배후에는 기업인의 후원과 일본 경제의 비약적인 발전도 한몫했다. 하지만 무엇보다도 동서양 두 문화의 장점을 골고루 계승하여 발전시켰다는 점이 안도가 세계적인 건축가가 된 가장 큰 이유다.

처음 보는 담장, 처음 보는 십자가, 처음 보는 창문

'빛의 교회Church of the Light'는 안도의 주요 교회 시리즈 세 개 작품 중 결혼식이 아닌 실제 예배를 드리는 유일한 교회다. 이곳은 오사카 근

'빛의 교회' 내부

처 이바라키시의 한 골목길에 위치해 있으며, 세 개의 교회 중 가장 작은 교회다. 안도는 이 교회의 신도였던 친구의 부탁으로 '빛의 교회'를 설계하게 되었다고 한다. 교인 수가 적다 보니 건축비도 넉넉하지 않았다. 안도는 처음에는 부족한 공사비 때문에 지붕을 짓지 않고 벽만 만들어서 하늘로 뚫려 있는 교회를 구상하기도 했다고 한다. 하지만 거푸집으로 사용했던 목재를 이용해서 예배당 의자를 만드는 식으로 공사비를 아껴서 겨우 지붕이 있는 교회로 완성했다.

이 교회는 크게 두 가지 면에서 건축가의 시선을 잡는다. 첫째는 담장의 형태다. 앞에서 극동아시아의 건축은 재료상의 이유 때문에 기둥 구조고, 보안을 강화하기 위해서 담장을 세운다는 설명을 했다. 그렇게 수

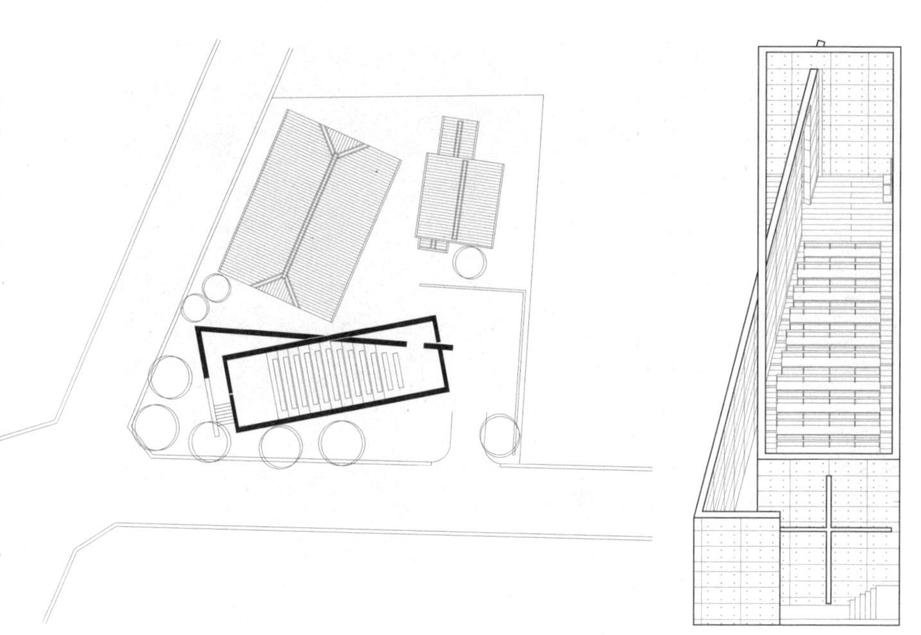

'빛의 교회' 도면(좌)과 투시도

천 년 동안 건축물에는 담장이 있었고, 이 둘은 일정 거리를 두고 서로 떨어져서 만들어졌다. '빛의 교회'도 극동아시아 전통 건축처럼 콘크리트 박스와 'ㄱ'자 담장으로 구성되어 있는데, 특이하게도 이 교회는 담장이 건물과 떨어져서 진행되다가 중간에 담장이 예각으로 꺾이면서 콘크리트 박스 안으로 치고 들어와 관통해서 나가는 형태를 띠고 있다. 건물과 만나는 담장이라니! 오랫동안 건물과 담장은 따로 떨어져서 존재했었는데, 이 담장이 건축을 관통해서 들어오는 극적인 만남을 갖도록 설계한 것이다. 내 눈에는 건물과 담장이 성교하는 것처럼 보인다. 이런 식으로 두 개의 다른 요소를 적극적으로 섞는 디자인 방식은 안도가 권투 선수 출신 건축가이기 때문이 아닐까 생각되기도 한다. 권투는 두 선수가 따로 떨어져서 일정 거리를 두고 치고받지만, 가끔씩 두 선수가 부둥

담장이 건물 안으로 들어오면서 현관과 본당을 나누는 칸막이 벽이 됐다.

켜안고 근접전으로 치고받기도 한다. '빛의 교회'의 건물과 담장은 엉켜서 주먹질을 해대는 두 명의 권투 선수 같기도 하다.

사실 벽은 건물 밖에 있으면 담장이고 건물 안으로 들어오면 칸막이 벽이 된다. '빛의 교회'의 담장은 그렇게 밖에서 담장으로 역할을 하다가 내부에 들어와서는 현관과 본당을 나누는 칸막이 벽이 된다. 그리고 다시 건물 밖으로 휙 나가 버린다. 담장이 들어오고 나갈 때마다 콘크리트 박스와 만나는 부분에는 창문이 만들어져서 빛이 세어 들어오게 했다. 이때 담장은 빛을 가리는 가림막의 역할도 하고 빛을 반사시키는 반사판 역할도 한다. 만약에 이 담장이 없었다면 좁은 콘크리트 건물에 본당과 외부 사이를 구분하는 전이 공간인 현관을 만들기 위해서 또 다른 실내 칸막이 벽을 만들어야 했을 것이다. 그러면 담장, 박스형 건물 그리고 실내 칸막이 벽이라는 일반적으로 흔히 볼 수 있는 교회 건물이 됐을 것이다. 그런데 담장을 실내로 치고 들어오게 해서 벽으로 만들어 버림으로써 좀 더 단순하면서도 여태껏 본 적이 없는 새로운 건축물을 만들었다.

두 번째 시선을 끄는 것은 십자가 모양의 창문이다. 서양 전통 교회에서 빛은 신의 임재를 뜻하며 이미 장미창, 스테인드글라스 등을 통해서 신의 존재를 암시해 오는 장치로 사용돼 왔다. 그리고 예수 그리스도가 처형당한 십자가는 기독교의 상징으로 이천 년 가까이 사용되어 왔다. 그렇지만 십자가는 지난 이천 년간 교회에서 제단 위에 놓인 공예품으로, 빛은 건물 외벽의 창문으로 따로따로 존재해 왔었다. 그런데 '빛의 교회'에서는 둘을 합쳐서 빛으로 십자가를 만들었다. 게다가 이 십자가 모양의 구멍은 작기 때문에 실내 공간은 어둡다. 어두운 콘크리트 박스의 실내 공간 덕분에 동공이 확장된 방문객의 눈에 이 빛

의 십자가는 존재감을 더 강하게 드러낸다. '빛' 자체가 가지고 있는 '신의 임재'라는 상징성과 '십자가'라는 기독교를 대표하는 상징성이 하나의 '빛의 십자가'로 완성되어서 공간 전체를 압도하고 있다. 안도는 원래 이 빛의 십자가에 유리창을 넣고 싶지 않았다고 한다. 십자가 구멍을 통해서 바람이 들어올 수 있게 만들고 싶었던 것이다. 그렇게 했다면 성부, 성자, 성령으로 구성된 삼위일체에서 바람으로 상징되는 성령을 더 강하게 느낄 수 있는 예배 공간을 만들 수 있었을지도 모르겠다. 하지만 아무리 개념이 좋다고 한들 비바람이 들이치는 곳에서 예배를 드려야 하는 교인들은 용납하기 어려웠을 것이다. 결국 유리를 끼워 넣었다. 〈사무라이 건축가〉[2]라는 안도의 다큐멘터리 영화를 보면 그는 죽기 전에 그 유리를 빼고 싶다고 말한다. 그런데 실제로 유리가 없으면

'빛의 교회' 십자가는 외부에서 보면 검은색으로 보이는데, 내부에 들어와서 보면 하얀 빛으로 보인다.

도로의 소음이 들어와서 예배에 집중하기 어려울 것 같아 보인다.

음양의 십자가

이 십자가가 더 멋있는 이유는 하나의 존재가 이중적 의미를 갖기 때문이다. 십자가는 내부에서 보면 하얀빛의 십자가지만, 바깥에서 바라보면 그림자로 만들어진 검정 십자가가 된다. 교회에 들어가기 전에 바라본 검은색 십자가는 내부에 들어오는 순간 어두운 공간 속에 강한 존재감을 가지는 빛의 십자가로 전환된다. 하나의 존재가 내가 서 있는 위치에 따라서 빛이 되기도 하고 어둠이 되기도 하는 상대적 가치를 갖다니 너무 멋있지 않은가? 이 십자가를 보면 하나의 존재를 음과 양의 관계로 설명하는 도가적인 가르침이 떠오르기도 하고, '모든 것은 오직 마음이 지어 내는 것'임을 뜻하는 불교 화엄경의 가르침 '일체유심조'가 생각나기도 한다. 안도의 건축물은 서양 건축물처럼 벽으로 만들어진 기하학적인 공간이지만 전달하는 메시지는 확실하게 동양적인 가치를 가지고 있다. 안도는 '빛의 교회'에서 담장이 건물을 관통하는 점에서는 동양 전통 건축 양식을 깨는 파격을 보여 주고, 빛과 십자가를 합친 점으로는 서양 전통 교회 건축 양식을 깨는 파격을 보여 준다. 안도는 젊은 나이에 예산도 부족한 작은 교회 프로젝트에서 자신이 얼마나 파격적인 건축가인가를 세상에 증명해 보였다.

빛의 교회

Church of the Light(Ibaraki Kasugaoka Church)

건축 연도 1989

건축가 안도 다다오.

위치 일본 오사카부 이바라키시

주소 4 Chome-3-50 Kitakasugaoka, Ibaraki, Osaka 567-0048, Japan

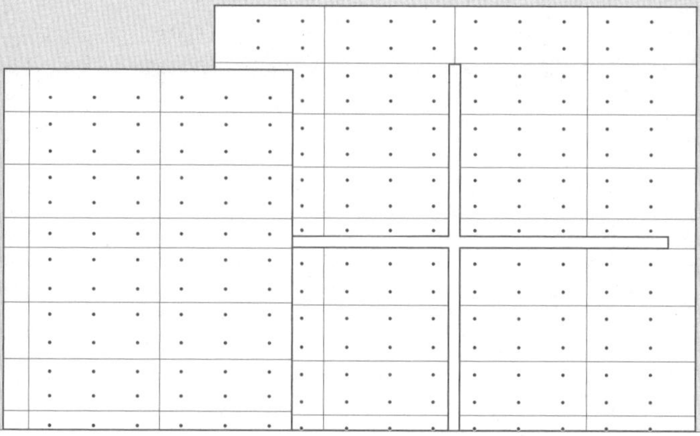

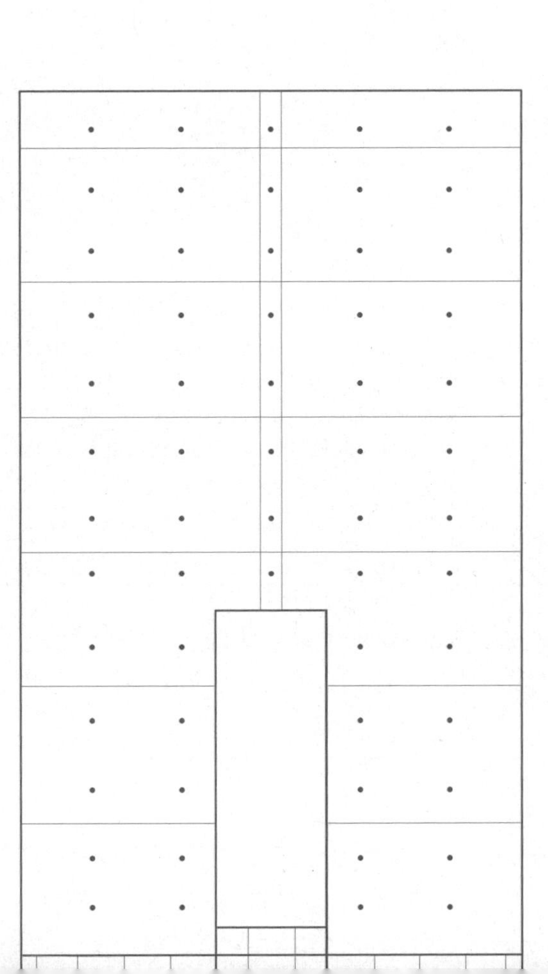

26장	아주마 하우스
1976년: 권투 선수 출신 건축가가 자연을 대하는 방법	

권투 선수 출신 건축가

일본 오사카 출신의 건축가 안도 다다오는 일반 건축가들과는 다른 흥미로운 배경을 가지고 있다. 일단 그는 정규 건축 교육을 받지 않았다. 그뿐 아니라 그는 프로 권투 선수 생활을 했다. 안도는 고등학교 때 프로 권투 선수를 꿈꾸면서 연습했고, 태국 방콕 해외 원정 경기를 갈 정도의 열정을 보였지만, 얼마 후 당시 동양 챔피언 선수의 실력을 곁에서 지켜본 후 엄청난 신체적 재능 차이를 느끼고 권투 선수를 그만두었다. 이 길이 아니다 싶으면 그만두는 것도 용기라는 것을 그를 보면 알 수 있다. 이후 실업자로 지내는 모습을 지켜보던 지인이 안도에게 인테리어 일을 하나 맡기게 되었고, 이 일을 계기로 건축에 발을 들여놓게 되었다. 그는 대학 교육을 받지 않고 그럭저럭 살던 중 우연히 동네 헌책방에서 르 코르뷔지에의 작품집을 접하면서 건축의 매력에 빠지

안도 다다오

게 되었다. 안도는 돈이 없어서 코르뷔지에의 작품집을 살 수 없었는데, 다른 사람이 사갈까 봐 책을 눈에 잘 띄지 않는 곳에 숨겨 두었다고 한다. 그런데 며칠 뒤 가 보면 서점 주인은 코르뷔지에의 책을 다시 잘 보이는 곳에 전시하곤 했다고 한다. 안도는 르 코르뷔지에를 존경했으며 그에게 건축을 배우고 싶어 했다. 그래서 그는 시베리아철도를 타고 코르뷔지에를 만나기 위해 유럽으로 갔다. 하지만 안타깝게도 그곳에 도착하기 몇 달 전에 코르뷔지에가 세상을 떠나서 직접적인 가르침을 받지는 못했다. 대신 그는 일본으로 돌아온 후 코르뷔지에의 건축 도면을 구해서 트레이싱지를 대고 베껴 가면서 건축을 공부했다고 한다. 안도가 키우는 반려견의 이름이 코르뷔지에인데, 이를 보면 그가 코르뷔지에를 얼마나 존경했는지 알 것 같다. 코르뷔지에의 영향으로 안도의 건축에는 코르뷔지에가 주로 사용했던 노출 콘크리트가 주재료로 사용되었다. 코르뷔지에는 '빌라 사보아'와 '피르미니 성당'을 다룬 장에서도 언급했듯이 편하게 주변을 둘러보며 걸으면서 수직 이동할 수 있는 경사로를 적극 사용했는데, 안도의 작품에도 경사로가 자주 등장한다.

건축 정규 교육을 받지 않은 권투 선수가 세계적인 건축가가 되었다는 것 자체가 드라마틱하다. 권투 선수였다는 안도의 성장 배경은 그의 건축에도 자연스럽게 배어 있다. 권투 선수 출신 건축가여서일까, 안도의 건축은 자연과 스파링 하고 있는 듯한 느낌을 준다. 권투 선수들은 상대 선수가 공격해서 들어오는 것을 막기 위해 혹은 상대 선수와의 거리를 측정하기 위해서 가볍게 주먹을 뻗는 잽을 날린다. 권투 선수가 잽을 날리듯이 안도의 건축물의 낮은 담장은 자연 속으로 파고든다. 권투 선수는 공격하는 선수를 팔로 껴안아서 공격을 막는다.

이를 클린치라고 하는데 권투 선수가 클린치하듯 그의 건축은 'ㄱ'자로 생긴 낮은 담장을 이용해 자연을 껴안는다. 1980~1990년대에 안도는 아시아 건축의 자존심을 세워 주는 건축가였다. 건축을 공부하면 건축사의 대부분은 유럽 건축의 역사만 나와 있다. 그러다 보니 아시아의 건축가들은 유럽과 미국의 수많은 스타 건축가들에 기죽어 살아왔는데, 1980년대 후반에 등장한 안도 다다오라는 인물 덕분에 '아시아인들도 세계 건축의 중심에 설 수 있겠구나'라는 자신감을 얻게 되었다. 실제로 1990년대 미국 건축대학원에서 가장 좋아하고 따라하려고 했던 건축가 중 한 명이 안도 다다오였다. 그가 1980년대에 만들어 낸 작은 주택들과 세 개의 교회 시리즈는 그것만으로도 루이스 칸 이후의 20세기 건축사에 가장 큰 족적을 남긴 건축가라 해도 과언이 아닐 것이다.

자연의 주먹질

안도를 유명하게 만들어 준 첫 작품은 '아주마 하우스Azuma House'다. 이 집은 좁고 기다란 대지 위에 두 개의 작은 방이 대지의 양쪽 끝에 위치하고 있고, 그 사이를 외부 계단과 다리가 연결해 주고 있다. 마당은 중정형인데, 황당하게도 방에서 식당이나 다른 방으로 갈 때마다 외부 공간을 거쳐서 가야 한다. 날씨가 좋은 날에는 괜찮겠지만, 추운 겨울에는 옷을 껴입어야 하고 비라도 오는 날이면 우산을 들고 나가야 한다. 이렇게 디자인한 이유는 사람을 자연과 더 만나게 하려는 의도다. 현대 건축은 끊임없이 방수와 냉난방 시스템을 개발하여 어떻게든 자연의 기후가 건물 내부로 들어오는 것을 막는 쪽으로 발전해 왔다. 과거 수렵 채집의 시대와 농경 시대에 인간은 끊임없이 자연 속

아주마 하우스

'아주마 하우스' 중정

아주마 하우스

에서 자연과 함께 살아왔다. 반면 현대 사회에서 인간은 기술로 조정된 환경을 가진 실내에서만 지낸다. 현대인은 자연과 완전히 분리된 상태에서 살고 있는 것이다. 이런 시대에 인간이 조금이라도 더 자연과 밀접한 교류를 할 수 있게 유도하기 위해서 안도는 '아주마 하우스'에 방에서 방으로 이동할 때마다 자연을 맨몸으로 마주칠 수밖에 없는 구조를 만든 것이다. 사실 이러한 공간 구성은 동양 전통 건축의 일반적인 모습이다. 한옥을 보면 안방에서 사랑방으로 갈 때 마당을 가로질러서 비를 맞으며 가야 한다. 과거에는 방에서 방으로 이동할 때마다 자연을 만났다. 현대에 와서 인간은 거대한 건물을 건축할 수 있게 되면서 마당으로 연결되던 방을 실내 복도로 연결되게 했다. 이런 시대에 안도는 다른 방을 갈 때마다 자연을 만나야 하는 파격적인 중정을 도입한 작은 주택을 만들었다.

건축사를 살펴보면 인간과 자연을 만나게 하겠다는 의도를 가진 또 다른 작품이 있다. 바로 필립 존슨Philip Cortelyou Johnson이 설계한 '글라스 하우스Glass House'다. 이 집은 집의 중앙에 화장실만 벽으로 둘러싸여 있고 집의 모든 외벽은 투명 유리로 되어 있다. 밖에서 집이 훤히 다 들여다보이게 만든 것이다. 물론 집 주변에 있는 수만 평의 숲이 다 집주인 땅이어서 다른 사람이 집 안을 들여다볼 가능성은 거의 없다. 이런 파격적인 집이 지어질 수 있었던 이유는 건축주가 이 집을 설계한 건축가여서다. 부유한 변호사의 아들이었던 필립 존슨은 유산으로 받은 돈으로 큰 땅을 사고, 그 안에 자신의 별장을 지었다. 이때 자신의 스승인 미스 반데어로에가 설계한 투명한 유리 집인 '판스워스 하우스Edith Farnsworth House'를 흉내 내서 '글라스 하우스'를 지었다. 운 좋게도 '판스워스 하우스'는 건축주가 설계를 마음에 들어 하지 않아서

필립 존슨의 '글라스 하우스'

완공이 늦어졌고, 그 틈을 타서 '글라스 하우스'가 먼저 지어졌다. 덕분에 필립 존슨은 파격적인 유리 집을 처음으로 지은 건축가가 되었다. 배경이야 어떻든 '글라스 하우스'가 투명하게 지어진 이유는 집 안에 있는 사람이 주변의 자연과 하나 되게 하기 위한 의도다. 이 집에서는 유리창 너머로 숲이 잘 보일 뿐 아니라 주변 나무들의 그림자가 거실 마루 위로 드리워진다. 벽면 전체를 유리창으로 만들어서 내부와 외부의 경계가 없는 건축을 실현한 작품이다. 하지만 '글라스 하우스'에서 자연은 오로지 시각적으로만 만날 수 있다. 여전히 외부 공간을 유리창으로 차단하고 인간에게 맞추어서 조절된 실내 공간만 있는 집이다. 안도는 시각적인 자연만으로는 만족하지 못한 모양이다. '아주마 하우스'에서 사람들이 방에서 방으로 건너갈 때 햇볕과 비를 맞으

방의 창문이 중정을 사이에 두고 마주 보는 '아주마 하우스'

면서 온몸으로 자연을 부딪치게 만들었다. 다분히 권투 선수다운 발상이다. 권투는 운동 중에서 레슬링이나 유도 다음으로 상대 선수와 신체 접촉이 많은 운동이다. 레슬링과 유도는 몸은 부딪히지만 기본적으로 때리지는 않는 스포츠다. 반면에 권투는 두 팔로 상대방을 때리는 상당히 과격한 스포츠다. '아주마 하우스'의 중정에 나갈 때 맞이하게 되는 햇볕과 빗방울은 권투에서 상대방 선수가 날리는 주먹과도 같다. 날아오는 주먹은 내 피부로 직접 느끼는 강한 자극이다. '아주마 하우스'는 자연의 주먹질을 온몸으로 느끼게 하는 집이다.

이 집의 또 다른 특징은 방들의 창문이 서로 마주 보는 구조를 띠고 있다는 점이다. 우리가 사는 아파트를 떠올려 보면 모든 방의 창문은 바

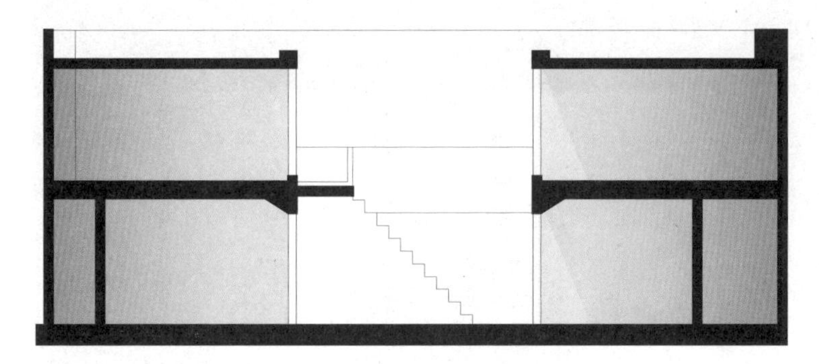

'아주마 하우스' 단면도

깥쪽 거리를 향해서 나 있다. 과거 한옥에서는 안방 창을 열면 사랑채의 창문을 볼 수 있었지만, 현대 건축에서는 방에서 방을 보는 창문이 없다. 그런데 '아주마 하우스'에서는 모든 방의 창문이 중정을 사이에 두고 마주 보는 구조로 되어 있다. 이렇게 함으로써 각자의 방에 있으면서도 서로를 쳐다볼 수 있고, 내가 있지 않은 방의 공간을 빌려서 넓은 느낌을 갖게 된다. '아주마 하우스'의 방에 앉아 있을 때 느끼는 공간감은 '내 방의 공간 + 중정 + 건너편 방의 공간'으로 총 세 배 넓은 방에 있는 개방감을 느끼게 된다. 더 좋은 점은 중정에 햇볕이 들거나 비가 들이치면 세 칸 중에서 한 칸은 자연으로 채워진다는 것이다. 즉 우리가 생활하는 공간의 3분의 1이 항상 자연으로 채워지는 것이다. 게다가 그 자연은 계절과 날씨와 시간에 따라서 시시각각 바뀐다. 내 공간의 인테리어가 계속 바뀌는 효과가 생기는 것이다. 공간은 절대적 물리량이 아니라 기억의 총합이다. 그러다 보니 이 집은 좁지만 다양한 자연의 변화로 많은 기억이 만들어지고, 이는 심리적으로 공간이 넓어지는 효과를 만든다. '아주마 하우스'는 소형 주택이지만 중정에 자연이라는 작은 우주를 담고 있어서 넓게 느껴진다. 현대 건축에서는 잊고 살았던 가치를 '아주마 하우스'가 잘 재현해 내고 있다. 훌륭한 의뢰인 덕분에 이 주택은 완공되었고, 50년 가까이 원래 모습 그대로 유지하면서 같은 건축주가 살고 있다. 이 주택은 기능주의를 표방하는 모더니즘 시대에 충격을 준 작품이다.

노출 콘크리트를 사용한 진짜 이유

안도 건축의 가장 큰 외형적 특징은 노출 콘크리트다. 그가 노출 콘크리트를 고집하는 이유는 그의 건축 목표가 '공간의 프로토타입(원초적 형태)'을 만드는 것이기 때문이다. 안도의 인터뷰를 보면 그는 자신의 건축에서 가장 원초적인 공간의 형태를 만들고자 했다. 그렇게 하여 훗날 자신이 만든 원초적인 공간의 프로토타입 위에 다른 사람들이 다른 재료와 색깔을 입혀서 새로운 공간을 연출하게 되기를 희망한 것이다. 원초적 공간을 만들기 위해서 별도의 마감 재료 없이 안팎으로 모두 노출 콘크리트다. 그리고 그 벽은 동시에 구조체이기도 하다. 마치 고딕 성당이 돌로 만들어진 구조체인데, 그 돌은 인테리어 마감재이면서 동시에 외부 마감재이기도 한 것과 마찬가지다. 그렇기 때문에 안도는 다른 마감재로 구조체가 감싸져서 숨겨진 일반적인 현대 건축물과는 다른 감동을 준다. 이런 부분이 현대 건축에서 안도의 건축이 커다란 파장을 일으킨 이유 중 하나다. 그런데 안도가 노출 콘크리트만 사용한 실질적인 이유가 있었다. 다름 아닌 적은 공사 예산 때문이었다. 무명 시절의 안도는 충분한 공사비로 건물을 지을 수 없었다. 구조체 위에 다른 마감재를 사용하면 그만큼 재료가 더 들어가고 인건비도 들어가서 공사비가 늘어난다. 그런데 노출 콘크리트를 사용하면 골조 비용으로 모든 것을 해결할 수 있어서 공사비를 절감할 수 있다. 물론 이런 상황은 우리나라에 그대로 적용되지는 않는다. 우리나라에서 안도 작품 수준의 노출 콘크리트를 얻으려면 엄청난 고급 노동력과 시간이 들어가기 때문에 공사비가 더 올라간다. 예를 들어서 안도 다다오 건축에 사용되는 노출 콘크리트는 표면이 매끄럽다. 일반적인 골조 콘크리트를 칠 때 사용하는 거푸집으로는 그런 표면이 나올 수가 없다. 1980년대 후반 우리나라 건축가들은 안도 다다오 같은 콘크리트를 만들고 싶어서 그 비밀이 뭔지 궁금해했었는데, 찾은 답은 기름종이를 표면에 댄 거푸집이었다. 이러한 공정에 익숙하지 않은 국내 업체는 노출 콘크리트 공사비가 비쌌고, 국내에서는 안도 건축물 같은 깨끗한 표면의 노출 콘크리트는 고급 건축에서나 사용이 가능한 일이었다.

우리나라에서 안도의 노출 콘크리트 기법을 그대로 사용할 수 없는 또 다른 이유가 있다. 바로 단열 때문이다. 안도의 노출 콘크리트는 공사비도 줄이고 미학적으로는 파격적인 아름다움을 주지만 문제는 단열이다. 외장뿐 아니라 내장까지도 노출 콘크리트 마감으로 되어 있다 보니 어디에도 스티로폼 단열재를 붙일 수 없어서 겨울에 춥고 여름에는 더운 집이 된다. 물론 콘크리트 벽을 샌드위치처럼 두 겹으로 만들고 그 사이에 단열재를 넣어서 단열 문제를 해결할 수는 있다. 하지만 그렇게 하면 골조 공사비가 두 배가 되는 문제가 있다. 국내에서는 이렇게 만든 건축물이 있는데, 그런 건물도 어딘가에는 안과 밖의 콘크리트가 연결되는 부분이 있고, 그 부분을 통해서 내부의 열이 외부로 쉽게 유출된다. 이렇게 열저항이 낮아진 부위로 많은 열이 나가거나 들어오는 경로를 전문 용어로 '콜드 브리지cold bridge'라고 한다. 그렇게 실내 벽체가 차가워지면 그 차가워진 벽체가 겨울철에 난방된 실내의 따뜻한 공기를 만나면서 물이 맺히는 '결로結露 현상'이 생긴다. 결로가 만들어지면 벽에 시커먼 곰팡이가 생기게 된다. 일반적으로 우리가 사는 아파트 다용도실 벽에서 이런 현상을 쉽게 볼 수 있다. 안도의 건물은 단열이 해결되지 못하기 때문에 그가 설계한 몇몇 주택은 추워서 창고로 사용되고 있다는 소문도 있다.

새로운 것을 시도하는 대가들은 주로 이러한 문제점을 가지고 있다. 비가 적게 내리는 캘리포니아에서 건축을 시작한 프랭크 게리는 방수 걱정을 안 해도 돼서 건물의 모양을 마음대로 복잡하게 디자인할 수 있었다. 그런데 나중에 유명해지고 난 후 보스턴 같은 겨울이 긴 지역에 건물을 지었더니 방수에 문제가 있었다. 장시간 눈이 쌓이고 얼었다가 녹기를 반복하면서 복잡한 형태의 건물에 만들어진 방수층을 깨뜨렸기 때문이다. 긴 캔틸레버 발코니로 유명한 프랭크 로이드 라이트의 '낙수장'은 당시 정확한 구조 계산 없이 건축가의 경험치에 근거해서 만들어 발코니가 처지는 문제가 생겼다. 당시 불안했던 시공자가 건축가의 지시보다 철근을 두 배 가까이 넣었음에도 불구하고 발코니가 처져서 현대에 와서 대대적으로 보수를 해야 했다. 르 코르뷔지에의 '빌라 사보아'는 당시 기술로는 콘크리트로 평지붕을 만들 때 방수 처리가 완벽하지 못해서 비가 샜다. 이에 건축주의 아들이 폐병에 걸려 소송을 당하기도 했다. 새로운 시도는 완벽할 수가 없다. 마찬가지로 안도의 경우도 단열이 가장 큰 문제였다. 다행히 안도가 주로 활동하는 지역인 오사카는 부산보다도 위도가 낮아서 겨울에도 엄청 춥지는 않아 단열 없이 견딜 만했다. 게다가 따뜻한 온돌이 없었던 일본에서는 사용자들이 추위를 견디는 데 익숙해서인지 안도 건축물의 단열 문제가 크게 부각되지 않았다. 하지만 안도의 스타일을 우리나라에서 무작정 따라 하는 것은 기후상 맞지 않는다.

안도의 사무실은 1988년 이후 프로젝트가 대형화되면서, 커리어 초반에 만들어진 소형 작품에서 주던 감동이 많이 사라졌다. 소형 작품의 가장 큰 장점은 제한된 작은 공간 내에서 기하학적 공간들이 서로 충돌하고 맞물리는 입체적인 감동이었는데, 프로젝트 규모가 커지면서 이러한 경험의 밀도를 다루기 어려워했던 것 같다. 마치 소형 워크맨을 잘 만드는 '소니'가 '보잉사'를 흉내 내어 대형 비행기를 만드는 것 같은 느낌이랄까. 하지만 2000년대 들어 대형 프로젝트의 경험이 쌓이면서 대형 프로젝트도 훌륭한 작품들이 나오고 있다. 안도의 장인 정신은 대단한데, 실제로 노출 콘크리트 타설[3]을 하던 어떤 인부가 담배꽁초를 콘크리트에 던져 넣었다가 프로 권투 선수 출신인 안도가 달려가서 펀치를 날렸다는 일화가 있다. 큰 건물에 담배꽁초 하나가 뭐 대수인가 하고 생각할 수도 있겠지만, 안도의 분노는 근거 있는 분노였다. 단단하고 무거운 콘크리트와 가볍고 부드러운 필터가 있는 담배꽁초는 재료의 밀도와 열팽창계수가 다르다. 콘크리트에 담배꽁초를 넣으면 양생[4]을 하는 과정에서 담배꽁초가 힘을 받지 못해서 균열이 갈 수 있고, 이는 추후 커다란 문제를 일으킬 수 있기 때문이다. 작은 장인 정신이 모여서 큰 감동을 주는 법이다. 안도의 건축은 이런 장인 정신으로 만들어진 벽과 창문이 자연을 담아내고 있어서 서양의 건축과는 다른 감동을 준다.

아주마 하우스

Azuma House(東邸)

건축 연도	1976
건축가	안도 다다오
위치	일본 오사카 스미요시
주소	2 Chome-13-11 Sumiyoshi, Sumiyoshi Ward, Osaka, 558-0045, Japan

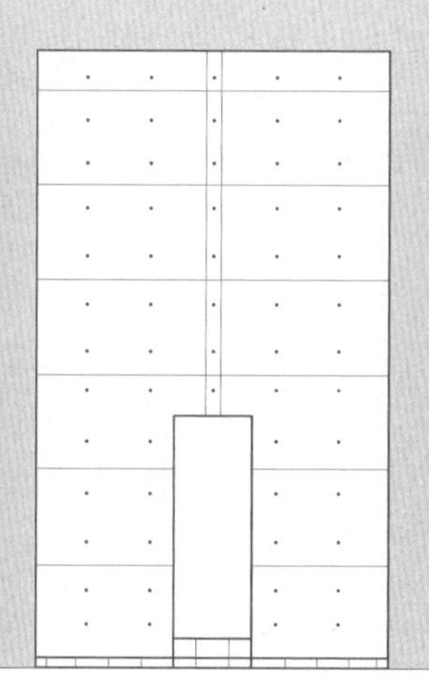

27장	데시마 미술관
2010년: 두꺼비집 미술관	

디지털 시대에 만들어진 아날로그 공간

'데시마 미술관Teshima Art Museum'은 데시마섬에 있다. 데시마섬은 예술섬으로 유명한 나오시마섬에서 배를 타고 몇십 분만 가면 될 정도로 바로 옆에 있는 섬이다. 데시마섬에는 택시가 한 대밖에 없다. 그 택시를 놓치면 무조건 버스를 타고 이 미술관까지 가야 한다. 내가 데시마섬에 찾아갈 때는 나오시마섬의 여행을 마치고 여행 가방을 들고 다닐 때였다. 그래서 '데시마 미술관'에 도착했을 무렵에 나는 무거운 짐을 들고 버스를 타고 가는 길이 너무 고생스러워서 짜증이 한참 난 상태였다. 그런데 미술관에 들어가 보고는 그 모든 짜증이 눈 녹듯이 사라졌다. 이 미술관은 그 정도로 감동적이다.

이 미술관은 진입 방식부터가 예사롭지 않다. 안도 다다오는 그의 건축물에 들어갈 때 여러 가지 복잡한 경로를 거쳐서 들어가게 하는데, 이때 사람의 동선을 유도하기 위해서 주로 담장을 많이 이용한다. 기다란 콘크리트 담장을 따라서 백 미터 넘게 걸어 들어가는 경우

데시마 미술관

도 있다. 그렇게 빙빙 돌려서 들어가게 하면 안쪽에서 만나는 공간이 더욱 드라마틱해지기 때문이다. '데시마 미술관'의 경우에는 그 긴 진입 경로를 섬의 둘레길로 대체했다. '데시마 미술관'에 들어가면 매표소에서 미술관이 보인다. 그런데 보인다고 해서 매표소에서 미술관을 향해 곧바로 걸어갈 수는 없다. 대신에 왼쪽에 있는 언덕을 끼고 시계 방향으로 한참을 걸어야 건물의 입구에 다다를 수 있다. 이는 상당히 현명한 전략이다. 바다가 보이는 긴 숲속 산책로를 십 분가량 기분 좋게 걷다 보면 입구에서 보았던 '데시마 미술관'의 모습은 머릿속에서 지워진다. 처음에 건물을 예고편처럼 보여 주고, 그다음에 자연만 한참 동안 보여 주고, 그다음에 건축물을 반대 방향에서 바라보면서 접근하게 하는 공간 경험의 순서다.

'데시마 미술관'은 들어가는 입구부터가 특이하다. 재료는 백색 콘크리트인데, 절반 이상 바람이 빠진 풍선 주둥이 같은 느낌의 독특한 모양을 하고 있다. 그리고 들어갈 때 핸드폰을 맡기고 들어가야 한다. 사진을 찍으면서 본인과 다른 사람들의 감동을 방해하지 말라는 의도다. 그런 의도는 너무 잘 먹혔다. 숨 막히게 시적이고 아름다운 공간을 보았는데 사진을 찍을 수가 없다. 그렇기에 더욱더 바라보는 것에 집중할 수 있었다. 우리는 어디에 가서 좋은 경치를 보게 되더라도 사진 찍는 데 너무 집착한 나머지 정작 집중해서 감상할 수 없게 되고, 좁은 핸드폰 스크린 속에 들어간 장면만 계속 보게 된다. 그러다 보니 우리는 어디에 가도 잠시 눈으로 감상한 후에는 사진을 찍기 위해 스마트폰 스크린을 봤다가 다시 건축 공간을 봤다가 다시 스마트폰 스크린을 봤다가 왔다 갔다 한다. 실재 건축 공간과 스마트폰 소형 스크린 사이를 왔다 갔다 하다 보니 건축 공간이 주는 감동이나 경험이 연속적이지 않고 단절되는 문제가 생긴다. 사진으로 남기려다 오히려 마음에는 남는 것이 없게 된다. 그런데 '데시마 미술관'에서는 스마트폰 카메라가 없는 덕분에 연속적으로 공간을 체험하고 생각할 수 있게 된다. 게다가 건축물의 벽과 천장과 바닥이 모두 하나로 연결된 백색의 곡면으로 만들어진 부드러운 공간이어서 보는 사람의 시선은 계속해서 흘러가듯이 이어진다. 덕분에 나의 경험은 더 아날로그적으로 연속성을 갖게 된다. 이 벽체와 지붕은 너무 얇아서 마치 아주 얇은 만두피로 만들어진 건축 공간 같다. 지붕을 만들고 있는 백색 콘크리트가 너무 얇아서 '어떻게 이게 서 있을 수 있지?'라는 의구심이 들 정도다.

'데시마 미술관' 내부

구멍, 바람, 실

이 미술관의 백미는 얇은 콘크리트 지붕에 크게 뚫린 구멍이다. 마치 로마의 '판테온'처럼 조개껍데기 같은 둥근 구조체 안에 구멍이 뚫려서 햇빛도 들어오고 비도 들이친다. 커다란 구멍으로 새가 날아 들어와서 날아다니며 놀다가 다시 다른 구멍으로 나가기도 한다. 백미는 그 구멍에 걸려 있는 가느다란 흰색 실이다. 밧줄이 아니고 실이다. 그 실은 너무 가늘어서 집중해서 보지 않으면 보이지도 않는다. 실이 워낙 가늘다 보니 아주 작은 미풍에도 흔들린다. 덕분에 촉각으로도 느끼기 어려운 아주 미세한 바람을 흔들리는 실을 통해 시각적으로 느낄 수 있다. 바람에 움직이는 실은 너무 가벼운 나머지 날갯짓을 하는 나비가 바람에 휘적대는 것 같다. 그리고 바닥을 보면 여기저기 물방

'데시마 미술관' 바닥을 이용한 나이토 레이의 작품

울이 모여서 고여 있는 아주 얕은 물을 볼 수 있다. 미술가 나이토 레이內藤禮의 작품이다. 그는 바닥에 눈으로는 보이지 않을 만큼 작은 구멍을 뚫어서 물이 한 방울씩 올라오게 했다. 그리고 그 물은 매끄러운 방수 표면으로 되어 있는 바닥 위를 떠돌아다닌다. 이 물들은 표면 장력으로 인해 모이기도 하고 흘러내리기도 하고 바람에 흩어지기도 한다.

그런데 역시 가장 궁금한 것은 어떻게 이렇게 매끄러운 표면의 납작한 돔 지붕을 만들 수 있었느냐는 것이다. 돔은 건축에서 오래된 양식이다. 우리가 잘 아는 돔 건축 중 현존하는 가장 오래된 것은 '판테온'의 돔인데 콘크리트로 만들어져 있다. '판테온'의 건축가는 정확한 원 형태의 평면과 단면을 만들기 위해서 기하학적으로 정확하게 분절된 패턴을 돔의 안쪽 표면에 만들었다. 이후에도 계속해서 돔이 만들어졌지만 항상 정확한 기하학으로 나누어지고 기획된 형태로 만들어졌다. 그러다가 1990년대에 와서 약간은 비정형의 삼차원으로 휜 자유로운 곡면들이 만들어지기 시작했다. 최초의 의미 있는 시도는 '요코하마 국제여객터미널'이라고 할 수 있다. '요코하마 국제여객터미널'을 설계한 포린오피스건축사무소Foreign Office Architects(FOA)는 자유로운 곡면을 만들고는 싶었지만 기술적인 한계가 있었다. 그래서 구조는 각진 형태로 만들고 그 위에 나무로 배를 만들 듯 쪽마루를 이어 붙여서 곡면을 만들었다. 몇 년의 시간이 흐르고 '데시마 미술관'을 설계한 사나[5]가 설계한 '롤렉스 러닝센터'에서 좀 더 발전된 부드러운 곡면 형태의 콘크리트 곡면이 만들어졌다. 하지만 여기서도 휘어진 바닥 면을 만들기 위해서 비정형의 거푸집 틀을 컴퓨터로 재단해서 만들고, 그것들을 이어 붙여서 곡면 거푸집을 만들었다. 그러다 보니 곡면들이라고 하더라도 자세히 보면 거푸집 틀이 만나는 경계부에 선들이 보이고 곡면도 약간은 각이 지고 자연스럽지 않다. 곡면으로 만들어진 '동대문 디자인플라자(DDP)'도 전체적인 형태는 완벽한 삼차원 곡면이지만 가까이서 보면 곡면에 철판들의 이음새가 보이는 한계가 있다. 그런데 '데시마 미술관'에는 그런 이음매 선들이 전혀 보이지 않는다. 마치 완벽하게 미장으로 마감한 것 같은 표면을 가지고 있다. 그런데 손으로 회벽을 칠한 벽체는 아니고 완벽한 노출 콘크리트라는 것을 직관적으로 느낄 수 있다. 왜냐하면 워낙에 얇기 때문이다. 콘크리트 구조체를 만든 후 따로 마감을 한 번 더 하면 이렇게 얇은 두께의 건물이 나올 수 없다. 그렇다면 어떻게 이렇게 만두피처럼 얇으면서도 이음매가 없는 완벽한 곡면의 돔을 만들 수 있었을까? 여기에 건축가 니시자와 류에西沢立衛의 천재성이 보인다.

포린오피스건축사무소가 설계한 '요코하마 국제여객터미널'

'롤렉스 러닝센터' 외부(위)와 내부. 거푸집 이음매 선들이 보인다.

두꺼비집 만들기

우리는 어렸을 적에 놀이터 모래밭에서 '두꺼비집'을 짓는 놀이를 해봤다. 손을 모래밭에 집어넣고 위에 모래를 덮은 후에 단단히 다지고 나서 조심스럽게 손을 빼낸다. 안쪽 공간을 더 크게 만들기 위해서 아이들은 조심스럽게 흙을 파낸다. 욕심을 내서 과하게 파내다가 결국 무너지면 두꺼비집 놀이가 끝난다. 더 크고 넓은 두꺼비집을 만들기 위해서 비 온 후에 젖은 모래를 사용하기도 했다. 우리는 모두 어렸을 적에 한 번쯤은 건축가였다. 건축가 니시자와 류에는 이 두꺼비집을 짓는 원리를 이용하여 '데시마 미술관'을 만들었다. '데시마 미술관'의 제작 과정은 다음과 같다. 먼저 흙을 사람의 키보다 높게 쌓아서 완만한 언덕을 만든다. 곱게 그 형태를 다듬은 다음 그 위에 비닐을 깐다. 비닐 위에 구멍 두 개를 만들고 이를 피해서 철근을 배근한다. 이때 철근이 비닐에서 일정 두께 떨어지게 설치한다. 마지막으로 콘크리트를 부어서 철근을 덮는다. 콘크리트가 굳어진 후에 구멍으로부터 흙을 파내기 시작한다. 마치 모래밭에서 두꺼비집을 짓듯이 흙을 다 파내고 나면 보통의 목재 거푸집으로는 도저히 만들 수 없는 아름다운 곡면의 얇은 조개껍데기 같은 콘크리트 지붕이 나온다. 쌓았던 흙은 두꺼비집 지을 때 놀이터 모래 속에 묻었던 손이고, 부은 콘크리트는 두꺼비집의 젖은 모래인 것이다. 건축에서는 이러한 구조를 조개껍데기 같다고 해서 '셸Shell 구조'라고 부른다. 어린아이들이 노는 가장 원초적인 원리를 이용해서 만든 건축가의 창의적인 건축 방법과 미술가의 시적인 장치가 합쳐져서 자연의 바람과 햇빛이 완성하는 미술관이 만들어진 것이다. '데시마 미술관'은 디지털이 넘쳐 나는 시대에 모든 것이 부드럽게 연속되는 완벽한 아날로그적인 아름다움을 재현해 냈다. 가장 원초적인 것이 가장 아름답다.

데시마 미술관

데시마 미술관

Teshima Art Museum(豊島美術館)

건축 연도 2010

건축가 사나(세지마 카즈요, 니시자와 류에)

위치 일본 카가와현 데시마섬 Teshima, Kagawa Prefecture, Japan

주소 607 Teshimakarato, Tonosho, Shozu District, Kagawa 761-4662, Japan

운영 수요일 - 월요일 10 a.m - 5 p.m.
화요일 휴관

28장	CCTV 본사 빌딩
2012년: 21세기 고인돌, 과시 건축의 끝판왕	

가분수는 권력이다

나의 전작 『어디서 살 것인가』에서 가분수 형태를 가진 건축물은 과시욕의 상징이라는 얘기를 한 적이 있다. 'CCTV 본사 빌딩CCTV Headquarters' 디자인을 설명하기 위해서 반드시 필요한 개념이기 때문에 여기서 다시 이야기해 보겠다. 선사 시대에 만들어진 고인돌을 보면 거의 다 비슷한 모양이다. 작은 바윗돌 두 개가 세워져 있고 큰 바위는 세워진 작은 바위 위에 가로로 얹혀 있다. 오래전 사람들이 이런 디자인으로 고인돌을 만든 이유는 단순하다. 큰 바위를 작은 바위 위에 올리기가 어렵기 때문이다. 고인돌의 제작 과정은 다음과 같다. 먼저 땅을 판 후 구덩이 안에 수십 명이 힘을 합쳐 작은 바위를 세워서 끼워 넣는다. 다음으로 작은 바위 꼭대기까지 흙을 쌓아서 완만한 언덕을 만든다. 그 흙 언덕 위로 큰 바위를 밀어서 올린다. 그다음 흙 언덕을 다시 파내서 고인돌을 드러낸다. 이런 공사 과정은 많은 인력과 돈이 들어가는 일이다. 그래서 권력자만이 이런 고인돌을 만들 수 있다. 이렇게 만들기 힘든 고인돌을 만든 이유는 전쟁을 예방할 수 있기 때문이다. 어쩌다 옆 부족이 영토 확장이나 약탈을 위해 수십 명을 데리고 와서 침공했다고 치자. 그런데 마을 어귀에 놓인 고인돌이 자기가 만든 고인돌보다 더 큰 고인돌이라면, 이는 곧 이 마을에는 유사시 자신보다 더 많은 사람을 동원할 수 있는 강력한 지도자가 있다는 것을 의미한다. 침공했던 옆 마을 부족장은 고인돌에 겁을 먹고 전쟁을 포기하고 돌아간다. 고인돌처럼 무거운 돌이 높이 올려져 있는 가분수의 거석 건축물은 만든 사람의 권력을 상징한다. 돌이 무거울수록 중력을 거슬러서 그 높이까지 올리기 힘들다. 만들기 힘든 만큼 큰 권력을 상징한다. 상부에 큰 부피를 갖는 것은 곧 권력이다. 같은 맥락에서 나는 조선 선비의 높은 갓, 상투, 여성의 가체, 영국 신사의 높은 모자도 과시욕의 표현이라고 생각한다. 왁스와 스프레이를 이용해서 세운 머리도 마찬가지다. 대머리가 되면 자존감이 낮아지는 것도 같은 원리다. 과시욕이 많은 사람은 높은 건물을 짓고 그중에서도 고인돌처럼 가분수로 된 건축물을 짓는다. 이런 과시욕 본능을 극단적으로 보여 주는 것이 중국 베이징에 지어진 'CCTV 본사 빌딩'이다.

21세기 고인돌

이 건물은 중국이 2008년 북경 올림픽을 준비하면서 시작된 과시욕의 끝판왕을 보여 주는 건축물이다. 중국은 자신들이 얼마나 성공했고 부유한지 전 세계에 보여 주고 싶었다. 상하이에는 초고층 건물들이 들어섰고, 엄청난 돈을 들여서 '베이징 국립 경기장'을 만들었다. 하지만 그것만으로는 성에 차지 않았다. 이때 건축가 렘 콜하스가 그런 중국의 가려운 부분을 잘 긁어 주었다. 이 건물은 두 개의 타워가 비스듬

CCTV 본사 빌딩

하게 올라가 상층부에서 두 개의 돌출된 캔틸레버 구조가 만나게 되어 있는 모양새다. 바라보고 있노라면 금방이라도 건물이 앞으로 고꾸라질 것 같다. 거의 반사적으로 드는 생각은 '저걸 어떻게 지었지?'다. 초기 계획에는 캔틸레버로 나온 고층부에 방송국 임원 사무실들이 있었는데, 계획안을 본 후 건물이 너무 불안해 보여서 겁먹은 임원들이 자기 사무실을 저층부로 옮겼다고 한다. 'CCTV 본사 빌딩'은 거대한 가분수 덩어리가 경이롭게 공중에 떠 있는 디자인을 하고 있다. 불안해 보이는 만큼 이 건물은 이 세상 어떤 건축물보다도 과시가 되는 건축물이다. 만약에 고층에 떠 있는 덩어리가 1층에 내려온 모양으로 지어졌다면 그냥 저층부에 상업 시설이 있고 고층 타워가 있는 일반적인 주상 복합 건물과 다를 바 없다. 하지만 이렇게 가분수로 지어져 있기에 어느 누구도 흉내 낼 수 없는 경외감을 주는 건축물이 되었다. 'CCTV 본사 빌딩'은 21세기의 고인돌이다.

이러한 혁신적인 구조를 가능케 한 데는 '시드니 오페라 하우스Sydney Opera House'를 완성시킨 세계적인 구조 회사 오브 아루프Ove Arup의 기술력이 뒷받침됐기 때문이다. 현대 건축에서는 헤르조그Jacgues Herzog의 '베이징 국립 경기장', 이토 도요오의 '토드 빌딩'같이 구조적으로 새로운 건축물이 많다. 이들 건축은 기존의 건물처럼 수직으로 선 기둥, 수평으로 놓인 보와 슬래브로 나누어서 해석되는 전통적인 구조 형식이 아니다. 새로운 디자인은 어느 것이 기둥이고 어느 것이 보인지 구분이 어렵다. 'CCTV 본사 빌딩'같이 여러 요소가 뒤섞여 있는 새로운 디자인은 컴퓨터를 이용한 구조 시뮬레이션 기술과 세실 발몬드Cecil Balmond라는 뛰어난 구조 엔지니어가 있었기에 현실로 지어질 수 있었다.

'CCTV 본사 빌딩'의 입면을 살펴보면 대각선으로 된 빔들이 유

이토 도요오의 '토드 빌딩'

리창에 노출되어 있는데, '허스트 타워'처럼 규칙적인 대각선 그리드가 아니라 대각선의 간격이 제각각이다. 언뜻 보면 무작위로 만든 모양처럼 보이나 실제로는 구조적으로 힘을 많이 받아야 하는 부분에 더 많은 부재가 추가로 촘촘히 들어가서 보강하게 된 것이다. 그리고 그 부재를 입면에 그대로 노출해서 미적인 요소로 승화시켰다. 불규칙해 보이는 입면의 사선들은 필연적으로 만들어진 디자인인 것이다. 이 건축물이 지어진 공사 과정을 보면 더욱 놀랍다. 일반적으로 이렇게 공중에 떠 있는 건물을 지을 때는 지면에서부터 임시로 보조 구조체를 세운 후에 그 위에 얹어서 건물을 시공한다. 상부 건물 부분이 완성되고 나면 아래에 있는 임시 보조 구조체를 철거해서 없애는 공법을 사용한다. 홍익대학교 서울 캠퍼스의 정문인 홍문관 건축물을 지

'CCTV 본사 빌딩' 건축 과정

을 때도 이러한 방식으로 만들었다. 그런데 'CCTV 본사 빌딩'의 경우 공중에 떠 있는 부분은 36층이라는 문제가 있다. 너무 높아서 지상부터 보조 구조체를 만들면 보조 구조체를 만드는 비용이 너무 들어서 배보다 배꼽이 더 커지는 일이 생긴다. 이는 36층짜리 건물을 짓고 나서 다시 철거하는 것과 마찬가지다. 이 문제를 해결하기 위해서 건축가는 양쪽 타워에서 나뭇가지처럼 캔틸레버가 자라나서 중간에서 만나는 방식으로 공정을 설계했다. 전체 54층 높이의 이 건물은 크게 두 개의 수직 타워와 상부에 얹힌 가로로 된 덩어리로 구성된다. 양쪽 타워에서 돌출되는 건물은 36층 높이에서부터 시작되는데, 시공사는 먼저 두 개의 타워를 완성하고, 이후 36층부터 캔틸레버를 만들어서 돌출시키기 시작한다. 이때 건물의 외피에 나타난 다이아몬드 모양의 대각선 그리드인 '다이아그리드'가 빛을 발하기 시작한다. 뻗어 나가는 바닥 면을 이 입면의 대각선 철골 부재가 붙잡아 준다. 36층이 5미터쯤 나가면 37층이 뻗어 나가기 시작한다. 36층이 타워에서 10미터 나가면 37층은 5미터쯤 나가고 이때부터 38층이 뻗어 나가기 시작한다. 이렇게 점차 나가게 되면 상부에 올라간 빌딩의 입면에 대각선의 철골이 캔틸레버를 단단하게 잡아 주는 역할을 하게 된다. 양쪽 타워에서 이렇게 나뭇가지가 자라듯이 옆으로 뻗어 나가면 어느 순간 좌우에서 따로 시작한 36층 바닥은 공중에서 만나게 된다. 그다음부터는 같은 방식으로 37층이 만나고, 다음으로 38층이 만나고 결국 캔틸레버의 꼭대기 층까지 만나게 되면 골조 공사가 마무리되는 것이다. 이렇게 서 있지 못할 것 같았던 건축물이 완성된다.

이런 경이로운 건축물은 사실 디자인도 중요하지만 어떻게 시공할 것인가도 엄청나게 중요하다. 아무리 좋은 디자인도 창의적으로 구상한 제대로 된 공정을 생각해 내지 못한다면 완성될 수 없다. 그런 면에서 'CCTV 본사 빌딩'은 이정표 격인 건축물임이 틀림없다. 하나의 건축물이 랜드마크가 되는 데는 몇 가지 요소가 있다. 그중에서 가장 확실한 방법은 혁신적인 구조를 이용해서 지어질 것 같지 않은 건물을 완성하는 것이다. 대표적인 사례가 '피라미드', '에펠탑', '시드니 오페라 하우스'다. 21세기 현재에도 4천5백여 년 전에 지어진 피라미드는 아직도 어떻게 꼭대기에 거대한 오면체 모양의 돌을 올렸는지 공사 과정이 완벽하게 설명되지 않는다. 그러니 얼마나 혁신적인 건축물인가. 그 정도 되니까 수천 년이 지나도 랜드마크로 인정받는 거다. '피라미드'는 랜드마크의 끝판왕이라 할만하다. '피라미드' 정도는 아니지만 'CCTV 본사 빌딩'은 현시대에 가장 놀라운 구조적 성취 중 하나로, 이 건축물은 렘 콜하스의 대표작으로 남을 것이다.

기자에서 건축가로

건축가 중에는 건축가가 되기 전에 흥미로운 직업을 가졌던 사람들이 있다. 안도 다다오는 프로 권투 선수 출신이었고, 대니얼 리버스킨드 Daniel Libeskind는 어린 시절 악기를 연주해 공연하고, 문화 재단의 장학금을 받기도 했다. 렘 콜하스는 『헤이그 포스트』 기자이자 시나리오 작가였다. 그는 뒤늦게 건축을 전공하고 31세에 OMA라는 설계 사무소를 공동 설립했다. 그의 작품은 우리나라에도 꽤 있는데, 대표적인 것이 '리움 미술관' 세 개 건물 중 한 개, '서울대학교 미술관', 그리고 최근에는 '갤러리아 백화점 광교점'이 지어졌다. 그가 세상에 알려지게 된 계기는 건축 작품이 아니라 그의 저서 『광기의 뉴욕: 맨해튼에 대한 소급적 선언서*Delirious New York: A Retroactive Manifesto for Manhattan*』이라는 책을 통해서다. 이 책은 뉴욕이 만들어지게 된 역사적 배경과 과정을 잘 그려 내고 있다. 실제로 새로운 요크라는 뜻의 이름 '뉴욕 New York'은 영국에게 정복되기 전, 원래 이름은 '뉴암스테르담'이었다. 뉴욕은 과거 네덜란드인들이 만들었고 그래서 아직도 네덜란드인들의 영향력이 큰 지역이다. 뉴욕의 NBA 농구팀 이름은 닉스(Knicks)로, 닉스는 네덜란드 출신의 뉴욕 이민자를 뜻하는 말인 '니커보커스(Knickerbockers)'의 줄임말이다. 그 정도로 뉴욕은 네덜란드의 도시다. 네덜란드인인 렘 콜하스가 뉴욕에 관심을 갖는 것은 그리 이상한 일이 아니다.

콜하스는 건축 중에서도 대도시의 건축에 관심이 많았다. 그래서 그의 사무실 이름인 OMA는 Office for Metropolitan Architecture의 줄임말로 '대도시를 위한 건축을 하는 사무실'이라는 뜻이다. 그는 특히 뉴욕처럼 복잡한 용도들이 수직으로 중첩된 도시에 더 매력을 느꼈던 건축가다. 뉴욕 맨해튼이라는 도시의 가장 큰 특징은 섬이라는 점이다. 물로 둘러싸인 섬은 땅의 면적이 제한적이다. 그런 공간에 인간이 필요로 하는 면적이 늘어나다 보니 자연스레 고층 건물이 필요해진다. 이때 마침 19세기 말에 발명된 엘리베이터라는 기술이 있었다. 엘리베이터와 철근 콘크리트 덕분에 20세기 들어서 뉴욕은 수십 층의 고층 건물을 지을 수 있었다. 한마디로 뉴욕은 엘리베이터가 만든 도시다. 이렇게 수십 층 높이의 고층 건물이 만들어지면 한 개 건물에서 여러 개의 다른 층들이 중첩되고 각 층마다 다른 용도로 사용된다. 그는 이러한 한 장소에서 다양한 용도 간의 충돌이 만들어 내는 혼란을 현대 건축의 장점으로 바라보았다. 『광기의 뉴욕』이라는 책에서 그는 이러한 현상을 20세기 초 뉴욕 다운타운에 지어진 고층 건물을 예로 들어서 설명한다. 이 건물에서는 남자들만 사용하는 헬스클럽에서 나체의 모습으로 남자들이 권투를 하고 바로 위아래 층에서는 수영장이나 댄스장이 공존한다. 콜하스는 이렇게 복잡한 용도들의 혼재와 그 사이의 시너지 효과에 주목하고 있다. 이런 수직적 공존이 가능한 이유는 엘리베이터라는 기계 장치가 있기 때문이다. 그는 책에서 뉴욕에 있는 '라디오 시티 뮤직홀Radio City Music Hall'에 설치된 유압식 기계 장치를 이용하여 층간을 오르락내리락하는 무대 장치에 대해서도 언급한다. 이렇게 기계 장치에 의해서 층간의 용도들이 충돌하는 공간을 뉴욕의 멋으로 보고 있다.

훗날 그는 '라디오 시티 뮤직홀'의 무대를 자신의 건축에 융합시켜 '보르도 하우스Maison à Bordeaux'라는 작품을 만들었다. 이 주택은 교통사고로 휠체어를 타야 하는 건축주를 위해서 디자인한 집이다. 1층은 식당, 2층은 거실, 3층은 침실로 구성된 이 집의 가운데에는 작은 방만한 크기의 바닥 면이 유압식 엘리베이터로 오르락내리락하게 되어 있다. 마치 카네기 홀의 엘리베이터식 무대를 연상시킨다. 이때 벽으

'보르도 하우스'의 엘리베이터

로 둘러싸인 좁고 답답한 일반적인 엘리베이터와는 다르게 사방이 개방된 바닥 면만 오르내리다 보니 이 유압식 엘리베이터의 바닥 면과 각 층은 다양한 모습으로 높이 차가 만들어진다. 예를 들어서 1층에서 엘리베이터가 올라가다가 2층 바닥보다 80센티미터 정도 낮은 상태에서 멈추게 되면 엘리베이터에 놓인 책상과 2층 바닥이 연속된 면이 되고 휠체어에 탄 사람의 눈높이에는 2층 바닥이 펼쳐져 보이게 된다. 마치 어린아이가 기어다닐 때 마룻바닥을 바라보는 시선이 되는 것이다. 기존의 엘리베이터는 층간이 연결 혹은 단절되는 두 가지 경우만 있다. 이는 0과 1 두 가지로만 구성된 디지털 같은 공간이라면, '보르도 하우스'의 유압식 엘리베이터는 내가 설정하는 높이에 따라서 1.1, 1.2, 1.3, 1.4, 1.5 등의 층도 있는 아날로그식 관계의 공간을 만든다. 이는 기계를 적절하게 사용함으로써 새로운 공간의 위상적 관계를 만들어 내는 독특한 디자인이다. 이처럼 콜하스는 도시에 대한 자신만의 고찰을 응용해서 새로운 건축을 만들어 내는 스마트한 건축가다.

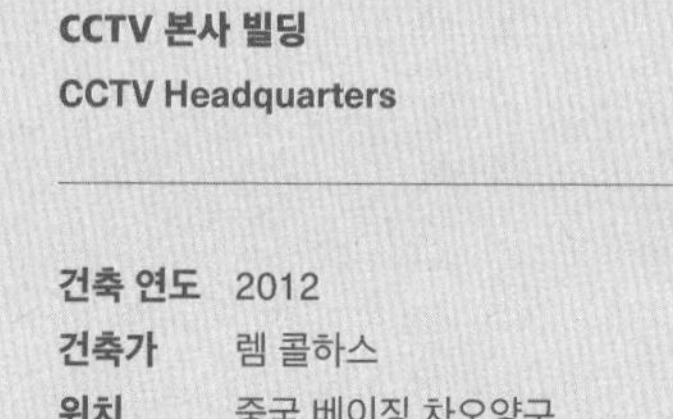

CCTV 본사 빌딩
CCTV Headquarters

건축 연도 2012
건축가 렘 콜하스
위치 중국 베이징 차오양구
주소 32 E 3rd Ring Middle Rd, 呼家楼, Chaoyang Qu, China, 100020

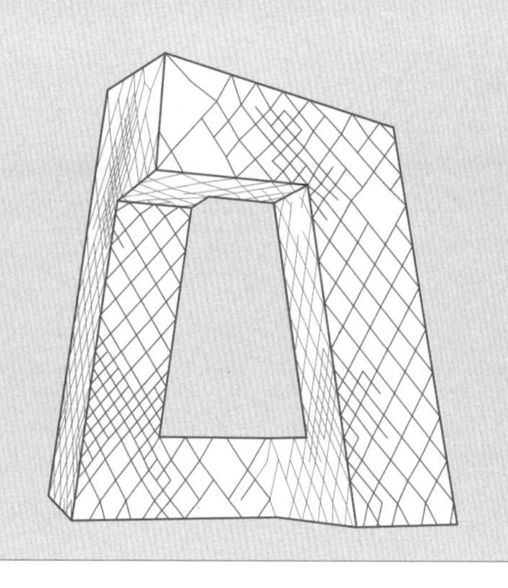

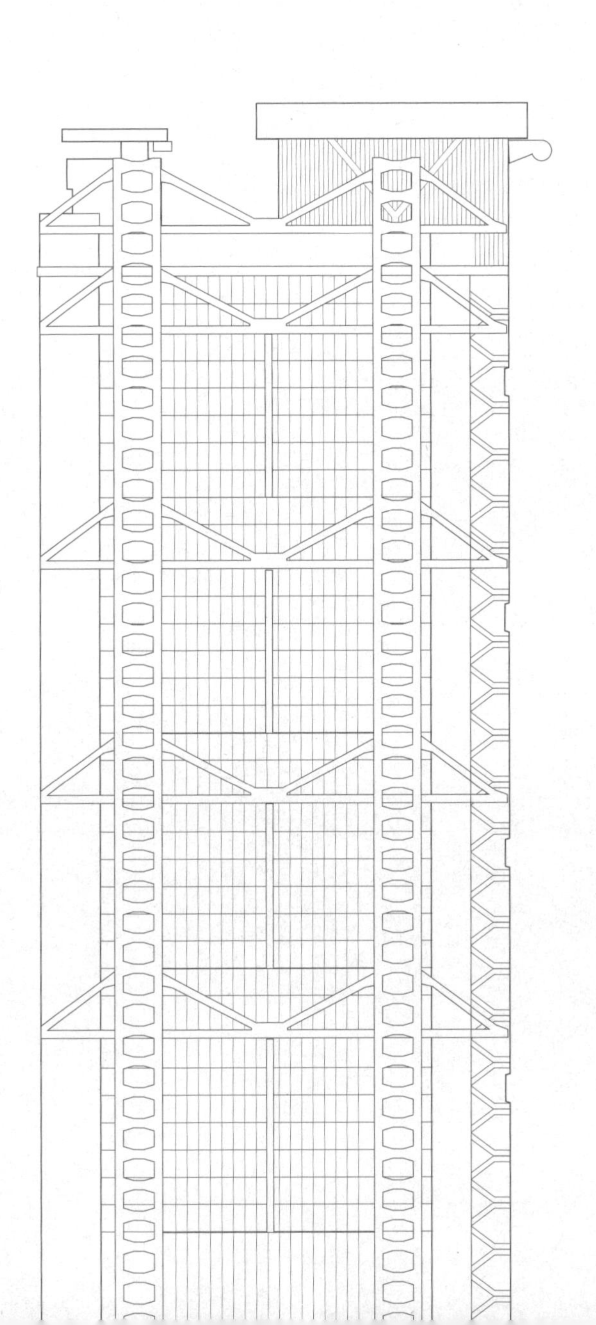

29장	HSBC 빌딩(홍콩)
1985년: 제약은 새로운 창조의 어머니	

풍수지리가 하이테크와 만나면

1985년에 완공된 이 건물은 당시까지 단일 건물로는 가장 큰 공사비인 10억 달러가 들어간 건물로 유명하다. 당시 10억 달러를 현시점으로 환산하면 5조 정도 되는 돈이다. 과거에는 그 나라에서 가장 비싼 건물은 보통 대성당이거나 왕궁이었다. 그 시대에는 종교 지도자나 정치 지도자가 가장 큰 권력을 가지고 있었다는 증거다. 요즘 비싼 건물은 기업의 사옥이다. 그중에서도 가장 비싼 건물은 주로 금융 회사의 건물이다. 자본주의 사회에서는 금융 회사가 가장 큰돈을 만질 수 있기 때문이다. 금융 회사가 가장 비싼 건물을 짓는다는 것은 현 사회에서 금융 회사가 가장 큰 권력을 가지고 있다고 볼 수 있다. 보통 단위 면적당 건축 공사비로 따지자면 하이테크 건축 양식이 가장 비싼데, 런던에 지어진 하이테크 건축 양식의 사옥인 '로이드 빌딩Lloyd's Building'도 금융 회사고, 우리나라의 경우 하이테크 양식으로 지어진 여의도에 있는 '파크원Parc 1'도 NH농협이라는 금융 회사 건물이다. 그리고 가장 대표적인 하이테크 양식의 금융 회사 사옥이 지금 설명하려는 홍콩의 HSBC 은행 사옥인 'HSBC 빌딩HSBC Building'이다.

설계자는 영국의 대표 건축가인 노먼 포스터다. 벌써 세 번째다. 이쯤 되면 월드컵 결승전에 단골로 올라오는 브라질이나 독일이 떠오른다. 공사비도 유명하지만 이 건축물이 유명한 진짜 이유는 다른 데 있다. 바로 풍수지리와 얽힌 일화 때문이다. 지금의 위치에 'HSBC 빌딩'을 짓는다는 계획을 발표했을 때 홍콩의 유명한 풍수지리사가 반대를 했다. 그 풍수지리사는 건물이 지어질 위치가 홍콩 경제의 맥이 흘러서 바다로 들어가는 길목이기 때문에 거기에 건물을 지으면 맥이 끊겨서 홍콩 경제가 안 좋아질 거라고 경고했다. 포스터는 이런 문제를 해결하기 위해서 기발한 생각을 해 낸다. 그는 다리를 만들 때 사용하는 현수교 구조와 비슷하게 건물 전체를 인장력으로 들어 올리는 방식을 제안했다. 일반적인 고층 건물은 땅에서부터 무거운 기둥과 슬래브를 차곡차곡 쌓아서 올리는 방식으로 짓는다. '피라미드' 건축부터 뉴욕의 '엠파이어 스테이트 빌딩'까지 모두 동일한 방식이다. 이때 건축물의 물리적 힘의 방향은 주로 '압축력'으로 해석된다. 그런데 현수교 구조는 주된 힘의 방향이 당기는 힘인 '인장력'에 근거해서 작용한다. 보통 이런 인장력의 구조는 빌딩을 지을 때보다는 다리를 만들 때 사용한다. 현수교 구조는 보통 물의 깊이가 깊은 강의 하구나 바다 위에 다리를 건설할 때 짓는 기법이다. 대표적인 사례가 뉴욕의 '브루클린 다리'나 샌프란시스코의 '금문교'다. '금문교'의 구조를 보면, 물속에 두 개의 거대한 주탑을 세운다. 그리고 거대한 케이블cable을 그 위에 걸쳐 놓는다. 그렇게 걸친 두 개의 큰 케이블에 작은 케이블을 수직으로 매달고 그 작은 케이블 아래에 다리의 상판을 매달아 놓는 구조다. 이

'HSBC 사옥' (홍콩)

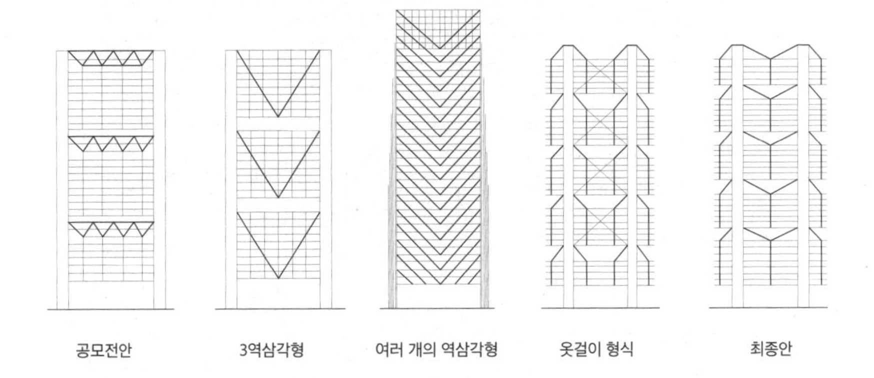

여러 개의 계획안이 나오면서 구조가 발전됐다.

렇게 함으로 다리는 물과 만나는 지점을 최소로 해서 서 있게 된다. 다리가 위에서 들고 있으니 다리 아래에는 큰 배들이 지나갈 수 있는 공간이 확보된다. 현수교를 조금 응용한 다리 구축법이 '사장교'다. 현수교는 들어 봤어도 사장교는 처음 들어 보셨을 거다. 사장교는 양쪽에 높이 세운 버팀 기둥(주탑)에서 비스듬히 드리운 쇠줄(케이블)의 당기는 힘으로 다리 상판을 붙잡고 있는 방식이다. 건축가 노먼 포스터는 이런 사장교의 원리를 그대로 고층 건물에 적용해서 사용했다.

'HSBC 빌딩'은 사장교처럼 두 개의 주탑을 놓고 그 구조에 다섯 개 층씩 묶어서 매달아 놓았고, 그렇게 만들어진 구조가 다섯 개 정도가 쌓여 있는 구조다. 'HSBC 빌딩'은 전체적으로 여러 개의 사장교 묶음이라고 보면 된다. 그런 구조로 건축했더니 금문교 아래에 큰

'HSBC 빌딩' 진입 공간

배가 지나가듯이 건축물 아래에 사람이 지나갈 수 있는 공간이 확보되었다. 건축주의 불가능해 보이는 요구 사항에 혁신적인 구조 기술로 해결책을 제시한 것이다. 보통 일반적인 건물은 1층에서 현관문을 열고 건물로 들어간다. 그런데 'HSBC 빌딩'은 건물이 한 층 들려지다 보니 실제 건물을 이용하는 사람들은 1층의 광장 같은 외부 공간에서 에스컬레이터를 타고 2층으로 올라가면서 건물에 진입하게 되는 진풍경이 연출된다. 만약 건물의 정면도라는 것이 정문이 위치한 면이라고 정의를 내린다면, 'HSBC 빌딩'은 1층 천장이 건물의 정면도가 된다.

더 흥미로운 부분은 그렇게 만들어진 빈 공간의 사회적 의미다. 비 오

'HSBC 빌딩'의 1층 광장은 일요일에 홍콩의 가사 도우미들의 쉼터가 된다.

는 일요일에 이 건물에 방문한 적이 있는데, 진기한 풍경을 목격했다. 1층의 빈 광장은 주중에는 바쁜 비즈니스맨들이 오가는 풍경이지만, 은행이 문을 닫은 일요일에는 홍콩의 가사 도우미들이 모두 나와 비나 강한 햇빛을 피해서 사용하는 공공의 거실이었다. 홍콩의 집에는 주로 집에서 거주하면서 집안일을 돕는 다른 동남아시아 국가들에서 온 가사 도우미들이 있다. 이분들은 일주일에 하루, 일요일에 쉴 수 있다. 그런데 집에 있는 자신의 작은 방에서 쉴 수가 없으니 친구들을 만날 겸 밖으로 나온다. 전 세계에서 가장 부동산 가격이 비싼 홍콩에서 이들이 돈을 내지 않고 땡볕과 비를 피해 쉴 수 있는 공간은 찾기 힘든데, 'HSBC 빌딩' 1층의 광장이 그 역할을 하고 있다. 이곳에는 홍콩에서 가장 높은 산인 빅토리아 피크에서부터 불어 내려와서 바다로 통하는 바람이 관통한다. 이 광장은 마치 앞뒤로 바람이 통하는 한옥의 대청마루같이 열대 지방의 도시에서 최적의 휴식 공간이라 할 수 있다. 이 광장에서 가사 도우미들은 상자 골판지로 자리를 펴고 마작을 하거나 친구들과 수다를 떨면서 휴식을 취한다. 이 광장이 없었다면 홍콩 경제를 받치는 사회적 약자를 위한 공간은 홍콩에 없었을 것이다. 이는 사회적 갈등을 심화시키는 요인이 될 수 있다. 만약 그랬다면 풍수지리사의 말처럼 홍콩 경제에 큰 혼란이 왔을지도 모를 일이다. 노먼 포스터의 창의적인 디자인 덕분에 전 세계에서 가장 비싼 5조짜리 자본주의의 상징 같은 건축물이 사회적 약자를 위한 휴식 공간을 제공하고 있는 셈이다. 풍수지리사의 요구도 들어주고, 사회적 필요도 충족시킨 '윈윈win win'하는 디자인이다. 똑똑하고 창의적인 건축가는 두 마리 토끼를 다 잡는다.

밥상머리 사옥

1층 광장에서 에스컬레이터를 타고 2층 로비에 도착하면 건축물의 내부가 뻥 뚫려 있다. 이렇게 만든 이유는 1층에 만들어진 광장에 태양 빛을 내려보내기 위함이다. 'HSBC 빌딩'의 입면 중간에 보면 가로로 긴 거울이 달려 있다. 이 거울은 하늘의 빛을 90도 반사해서 건물 내부로 들여보낸다. 건물 중앙에는 또 다른 거울이 달려서 이 빛을 90도 회전 반사시켜 1층 광장으로 내려보낸다. 이렇게 첨단 기술로 자칫 어둡고 침침한 공간이 될 수 있는 1층 광장을 자연 채광으로 밝힌다. 태양 빛을 아래로 내려보내기 위해서 가운데 공간을 비웠는데, 그게 가능할 수 있었던 이유는 건물 중앙에 엘리베이터 코어가 없기 때문이다. '엠파이어 스테이트 빌딩'을 비롯한 보통의 고층 건물들은 엘리베

이터와 화장실 등이 들어가 있는 일명 '코어'라고 불리는 중심부가 건물 평면의 가운데를 차지하고 있다. 콘크리트 벽으로 만들어진 이런 중심부는 마치 인체의 척추처럼 건물의 중심을 받쳐 주는 중요한 구조체다. 그런데 'HSBC 빌딩'은 건물의 입면에 주요 구조체가 현수교 주탑처럼 세워져 있다. 그리고 모든 층은 그 주탑에 매달려 있다. 그래서 굳이 가운데에 엘리베이터 코어를 둘 필요가 없었다. 중앙에 엘리베이터가 없어서 이 건물은 에스컬레이터를 통해서 대부분의 사람을 이동시킨다. 가운데 콘크리트로 만든 엘리베이터 코어가 없다 보니 중간층부터 아래까지 빛을 내려보내기 위해서 텅 비울 수 있었다. 그렇게 만들다 보니 건물 내부적으로 새로운 사회적 현상도 만들어졌다. 다름 아닌 건물 내부 사용자들 간의 소통이다.

보통 고층 건축물은 수십 개 층으로 나눠지게 되는데, 각 층의 사람들은 다른 층으로 가려면 엘리베이터를 오래 기다려서 타고 가거나 콘크리트 벽으로 둘러싸인 비상계단을 통해서 이동해야 한다. 둘 다 그다지 기분 좋은 경험은 아니다. 그러다 보니 사람들은 다른 층으로 이동하지 않고 서로 볼 일이 없게 되면서 층간의 소통이 사라진다. 30층짜리 사옥으로 이사하게 되면 회사 공동체가 30등분으로 나눠지는 현상이 생긴다. 그런데 'HSBC 빌딩'은 가운데가 비워지다 보니 5층에 있어도 건너편의 3층, 4층, 6층, 7층의 사람들과 서로 마주 바라볼 수 있게 된다. 나는 이렇게 내부가 뚫려서 다른 층끼리 마주 볼 수 있는 구조를 가진 사옥을 '밥상머리 사옥'이라고 부른다. 밥상에 둘러앉아서 얼굴을 마주 보며 밥을 먹을 때 가족의 유대감이 커지듯 다른 층에서도 서로 바라볼 수 있는 밥상머리 사옥에서는 하나의 공동체라는 느낌이 더 많이 만들어질 것이다.

엘리베이터 vs 에스컬레이터

'HSBC 빌딩'의 또 다른 특징은 엘리베이터보다는 에스컬레이터가 주요 수직 이동 수단이라는 점이다. 보통의 고층 건물은 여러 대의 엘리베이터가 있다. 그런데 이 건물에는 엘리베이터는 최소화 되어 있고 건물 사용자들은 주로 에스컬레이터로 이동시킨다. 엘리베이터와 에스컬레이터의 공간적 차이는 무엇일까? 크게 두 가지가 있다. 첫째 기다리는 시간의 차이다. 엘리베이터는 일단 기다려야 한다. 엘리베이터 버튼을 누르고 홀에 서서 기다리는 시간을 좋아하는 사람은 없다. 그리고 엘리베이터가 오면 좁은 공간에 모르는 사람과 같이 타야 한다. 도시에서 생활하는 사람이라면 만원 지하철에 타는 것과 만원 엘리베이터에 타는 것이 불쾌한 경험이라는 것을 알 것이다. 사람들은 일반적으로 아주 가까운 사람만 45센티미터 안에 들어오게 한다. 연인 사이와 부모 자녀 정도의 가까운 사람만 그 거리를 허용한다. 그런데 출퇴근 시 지하철이나 엘리베이터 안에서는 낯선 사람들이 45센티미터 안으로 침범한다. 결코 좋은 경험이 될 수 없다. 반면 에스컬레이터는 줄지어서 계속 타고 올라가거나 내려가면 되니 기다리지도 않아도 된다. 게다가 에스컬레이터에서는 다른 계단에 서게 되어서 사람 간의 높이 차이가 난 상태에서 모든 사람이 한 방향을 바라본다. 이는 모르는 사람과 얼굴을 맞댈 일이 없다는 것이다. 만원 엘리베이터에서는 대부분의 사람이 고개를 들어서 층수 알려 주는 숫자를 쳐다본다. 두 가지 이유인데, 하나는 답답하니까 비어 있는 천장 공간을 보려는 것이고, 다른 하나는 모르는 사람을 쳐다보기 싫어서다. 한 줄로 계단에서 있게 되는 에스컬레이터에서는 그럴 일이 없다. 앞사람 등을 쳐다보는 것이 부담스러우면 좌우 옆쪽의 빈 공간을 쳐다보면 된다. 에스컬레이터는 엘리베이터보다 여러모로 프라이버시를 침해하지 않는 구조다. 'HSBC 빌딩'에서는 다른 층으로 갈 때 엘리베이터를 기다리거나 비상계단을 이용하지 않고 에스컬레이터로 이동한다. 에너지 소비가 많다는 문제가 있지만 사람들 간의 소통은 더욱 적극적으로 할 수 있다.

'HSBC 빌딩'은 중앙 빈 공간을 통해서 서로 쳐다보는 소통이 있고, 에스컬레이터로 층 간에 쾌적하게 이동하면서 소통할 수 있고, 1층은 사회적 약자와 소통하는 공간이 있다. 이 모든 것이 가능한 것은 비용을 들여서 1층과 건물 중앙에 공간을 비웠기 때문이다. 많은 돈을 쓰고도 제대로 된 공간을 만들지 못하는 건축가가 많다. 적어도 노먼 포스터

홍콩의 건설 현장에서 볼 수 있는 대나무 비계

는 돈을 쓰더라도 사회적으로 필요한 공간을 만들어 내는 건축가다. 앞으로 수백 년을 지속할 이 건물의 선한 영향력을 생각한다면 비싼 공사비를 쓸 만했다고 생각한다. 건축에서는 한 때 비난의 대상이 시간이 지나면 새로운 평가를 받기도 한다. '피라미드', '콜로세움', '에펠탑'같이 우리가 지금 비행기를 타고 멀리까지 가서 보는 많은 건축물이 다 그런 것들이다. 이 건축물들은 기존에는 시도하지 않았던 새로운 구조나 디자인을 실행했다는 공통점이 있다. 인류 역사에 남는 공간은 쉽고 저렴하게 만들어지지 않는다.

마지막으로 'HSBC 빌딩'과 관련된 일화를 하나 소개하고 이번 장을 마치겠다. 건축을 할 때 보통 우리는 쇠 파이프로 된 비계[6]를 설치하고 그 위를 사람들이 걸어 다니면서 공사한다. 그런데 홍콩은 아직도 쇠 파이프 대신 가볍고 강도가 높은 대나무로 비계를 만든다. 이 하이테크 고층 건물을 건축할 때도 홍콩 시공자들은 대나무로 만든 비계를 사용했다. 가벼운 대나무 재료를 가지고 곡예 하듯이 자유자재로 이동, 조립, 분해하는 모습을 본 노먼 포스터는 대나무 비계가 가장 하이테크라고 경탄했다는 후문이 있다.

HSBC 빌딩 (홍콩)

HSBC Building (Hong Kong)

건축 연도 1985

건축가 노먼 포스터

위치 중국 홍콩 중완 (센트럴)

주소 1 Queen's Road Central, Central, Hong Kong

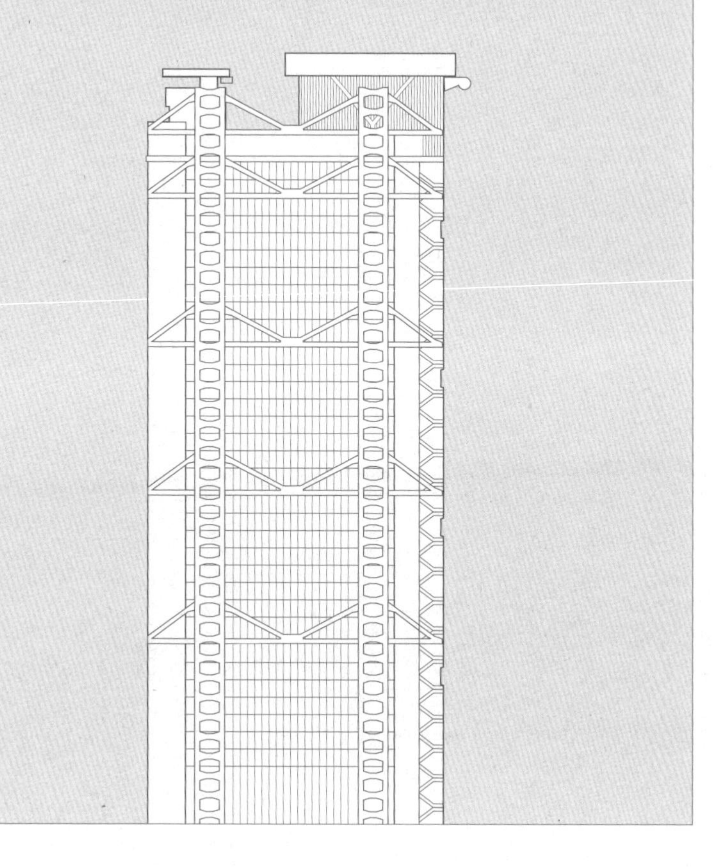

30장	루브르 아부다비
2017년: 쇠로 만든 오아시스	

아랍 전통 건축의 현대적 해석

장 누벨Jean Nouvel이라는 프랑스 건축가가 본격적으로 세상에 이름을 알리기 시작한 것은 1987년에 파리 '아랍 세계 연구소Institut du Monde Arabe'가 지어지면서부터다. 프랑스는 지리적인 위치 때문에 아랍 문화권과 가까운 관계를 유지해 왔다. 지중해를 사이에 두고 북아프리카와 마주 보고 있고, 북아프리카의 모로코와 알제리는 한때 프랑스령으로 지배됐던 역사를 가지고 있으며, 더 오랜 과거에 이슬람은 지금의 스페인 지역을 점령했던 역사를 가지고 있다. 이러한 배경들 때문에 아랍권 사람들 중 많은 사람이 프랑스로 이민을 와서 정착했다. 대표적인 사람이 알제리에서 온 축구 스타 지네딘 지단이다. 하지만 종교를 중요하게 생각하는 아랍권의 특징 때문에 아랍인들은 프랑스 사회에 완전히 융화되지 못하는 사회적 문제가 있었다. 이를 해결하기 위해서 프랑스와 아랍계 국가 19개국이 돈을 모아 파리 중심에 10층짜리 높이의 '아랍 세계 연구소'를 건축하게 되었다. 이 건물의 가장 큰

조리개 같은 장치를 이용해 창문으로 들어오는 빛의 양을 조절한다.

특징은 2만 7천 개의 조리개 판으로 만들어진 창문이다. 전체가 유리로 만들어진 입면에 햇빛이 들이치는 것을 막기 위해서 사진기 조리개 같은 장치를 유리 벽 바깥에 부착해 들어오는 빛의 양을 조절한다. 이 디자인은 상당히 하이테크적이지만 동시에 전통적인 아랍 건축물처럼 보이기도 한다. 조리개 아이디어는 아랍의 전통 건축에서 사용되는 '마시라비야'에서 모티브를 따온 것이다. 중동은 태양 빛이 강하고 습도가 낮은 건조한 기후다. 그러다 보니 더울 때는 그늘에만 들어가도 시원하다. 그래서 아랍에서는 과거에 건축물을 지을 때 창문을 내고 그 창문에 햇빛 가리개를 달아서 바람은 통과하되 햇볕은 가릴 수 있도록 했다. 그리고 이때 창문에 달린 햇빛 가리개 장치는 아라베스크 문양으로 하는 경우가 많았다. 이러한 아랍 디자인을 현대식 하

아랍 전통 문양
마시라비야

이테크 디자인으로 바꾼 것이 '아랍 세계 연구소'의 입면이다. 하지만 조리개 판 입면 디자인에는 두 가지 문제점이 있다. 첫째, 쇠로 만든 조리개가 외부에 노출되면 먼지가 끼거나 녹이 슬어서 고장 나는 경우가 많다. 둘째, 유리창과 조리개 스크린 사이의 간격이 좁기 때문에 유리창 청소가 쉽지 않은 문제가 있다. 장 누벨은 이러한 경험을 바탕으로 2017년 '루브르 아부다비Louvre Abu Dhabi'를 지을 때는 개선된 훌륭한 디자인을 만들어 냈다.

창문에서 지붕으로

프랑스를 대표하는 건축가인 장 누벨은 중동에 중요한 프로젝트를 두

카타르 국립박물관

개 남겼다. 첫 번째는 '사막의 장미'라는 이름으로 불리는 '카타르 국립박물관National Museum of Qatar'이다. 사막의 장미는 카타르 사막에서 자연 발생적으로 만들어지는 장미 모양의 돌을 지칭하는 말인데, 신기하게도 진짜 장미처럼 생겼다. 이 박물관은 그 장미 모양의 돌을 만 배쯤 확대해 놓은 모양이라고 해도 과언이 아닐 정도로 색과 모양이 비슷하다. 표면도 압축 콘크리트 패널로 마감 처리해서 돌과 같은 계열의 재료로 마감했다. 한번 방문해 볼 만한 경이로운 건축물이다. 요즘은 유럽에 갈 때 카타르를 경유해서 가는 비행기표가 많아서 중간에 들러서 가기에 편하다.

장 누벨이 중동에 지은 또 다른 중요한 프로젝트는 '루브르 아부다비'다. 7개국이 연방을 결성해 만들어진 연합국인 아랍에미리트에

장미 모양으로 형성된 돌 '사막의 장미'

는 두 개의 주요 도시가 있다. 하나는 '두바이'고 다른 하나는 '아부다비'다. 두바이의 형제 도시라고 할 수 있는 아부다비는 돈은 많은데, 관광객이 올 명소가 하나도 없었다. 그래서 아부다비 사람들은 아부다비의 중심부에서 차로 10분 정도 거리에 문화 지구를 만들었다. 그리고 그 안에 여덟 개의 박물관과 미술관이 들어가는 계획을 만들었다. 지금 소개할 '루브르 아부다비'가 있고, 프랭크 게리가 설계한 '구겐하임 아부다비Guggenheim Abu Dhabi', 노먼 포스터가 설계한 '자이드 국립박물관Zayed National Museum', 안도 다다오가 설계한 '해양박물관', 자하 하디드가 설계한 '공연 예술 센터'가 계획되어 있다. 이 작품들이 다 완성되면 가 볼 만한 관광지가 될 것 같다. 그중에서 가장 먼저 개관한 것이 '루브르 아부다비'다. '루브르 아부다비' 박물관의 경우 건축

루브르 아부다비

물은 아부다비에서 짓고 그 안의 전시 큐레이션은 파리 '루브르 박물관'이 기획해서 운영하는 시스템으로 30년짜리 계약을 했다. 이 프로젝트에서 장 누벨은 '아랍 세계 연구소' 건축의 성공과 실패를 잘 이용해서 또 하나의 걸작을 만들었다. 우선 '아랍 세계 연구소'에서 계승한 장점은 쇠로 만든 아라베스크 문양 같은 햇볕을 가리는 스크린 장치다. 이번에는 이 스크린 장치를 창문이 아닌, 지붕에 만들었다. 중정과 여러 동의 건물을 덮는 지붕이기 때문에 이제 유리창을 닦을 수고는 없다. 게다가 '아랍 세계 연구소' 입면 장치처럼 움직이는 장치가 아니기 때문에 고장 걱정도 없다. 장 누벨은 자신의 과거 작품에서 배우고 진화했다.

야자수 그늘 만들기

사막에서 가장 좋은 장소는 '오아시스'다. 오아시스는 물이 있고 그 주변으로 야자수가 드리워져 있다. 나무 그늘에 앉아 있으면 겹친 야자수 이파리들 사이로 새어 들어오는 햇볕이 아름답다. '루브르 아부다비'는 이 '오아시스의 야자수 그늘'이 콘셉트다. 오아시스의 물가 같은 분위기를 연출하기 위해 바닷가에 인공의 대지를 만들고 그 위에 건물을 앉혔다. 이 건물의 중정에 가면 자연스럽게 물가로 내려가는 데크에 앉아서 물을 바라볼 수 있다. 그리고 야자수 이파리들이 겹친 사이로 들어오는 태양 빛을 연출하기 위해서 마시라비야 문양처럼 생긴 철판을 여러 겹 겹쳐서 만들었고, 그 사이로 불규칙하게 강렬한 햇볕이 들어오게 했다. 이때 철로 만들어진 패턴은 단순한 장식을 위한 패턴이 아니라 지붕을 구성하는 돔을 만들기 위해서 필요한 구조체이기도 하다. 이 트러스 구조가 만드는 패턴의 종류는 몇 개밖에 되지 않

인공 대지 위에 만든 '루브르 아부다비'

지만, 그 패턴이 완곡한 돔 곡면을 따라서 여러 겹으로 덮여 있다 보니 해의 각도에 따라서 무수히 많은 다양한 햇빛과 그림자가 만들어진다. 만약에 이 패턴이 평평한 지붕에 만들어졌다면 몇 개의 패턴이 반복될 뿐 이렇게 다양한 모양으로 새어 들어오는 햇빛을 만들지는 못했을 것이다. 하지만 단순 반복적인 패턴을 3차원으로 휜 돔의 곡면에 적용하고 여기에 직선으로 태양 빛이 들어오면 빛이 만들어 내는 이야기는 복잡해진다. 앞서 '도미누스 와이너리'에서 설명했던 프랙털 지수 1.4 같은 자연을 닮은 아름다운 적절한 불규칙성이 나타나게 된다. 그 지붕 아래에 앉아서 바깥의 물을 바라보면 정말 '오아시스가 따로 없구나'라는 생각이 절로 든다.

'루브르 아부다비' 중정 데크에 앉으면 물을 바라볼 수 있다.

지붕의 지름은 180미터다. 우리나라 공립학교 운동장이 보통 대각선으로 100미터 달리기를 할 수 있는 정도이니, 그런 운동장 서너 배 가까운 크기의 면적이라고 보면 된다. 그 엄청난 돔을 구성하기 위해서는 거대한 스페이스 프레임 구조가 필요하다. 스페이스 프레임이란 가느다란 선형의 철재를 이용해서 얼기설기한 모양으로 틀을 짠 것을 말한다. 보통 대형 체육관의 지붕을 스페이스 프레임으로 만든다. 그런데 '아부다비 루브르'의 지붕을 만드는 스페이스 프레임은 비싼 스테인레스 스틸로 만들었다. 지붕이 방수 재료로 덮인 일반 체육관 지붕과는 다르게 이 지붕은 구멍이 뚫려 있어서 지붕의 구조체가 비가 오면 물에 노출된다. 구조체가 비를 맞으면 녹이 슬기 때문에 이 문제

‘루브르 아부다비’ 천장

를 해결하기 위해서 녹이 슬지 않는 스테인레스 스틸로 지붕 구조체를 만든 것이다. 그렇게 하지 않았다면 완공 후 몇 년 지나면 지붕에 녹물이 흘러내렸을 것이다. 이 지역은 비가 거의 내리지 않는 지역이기 때문에 비는 큰 문제가 아닐 수 있지만 또 다른 문제는 소금기다. 바닷가에 위치하고 있는 이 건물은 바닷바람을 많이 맞게 된다. 바닷바람에는 소금기가 많은데, 이것들이 쇠에 붙으면 소금기가 수분을 흡착하고 쇠의 부식을 가속화시킨다. 바닷가에 가면 손이 끈적거려지는 이유는 바닷바람에 포함된 소금기가 손바닥에 붙어서 수분을 흡수하기 때문이다. 따라서 바닷가에 건축할 때 쇠의 부식은 건축가에게는 큰 골칫덩이다. 송도에 지어진 건축물들도 같은 고민을 가지고 있다. 이를 해결하는 방법은 건축 재료로 스테인레스 스틸을 쓰는 것이다. 스테인레스 스틸도 바닷가에서는 약간 부식되기는 하지만 그래도 다른 쇠보다는 훨씬 낫다. 스테인리스는 합금인데 합금 성분에서 크롬의 비율을 높이면 거의 부식되지 않는다. 문제는 크롬의 비율이 높아질수록 가격이 비싸진다는 점이다. 스테인레스 스틸은 안 그래도 금속 중에서도 엄청 비싼데, 거기에 크롬의 비율까지 높은 것을 사용했다면 건축비는 천문학적인 액수였을 것이다. 하지만 중동 오일 머니에게는 문제가 되지 않았나 보다. 이 스페이스 프레임은 두께가 5미터다. 거기서 그쳤으면 중정에서 거대한 체육관 지붕을 쳐다보는 효과뿐이었을 것이고, 해가 들이쳐서 중정에 서 있을 수도 없을 것이다. 그래서 이 스페이스 프레임 위 아래로 각각 4겹씩 총 8겹의 스크린이 부착된다. 이 스크린의 모양을 자세히 살펴보면 정사각형의 네모에 주변 네 변으로 각각 삼각형이 하나씩 붙어 있는 모양이다. 그리고 이 패턴은 각기 스케일이 S(스몰), M(미디엄), L(라지), XL(엑스라지) 네 가지로 만들어졌고 그것들이 네 겹으로 쌓여서 하나의 거대한 스

'루브르 아부다비' 돔 구조

크린을 완성한다. 그리고 그 네 겹 스크린이 5미터 스페이스 프레임을 사이에 두고 위아래로 만들어져 있다. 이 별 모양의 알루미늄 판을 이어 붙이는 것을 상상해 보자. 일단 패널이 붙을 지붕은 평평하지 않고 3차원 곡면으로 휘어 있는 돔 모양이다. 따라서 각각의 패널이 붙을 때 약간의 각이 틀어져야 한다. 얼마나 정교하게 그 각도를 계산하고 제작했을지 상상이 되지 않는다. 그리고 이때 전 세계에서 가장 악명 높은 강한 햇볕에 노출되기 때문에 쇠들은 낮에는 엄청 팽창하고, 일교차가 심하게 기온이 내려간 사막의 밤에는 패널이 수축한다. 이 전체 돔을 보면 수축 팽창의 차이가 엄청날 것이다. 그 큰 변화를 조인트joint[7] 부분에서 완충시키고 해결해야 한다. 야자수 그늘 같은 지붕을 만들겠다는 시적인 상상력은 엄청난 기술력이 받쳐 주지 않으면 완성될 수 없다.

'루브르 아부다비'
돔 건설 현장

아랍 마을 같은 미술관

이 건축물은 지붕뿐 아니라 평면 계획도 훌륭하다. 이 건물은 사막에 건축물을 짓고 나서 주변에 바닷물을 채워서 결과적으로는 건물의 주변이 모두 물과 만나는 섬 같은 구성을 띠고 있다. 건물 주변의 물은 습도를 높여 주고 온도를 낮추는 효과를 만든다. 이런 계획 자체가 에너지를 절감하는 친환경적인 건축 디자인이다. 평면을 한번 보자. 가운데 있는 동그란 돔 지붕을 들어내면 박물관 건물은 마치 작은 중동 마을처럼 보인다. 중동의 건축물들은 창문이 작게 뚫려서 거의 흙으로 만든 네모진 상자처럼 보인다. 그런 상자 여러 개가 좁은 간격을 두고 옹기종기 모인 모습이 중동 마을의 모습이다. 건물 간의 간격이 좁은 이유는 골목길에 햇볕이 들어가면 안 되기 때문에 최소한의 폭으

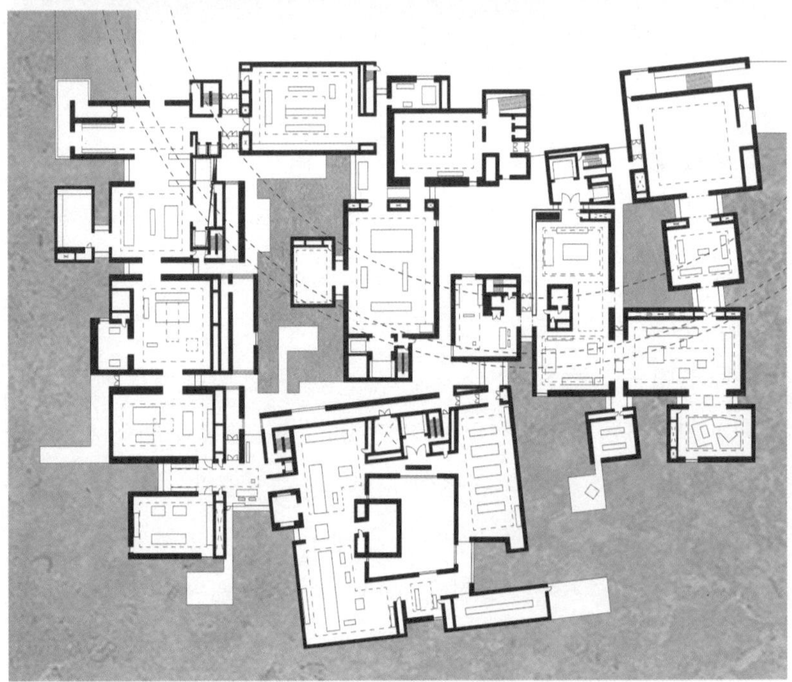

‘루브르 아부다비’(위)와 지붕을 들어낸 평면도

'루브르 아부다비'는 이렇게 건물 간 간격이 좁은 중동 마을의 모습을 닮았다.

로 만들어서 골목을 그늘지게 하기 위함이다. 이 박물관의 평면은 딱 그런 중동의 전통 마을 같다. 건물은 총 55개의 박스형 건물들로 구성되어 있고, 이 중에서 23개가 전시장으로 사용된다. 다양한 크기의 상자 모양의 전시장들은 붙어서 모여 있고, 중간중간에 중정이 있어서 전시 중에 잠깐씩 자연을 바라보고 여유를 가질 수 있다. 박물관의 내

'루브르 아부다비' 돔 중앙부

부 광장 가운데로 흐르는 수로는 아랍에미리트의 고대 관개 시스템인 '팔라지falaj'를 모티브로 디자인했다고 한다. 이렇게 '루브르 아부다비'는 중동 전통 마을의 축소판이다. 마을 같은 모양이지만 실내로 다 연결된 전시장들을 둘러보고 나오게 되면 이 건물 마을의 중앙에 위치한 중정에 도달한다.

'루브르 아부다비'는 공간 경험의 순서인 시퀀스가 훌륭하다. 자동차를 타고 박물관에 접근하면 멀리서 쇠로 만들어진 거대한 돔이 보인다. 표를 끊고 들어가서 멋있는 전시를 구경한다. 이때까지만 해도 작품에 빠져서 건축은 잊게 된다. 그런데 전시를 다 보고 나서 출구를 나오면 바로 돔의 정중앙부에 서 있게 된다. 아까는 돔을 바깥에서 바라보았다면 이번에는 돔의 가운데에서 제일 높은 돔의 중앙부를 아래에서 올려다보게 된다. 만약에 돔을 외관부터 서서히 보면서 들어왔다면 충격이 크지 않았을 거다. 그런데 이 박물관에서는 정신 차리고 보니 돔의 가운데에 들어와 있게 된다. 이러한 경험의 순서 덕분에 마지막 클라이맥스 공간인 빛이 들어오는 천장을 바라보는 충격은 극대화된다. 이 중정에서 바라보는 햇볕은 너무 아름다워서 '나는 여태껏 제대로 된 태양 빛을 경험해 보지 못했었구나'라고 느낄 정도다. 훌륭한 건축은 이런 것이다. 훌륭한 건축은 같은 태양 빛이라도 그 건축물을 통해서 경험할 때 새로운 경지의 경험을 느끼게 해 주는 건축이다. 그런 건축이 만들어지려면 환경과 물질과 현상과 체험자의 심상을 완전하게 이해하고 조율하는 오케스트라 지휘자 같은 건축가가 있어야 가능하다. 장 누벨은 '아부다비 루브르'에서 좋은 사례를 보여 주었다.

루브르 아부다비
Louvre Abu Dhabi

건축 연도 2017
건축가 장 누벨
위치 아랍에미리트 아부다비, 사디야트섬
주소 Saadiyat Island, Abu Dhabi, United Arab Emirates

운영 화요일 – 목요일 10 a.m. – 6:30 p.m.
금요일 – 일요일 10 a.m. – 8:30 p.m.
월요일 휴관

닫는 글: 1퍼센트의 영감이 필요한 시대

사람의 생각은 웬만해서는 바뀌지 않는다. 그런 사람의 생각을 바꾸는 과학적으로 증명된 방법은 '공간'이다. 공간은 사람에게 무의식적으로 영향을 미친다. 2.7미터 천장고에서 공부한 학생보다 3미터 천장고에서 공부한 학생의 창의력이 두 배 높게 나왔다는 미네소타대학교의 연구 결과가 있다. 굳이 이러한 실험을 통하지 않더라도 우리는 집에서 공부가 안 될 때 카페에 가서 분위기를 바꾸면 공부나 보고서 작성이 잘되는 경험을 해 본 적이 있을 것이다. 우울할 때 탁 트인 바다가 보고 싶다는 생각을 해 본 적이 있을 것이다. 산 정상에 올라가서 도시를 내려다보면 일상의 고민에서 벗어나 긍정적인 마음을 갖게 된 경험이 있을 것이다. 이처럼 공간은 우리의 생각을 지배한다. 그리고 어떤 공간은 우리에게 세상을 보는 깨달음을 주기도 한다.

책은 저자의 생각이 문자로 기록된 결정체다. 음악은 작곡자의 생각이 소리로 기록된 결정체다. 건축은 건축가의 생각이 공간으로 기록된 결정체다. 이 책은 여러 종류의 창작자 중 건축 공간을 통해서 세상에 이야기를 전하는 건축가들의 작품을 살펴보았다. 베토벤의 음악을 들으면 나는 한 번도 만난 적 없는 베토벤과 음악을 통해서 교감하게 된다. 마찬가지로 건축 공간을 보면 우리는 한 번도 만난 적 없는 건축가와 '공간'이라는 매개체를 통해서 이야기를 나누고 생각을 교류할 수 있다. 그리고 그중 훌륭한 공간은 나에게 '세상은 이렇게 보는 거야'라고 가르쳐 준다. 이 책에 수록된 건축물들은 모두 나에게 세상을 보고, 읽어 내고, 창조하는 법을 가르쳐 준 공간들이다. 마치 훌륭한 철학자의 책이 인생에 깨달음을 주듯 이 책에 소개된 건축물들은 공간으로 나에게 깨달음을 준 존재들이다. 이들 중 대부분은 만나 본 적 없는 건축가들의 작품이지만, 이 건축물들을 보면 디자인한 건축가들의 깊은 속마음을 들여다본 것 같아서 그 건축가들이 가깝게 느껴진다.

건축은 필연적으로 크게는 우주, 작게는 지구라는 물리적 공간의 어느 한 부분을 차지할 수밖에 없다. 이 책에 소개된 건축물들은 모두 이 지구상에 하나밖에 없는 어느 한 지점을 차지하고 존재하고 있는 물리적인 공간이다. 각 장의 말미에 굳이 위치를 정확하게 수록한 것은 이 건축물이 지어 낸 이야기가 아니라 실존한다는 것을 보여 주고 싶어서다. 기회가 된다면 그 공간에 한번 방문해 보면 좋을 것 같다. 내가 책에서 이 공간들의 이해를 돕는 기본적인 정보를 제공하기는 했지만, 더 깊이 있는 해석은 직접 경험한 사람의 몫이다. 직접 보신다면 아마 내가 느꼈던 것과는 다른 느낌을 받을 것이다. 그것으로 충분하다. 건축의 묘미는 경험하는 자의 신체의 크기, 과거의 경험, 무의식 등에 의해서 완전히 다르게 해석될 수 있다는 데 있다. 그런 면에서 건축 공간은 자세하게 설명된 소설이라기보다는 읽는 자의 해석에 따라 다르게 느껴지는 시와 더 비슷하다. 나에게 의미 있게 다가왔던 30편의 '공간의 시'가 독자들에게도 의미 있게 느껴졌으면 좋겠다.

우리는 1퍼센트의 영감이 필요한 시대를 살고 있다. 현대 사회가 대단한 것 같지만 사실 우리의 일상 중 대부분은 20세기에 만들어진 발명품들로 살고 있다. 엘리베이터, 전화기, 자동차, 비행기, 컴퓨터 모두 20세기의 발명들이다. 21세기 들어서는 기후도 바뀌고 시대도 바뀌는데 우리는 과연 얼마나 새로운 생각을 하며 살고 있는가? 그냥 선배들이 살던 대로 사는 것은 아닌가 하는 생각이 든다.

이 책은 새로운 공간을 꿈꾸고 만든 1퍼센트의 영감을 가졌던 천재들의 이야기다. 이들이 새로운 영감을 얻은 방법은 제각각이다. 때로는 필요에 의해서, 때로는 새로운 기술의 빠른 적용으로, 때로는 여러 가지 제약을 극복하려는 노력으로, 때로는 인간에 대한 자신만의 고찰을 통해서 영감을 얻었다. 우리는 그들의 작품을 보면서 어깨너머로 천재들이 생각하는 방법을 엿볼 수 있었다. 알을 깨고 병아리가 되기 위해서는 작은 부리가 만들어져야 한다. 1퍼센트의 영감은 병아리의 작은 부리다. 그냥 건축가의 디자인 이야기로 볼 수도 있지만, 어떤 독자는 같은 이야기를 통해서도 병아리의 작은 부리 같은 영감을 얻을 수도 있다. 그런 분들이 많기를 바라고, 각자의 자리에서 껍데기를 깨는 사람들이 되기를 소망한다. 1퍼센트의 영감이 없으면 천재가 될 수 없듯이 사회 역시 마찬가지다. 이 사회가 발전하는 데는 영감을 불어넣어 주는 1퍼센트의 사람이 필요하다. 여러분이 그런 사람이 되시기를 축원한다.

주석

1부 유럽

1. 통일장 이론: 입자 물리학에서 기본 입자 사이에 작용하는 힘의 형태와 상호 관계를 하나의 통일된 이론으로 설명하고자 하는 장(field)의 이론이다.
2. 트러스(truss) 구조: 여러 개의 직선 부재를 삼각형 형태로 배열하고 그물 모양으로 짜서 하중을 지탱하는 구조. 보통 교량이나 지붕 등을 지탱하는 데 사용된다.
3. 부재: 구조물의 뼈대를 이루는 데 중요한 요소가 되는 여러 가지 재료
4. 캔틸레버(cantilever): 한쪽 끝은 고정되고 다른 끝은 받쳐지지 않은 상태로 있는 보
5. 바실리카(basilica) 양식: 고대 로마의 공공 건물에서 유래한 건축 양식. 전체 모양은 직사각형이 고 중앙 본당, 측면 복도, 입구 맞은편 벽면의 반원형 구조물 등으로 되어 있다.
6. 루버(louver): 폭이 좁은 판을 수평이나 수직 혹은 격자 모양으로 개구부의 앞면에 설치해 직사광이나 비를 막는 등의 목적으로 사용함
7. 모듈러(modular): 전체를 구성하는 하나의 최소 단위로, 일반적으로 특정 크기를 가지고 있으며 반복된다.
8. 천장고: 바닥에서 천장까지의 높이
9. 모듈(module): 건축물이나 그 구성재의 설계나 조립에서 기본이 되는 치수
10. 날개벽: wing wall, side wall. 외벽, 보 등 주요 구조체 혹은 구조물에서 연장되거나 부착된 부속 벽체로, 큰 벽이나 구조물에 붙여서 설치하거나 인접해 설치한 짧은 벽이다.
11. 파빌리온(pavilion): 이동이 가능한 가설의 작은 건축으로, 주로 박람회나 전시장에서 특별한 목적을 위해 임시로 만든 건물
12. 휴먼 스케일(human scale): 인간의 체격을 기준으로 한 척도. 건축, 인테리어, 가구 등에 필요한 길이, 양, 체적의 기준을 인간의 자세, 동작, 감각에 입각해 적용한 것 또는 적용한 단위
13. 손 스침: 난간 기둥 위나 끝부분에 가로로 덧대는 나무
14. 디지타이저(digitizer): 아날로그 데이터를 디지털 형식으로 변환하는 장치로, 컴퓨터에 그림이나 도형의 위치 관계(좌표)를 부호화하여 입력한다.

2부 북아메리카

1. 슬래브(slab): 콘크리트 바닥이나 양옥의 지붕처럼 콘크리트를 부어서 한 장의 판처럼 만든 구조물
2. 아르데코(art déco) 양식: 1910~1930년대에 프랑스를 중심으로 서구에서 시작된 양식으로,

아르누보와 달리 기본형의 반복, 지그재그 등 기하학적인 무늬를 즐겨 사용했다.

3. 코어(core): 모든 층에 공통으로 들어가는 하나의 다발로 묶이는 시설. 보통 엘리베이터, 현관, 계 단 등 주변에 동선이 집중된 공간을 가리킨다.
4. 다큐멘터리 영화 〈나의 설계자〉에는 루이스 칸이 여권의 주소를 지웠다는 이야기가 나오는데, 「뉴욕 타임스」 기사에는 여권에 필라델피아에 있는 칸의 사무실과 집 주소가 있었고, 경찰이 칸의 사무실로 전화했지만 주말이라 문을 닫아 필라델피아 경찰에게 텔레타이프를 보냈는데 소통 문제로 아내인 에스더 칸이 통보받지 못했다는 내용이 있다.
5. 한국어판의 제목은 『침묵과 빛』(존 로벨 지음, 김경준 옮김, 스페이스타임, 2005)이다.
6. 보: 지붕이나 상층부에서 오는 건물의 하중을 기둥이나 벽으로 전달하는 역할을 하는 것으로, 기둥이나 벽체에 수평으로 걸치는 재료. 목재, 강재, 콘크리트 등을 사용한다.
7. 인방보: 창, 문 등 개구부 바로 위의 벽을 받치기 위해 걸치는 콘크리트, 돌, 나무, 스틸 등의 수평 부재. 상부에서 오는 하중을 좌우 벽으로 전달시키기 위하여 대는 보
8. 라멘(Rahmen) 구조: 건물의 수직 힘을 지탱하는 기둥과 수평 힘을 지탱하는 보가 강성(剛性)으로 접합되어 연속적으로 이루어진 골조
9. 코린트(Corinth) 양식: 기원전 6세기부터 기원전 5세기경 그리스의 코린트에서 발달한 건축 양식. 화려하고 섬세하며, 기둥머리에 아칸서스 잎을 조각한 것이 특징이다.

3부 아시아

1. 현상계(現象界): 지각이나 감각으로 경험할 수 있는 경험의 세계
2. 원제는 〈Tadao Ando: Samurai Architect〉로, 한국에는 〈안도 타다오〉라는 제목으로 소개됐다.
3. 타설: 건물을 지을 때 구조물의 거푸집 같은 빈 공간에 콘크리트 따위를 부어 넣음
4. 양생: 콘크리트가 완전히 굳을 때까지 적당한 수분을 유지하고 충격을 받거나 얼지 않도록 보호하는 일
5. 사나(SANAA): 일본 건축가 세지마 카즈요(Sejima Kazuyo)와 니시자와 류에(Nishizawa Ryue)가 설립한 건축사사무소로, 두 사람 이름의 머리글자를 따서 만든 이름이다(Sejima And Nishizawa And Associates).
6. 비계: 높은 곳에서 공사할 수 있도록 임시로 설치한 가설물
7. 조인트(joint): 기계나 기재 따위의 접합이나 이은 자리

도판 출처

22, 24, 26, 32, 34, 38, 39 위, 44, 70, 77, 78, 81, 90, 92-95, 98-101, 103, 111, 113, 115, 117, 123 아래, 125, 126, 131, 133, 154-157, 160, 163-165, 171, 173, 176, 236, 326, 329, 334, 361, 384, 388, 400, 402, 404, 407, 428, 441, 453, 455, 456, 468-470, 473, 474, 479, 480 © 유현준

18 © Joop van Bilsen/Wikimedia Commons
36 © zdaia/flickr
39 아래 © Aurora Picture Show/flickr
40 © Jacques76250/Wikimedia Commons
45 © Hervé S, France/flickr
50 © Irene Ledyaeva/Wikimedia Commons
54 © WiNG/Wikimedia Commons
58 © blieusong/flickr
63 © David Shankbone/Wikimedia Commons
69 © ali.becnel/flickr
108 © nyit_traveling_soa/flickr
123 위 © denisesakov/flickr
138 위 © Rainer Zenz/Wikimedia Commons(German Wikipedia)
138 가운데 © Wschmock/Wikimedia Commons
140 © Andreas Praefcke/Wikimedia Commons
142 위 © M4rV/flickr
144 아래 © JuanKar_M/flickr
145 위 © Martin Fisch/Wikimedia Commons
145 아래 © Bodhisattwa/Wikimedia Commons
146 Nick Pitsas, CSIRO/Wikimedia Commons
175 © jutok/flickr
177 © Micha L. Rieser/Wikimedia Commons
179 © Gonzalo Wolf/flickr
180 위 © socializarq/flickr
180 아래 © Lucas Gray/flickr
188 © Horst-schlaemma/Wikimedia Commons
191 © Caffe_Paradiso/flickr
199 © 準建築人手札網站 Forgemind ArchiMedia/flickr

200 © ybb1308/flickr

201 오른쪽 © HAL INGBERG/flickr

203 © Gagosian Gallery/Wikimedia Commons

204 위 © jacomejp/flickr

204 아래 © Ad Meskens/Wikimedia Commons

207 © AseelCon/flickr

209 © Wolfgang Pehlemann/Wikimedia Commons

211 아래 © Carol M. Highsmith/Wikimedia Commons

220 © Gunnar Klack/Wikimedia Commons

230 © Ajay Suresh/Wikimedia Commons

232 © Lisa Bettany/Wikimedia Commons

245 © B137/Wikimedia Commons

247 © Beyond My Ken/Wikimedia Commons

248 위 © EricFirley/flickr

260 아래 © Tim Bullock Palimpsest/flickr

270 © Daderot/Wikimedia Commons

275 위 © Pierre Metivier/flickr

276 © Western Pennsylvania Conservancy

277 위 © Jonathan Lin/Wikimedia Commons

282 위 © garethwiscombe/Wikimedia Commons

282 아래 © Robert Anton Reese/Wikimedia Commons

283 위 © Jorge Láscar/Wikimedia Commons

283 아래 오른쪽 © rinux/Wikimedia Commons

287 © Mariordo(Mario Roberto Durán Ortiz)/Wikimedia Commons

290 © fenomenoide./Wikimedia Commons

292 위 © Maya Lin/Wikimedia Commons(from the United States Library of Congress's Prints and Photographs division)

292 아래 © Sabatu/flickr

293 © Carol M. Highsmith/Wikimedia Commons(from the United States Library of Congress's Prints and Photographs division)

294 © Timothy J Brown/Wikimedia Commons

304 © milimetdesign

307, 308, 309, 311, 316 © James Haefner(douglashouse.org)

322 © askpang/flickr

324 © Arnout Fonck/flickr

339 © Arnout Fonck/flickr

345 위 © Codera23/flickr

356 © Carly L Dean/flickr

359 © EVDA Leong/flickr

374 위 © Lukas Schlatter/flickr

375 위 © Lukas Schlatter/flickr

383 © arzu çakır/Wikimedia Commons

386 © Jerome Tobias/Wikimedia Commons

398 © 안도 다다오 건축연구소(安藤忠雄建築研究所提供)

405 © hetgallery/flickr

411 © Christopher Schrine/Wikimedia Commons

414 © hetgallery/flickr

415 © mpassosviz/flickr

418 © Carol M. Highsmith/Wikimedia Commons(from the United States Library of Congress's Prints and Photographs division)

431 © HAL INGBERG/flickr

433 © Farshid Moussavi Architecture(FMA)//Wikimedia Commons

434 아래 © @Maitri/flickr

436 위 © chloemakes

448 © Hans Werlemann

466 © avanherreweghe/flickr

476 © Architecte Jean Nouvel

477 © TDIC(TDIC/Instagram)

건축물 도면: 김지현

지도, 건축물 일러스트: 옥영현

도판 구매처: 게티이미지코리아, alamy, shutterstock

본 출판사가 의뢰하여 그린 이미지, 이미지 판매 사이트에서 구매한 이미지, 저작권이 없는 이미지 등은 별도 출처 표기를 하지 않았습니다. 일부 저작권자가 불분명한 도판이나 연락을 취했으나 답변이 없는 경우, 저작권자가 확인되거나 답변이 오는 대로 별도의 허락을 받도록 하겠습니다.